建设工程起重安装操作知识

潘家山　潘家生　潘庆元　编著

U0313323

中国建筑工业出版社

图书在版编目(CIP)数据

建设工程起重安装操作知识/潘家山，潘家生，潘庆元
编著. —北京：中国建筑工业出版社，2013.4
ISBN 978-7-112-15362-6

Ⅰ.①建… Ⅱ.①潘…②潘…③潘… Ⅲ.①建筑工
程-起重机械-安装-基本知识 Ⅳ.①TH21

中国版本图书馆 CIP 数据核字(2013)第 077489 号

　　建设工程起重安装是建设工程施工的重要组成部分，是完成建筑结构构件安装，构筑物、机电设备安装等的必要过程。本书既有系统的理论性，又有较强的参考性；既有安装的指导性，又有操作的实用性。同时还能提高吊装方案的编制水平。本书紧密结合工程现场实践，实用性强，可供建设工程施工管理人员，安全管理人员，工程技术人员，起重吊装指挥人员及操作人员工作参考使用，也可作为建筑工程专业相关人员的培训教材及大中专院校相关专业师生学习参考资料。

* 　　* 　　*

责任编辑：郦锁林　毕凤鸣
责任设计：李志立
责任校对：陈晶晶　赵　颖

建设工程起重安装操作知识
潘家山　潘家生　潘庆元　编著

*

中国建筑工业出版社出版、发行(北京西郊百万庄)
各地新华书店、建筑书店经销
北 京 天 成 排 版 公 司 制 版
北京世知印务有限公司印刷

*

开本：850×1168 毫米　1/32　印张：12⅝　字数：340 千字
2013 年 6 月第一版　　2013 年 6 月第一次印刷
定价：**32.00 元**
ISBN 978-7-112-15362-6
(23366)

前　言

　　建筑工业化和机械化加快了建设速度，房屋结构采用装配化施工的方法，也是建筑业发展的方向。应当看到，由于经济的发展和社会的进步，新技术、新工艺、新设备、新材料不断地涌现，起重安装内容也不断更新，建设项目安装起重能力要求也越来越大。确保工程质量，降低施工成本，提高建设速度和安全文明施工，是时代发展的需要，也是我们面对的任务。为了推动我国结构安装技术水平的提高，我们编写本书的目的是为给建设工程参建各方人员，提供一本简明、实用、系统、丰富的参考工具书，以期能解决现场施工实际技术问题，以便工作开展和技术水平的提高，适应我国建设项目快速发展的需要。

　　结构安装是一门专业性强、涉及面广、难度大的施工技术，与其他专业有着密切的联系，特别是与起重安装的关系更为密切。本书简明易懂，图文并茂，实用性强，应用面广。本着提高建筑安装工程的技术理论水平和实际操作技能，介绍基础理论知识，起重作业基本操作方法、材料机具使用知识、主要工艺要点和安全技术知识等。写出各种起重安装的操作方法，汇集不少起重机的性能参数、图表说明和大量安装实例。详尽细致叙述了起重安装作业的实际操作技能和方法。本书还重点写出高层钢结构工程的安装实例以及各种设备的安装实例。

　　本书适用建设各种相关专业的技术人员、管理人员、起重操作人员参考阅读，以及对建筑施工、监理等行业都有参考作用。还能帮助大中专院校相关专业师生对起重安装工作的认识和理解。

　　《建设工程起重安装操作知识》是一部典型的建设施工专业的实用性书籍，它的作用如下：

　　1. 可供起重指挥、起重工、起重机司机和相关人员阅读自学。

2. 可供建筑施工质量管理和项目管理人员使用。

3. 可作为起重工职业技工培训、安全培训教材。

4. 可作为技校生的培训教材或教学参考书。

5. 可供大中专院校建筑工程类专业师生参考。

6. 是广大监理、建筑、经济行业从业人员学习和运用的参考资料。

7. 是施工技术人员编写施工安装方案的重要参考资料。

本书编写过程中参考了一些专家学者的著作，在此一并表示感谢。由于时间仓促，编者水平有限，书中难免会有错误及不妥不足之处，恳请广大读者提出宝贵意见，不胜感激。

目　　录

第一章 吊装用绳与连接方式

第一节 麻绳与化学纤维绳

一、麻绳(白棕绳)

1. 麻纤维

麻是剑麻、蕉麻、大麻、亚麻、苎麻、黄麻、槿麻、罗布麻、棕麻等植物的统称。麻纤维是从各种麻类植物取得的纤维，包括一年生或多年生草本双子叶植物的韧皮纤维和单子叶植物的叶纤维。韧皮纤维作物主要有大麻、亚麻、苎麻、黄麻、罗布麻和槿麻等。其中亚麻、罗布麻等胞壁不木质化，纤维的粗细长短同棉相近，可作纺织原料。黄麻、槿麻等韧皮纤维胞壁木质化，纤维短，只适宜纺制绳索和麻袋等。叶纤维作物主要有剑麻、蕉麻，叶纤维比韧皮纤维粗硬，只能制作绳索等。果实纤维有椰子纤维。麻类植物的纤维，是各种绳索的重要原料。

2. 麻绳的命名

通常按制作采用的原料和加工工艺命名，如，白棕绳(剑麻绳)、黄麻绳、棕绳、蕉麻绳(马尼拉绳)、亚麻绳是按制作原料命名的；油麻绳是按加工工艺命名的。

3. 麻绳的作用

麻绳在建筑工地应用广泛，起重作业中主要用于起吊轻型构件(如钢支撑)和作为受力不大的缆风绳、溜绳、捆绑物体绑扎绳等，还可用来作为辅助作业的牵拉溜绳和起吊小于500kg构件的吊绳。当起吊物体或重物时，麻绳拉紧物体，以保持被吊物体的稳定和在规定的位置就位。麻绳具有质地轻软，使用方便，易于捆绑、结扣及解脱方便等优点。缺点有：强度低，只有相同直径

1

钢丝绳的 10％左右；易磨损，受潮易腐烂、霉变，使用中应避免受潮，新旧麻绳强度变化大等。

4．麻绳分类

麻绳按拧成的股数，可分为三股、四股和九股；按浸油与否，又分素绳和浸油麻绳两种。

5．浸油、受潮对麻绳的影响程度

（1）浸油麻绳有耐腐蚀和防潮优点，但重量大，质料变硬，不易弯曲，强度低，不易腐烂。不浸油麻绳在干燥状态下，弹性和强度均较好，但受潮后易腐烂，因而使用年限较短。

（2）浸油的麻绳强度比不浸油的绳约降低 10％～20％，因此在吊装作业中少用。

（3）受潮后麻绳，使用时其强度约降低 50％。

（4）不浸油的素绳在干燥状态弹性和强度较好，因此吊装起重中大多使用不浸油麻绳。

6．麻绳使用要点及注意事项

（1）因麻绳强度低，容易磨损和腐蚀，因此只能用于手动起重设备、临时性轻型构件吊装作业中捆绑物件和受力不大的缆风绳、溜绳等。机动的机械一律不得使用麻绳。

（2）麻绳穿绕滑车时，滑轮直径应大于绳子直径的 10 倍，绳子有结头时严禁穿过滑轮。避免损伤麻绳发生事故，长期在滑车上使用的白棕绳，应定期改变穿绳方向，使绳磨损均匀。

（3）成卷麻绳在拉开使用时，应先把绳卷平放在地上，将有绳头的一面放在底下，从卷内拉出绳头，（如从卷外拉出绳头，绳子容易扭结），然后根据需要的长度切断，切断前应用钢丝或麻绳将切断口两侧扎紧，以防止切断后绳头松散。

（4）捆绑中遇有棱角或边缘锐利的构件时，应垫以木板或软性衬垫，如麻袋等物。以免棱角损伤绳子。

（5）麻绳应放在干燥和通风良好的地方，不要和油漆、酸、碱等化学物品接触，以防腐蚀。

（6）使用麻绳时应尽量避免在粗糙的构件上或地上拖拉，并防砂、石屑嵌入绳的内部磨伤麻绳。

（7）在使用过程中，发生扭结，应立即抖动使其顺直，否则，绳子带结受力会刻断。如有局部受伤的麻绳，应切去损伤部分。

（8）当绳长度不够时，不宜打结接头，应尽量采用编结接长。编结绳头绳套时，编结前每股头上应用细绳扎紧，编结后相互搭接长度：绳套不能小于麻绳直径的 15 倍，绳头接长不小于 30 倍。

（9）有绳结的麻绳不应通过狭窄的滑车，以免受到挤压而影响麻绳的使用。

（10）使用中，不得超过其许用拉力。

7. 白棕绳、麻绳的规格参数

白棕绳是用优质剑麻纤维制作的。剑麻纤维以拉力强、坚韧耐磨成为世界公认最优质的植物纤维。剑麻制作的缆绳有光泽，弹性大，拉力强，耐摩擦，防打滑，海水久浸不腐，是渔业、航海，工矿，吊重用绳索的最佳选择。

（1）绳索应由新原料制成，白棕绳由剑麻基纤维搓成线，线再搓成股，最后由股拧成绳，并不得涂油。绳索及绳股应是连续不断而无捻接的。

（2）除特殊注明外，绳索结构是绳纱 Z 捻向，绳股 S 捻向，绳索 Z 捻向。

（3）三股绳和四股绳的形状如图 1-1、图 1-2 所示。

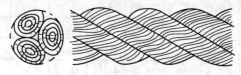

图 1-1　三股绳（A 类）的形状

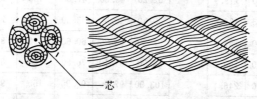

芯

图 1-2　单绳芯四股绳（B 类）的形状

(4) 绳索的最大捻距：三股绳为公称直径的 3.5 倍，四股绳为公称直径的 4.5 倍。

(5) 绳索的线密度及最低破断拉力应符合表 1-1 的要求。

(6) 绳索含油率一般不超过 15%。

(7) 白棕绳的质量及强度应符合国家标准。剑麻-白棕绳线密度及允许偏差，破断拉力见表 1-1，素麻绳、油浸麻绳的技术参数见表 1-2。

白棕绳线密度及允许偏差，破断拉力 表 1-1

主要技术参数

直径 (mm)	线密度			最低断裂拉力 (kN)			绳捆外形尺寸 (mm)		
	公称值 (kg/m)	标准重量 (kg/200m)	允许偏差 (%)	优等品	一等品	合格品	内径	外径	高度
6	0.029	7.15	±10	2.55	2.40	2.30	120	318	260
8	0.054	12.1		4.73	4.50	4.25	120	412	260
10	0.068	17.65		6.22	5.90	5.60	120	412	280
12	0.105	24.2	±8	9.36	8.90	8.40	120	412	300
14	0.140	31.9		12.60	12.00	11.30	120	470	300
16	0.190	41.8		17.70	16.80	15.90	130	522	315
18	0.220	53.9		21.00	19.90	18.90	130	522	400
20	0.275	66		27.90	26.50	25.10	150	585	395
22	0.330	78.1		33.40	31.70	30.10	150	585	475
24	0.400	90.75		39.90	37.90	35.90	150	659	440
26	0.470	105.5	±5	46.40	44.10	41.80	150	659	515
28	0.530	119.9		52.20	49.60	47.00	150	680	560
30	0.625	138.6		59.80	56.80	53.80	150	732	550
32	0.700	157.3		67.30	63.90	60.60	150	816	500
36	0.890	199.0		85.30	81.10	76.80	150	869	555
40	1.100	246.4		103.00	97.90	95.90	150	942	580
44	1.340	298.1		125.00	118.80	112.50	180	1042	580

4

直径(mm)	主要技术参数								
	线密度			最低断裂拉力(kN)			绳捆外形尺寸(mm)		
	公称值(kg/m)	标准重量(kg/200m)	允许偏差(%)	优等品	一等品	合格品	内径	外径	高度
48	1.580		±5	145.00	137.80	130.50			
52	1.870			170.00	161.50	153.00			
56	2.150			195.00	185.30	175.50			
60	2.480			222.00	210.90	199.80			

素麻绳、油浸麻绳技术参数　　　　　　表1-2

直径(mm)	素麻绳				油浸麻绳			
	普通		加重		普通		加重	
	每百米重(kg/100m)	最小破断拉力(kN)	每百米重(kg/100m)	最小破断拉力(kN)	每百米重(kg/100m)	最小破断拉力(kN)	每百米重(kg/100m)	最小破断拉力(kN)
9.6	—		7	5.35	—	—	8.3	5.05
11.1	8.75	6.10	8.85	6.55	10.3	5.75	10.4	6.25
12.7	11.7	7.75	11.9	8.35	13.8	7.35	14.6	7.95
14.3	14.6	9.15	14.75	10.20	17.2	8.95	17.4	9.70
15.9	17.4	11.20	17.7	12.10	20.5	10.65	20.9	11.50
19.1	24.8	15.70	26.6	17.90	29.3	14.90	31.4	17.05
20.7	29.3	17.55	31.0	19.84	34.6	16.65	36.6	18.90
23.9	39.5	23.93	41.5	26.55	46.6	22.26	49.0	25.02
28.7	57.2	34.33	60	37.58	67.5	32.23	70.8	35.41

8. 麻绳的允许拉力计算

(1) 麻绳的允许拉力，即为麻绳使用时允许承受的最大拉力，它是安全使用麻绳的主要参数。为保证起重作业安全，须对所使用的麻绳进行强度验算，其验算公式如下：

$$\sigma = \rho / k$$

式中　σ——麻绳的允许拉力(kN)；

　　　ρ——麻绳的破断拉力，根据麻绳品种及直径而定，旧麻绳的破断拉力取新绳的 $40\% \sim 50\%$；

　　　k——麻绳的安全系数，见表1-3。

麻绳的安全系数表　　表1-3

用途		安全系数 k
一般吊装	新绳	3
	旧绳	6
作吊索、缆风绳和穿滑车组	新绳	6
	旧绳	12
重要的起重吊装(新绳)		10

(2) 在施工现场，无资料可查时，可用下列经验公式求其近似值：

$$破断负荷 = 58.8 \times d^2 (N)$$

$$安全负荷 = 9.8 \times d^2 (N)$$

式中　d——麻绳的直径(mm)。

(3) 麻绳的允许拉力一般可采用下列经验公式估算：

麻绳负荷能力的估算，麻绳可以承受的拉力 S(负荷能力)用下式估算：

$$S \leqslant \pi d^2 / 4 \cdot \sigma$$

式中　S——麻绳能承受的拉力(N)；

　　　d——麻绳的直径(mm)；

　　　σ——麻绳的许用应力(MPa)，见表1-4。

麻绳的许用应力表(MPa)　　表1-4

种类	起重用	捆绑用
混合麻绳	5.5	5
白棕绳	10	5
浸油麻绳	9	4.5

[**例 1-1**]　用一根白棕绳起吊 5000N 的重物，需选用多大直径的白棕绳？已知白棕绳允许拉力为 10N/mm²。

[**解**]

$$d = \sqrt{\frac{4S}{\pi\sigma}} = \sqrt{\frac{4 \times 5000}{3.14 \times 10}} = 25.23\text{mm}$$

选用直径≥25.23mm 的白棕绳即可满足要求。

二、化学纤维绳

除了常规麻绳外，目前有各种规格的化学纤维绳（直径 3～106mm），也可用于吊装及辅助作业。化学纤维绳又称尼龙绳、合成纤维绳，目前多采用锦纶、涤纶、丙纶、维尼纶、聚乙烯、绝缘蚕丝等几种纤维材料合制而成，可以作吊装 0.5～100t 重物用绳。吊绳长度可根据需要到厂家定做。

1. 化学纤维绳的作用

化学纤维绳是由高性能纤维，经过特定工艺加工由"锦纶、涤纶、丙纶"合成为高分子强力绳，是目前强度最高的绳索。该绳索的出现取代了对传统钢丝绳的应用，是理想的钢丝绳换代产品。它被广泛应用于结构、设备安装等，安装表面光洁的钢构件、设备、软金属制品、磨光的销轴或其他表面不允许磨损的物体。防静电长丝绳可用于有防火要求的场合。

2. 化学纤维绳的分类

（1）按制作方式分，可分为编织绳和绞制绳两大类。

（2）按使用情况分：分为空心绳、耐酸绳、耐碱绳、防火绳、阻燃绳、安全绳、防护绳、吊绳、缆绳、牵引绳、吊装绳、绝缘绳、电工放线绳。

（3）按专业特点分：有迪尼绳、芳纶纤维绳。可用于吊索、悬索、缆绳索、船舶缆索。

3. 化学纤维绳特点

（1）强度大：比同等直径钢丝绳强度高 1.5 倍左右。

（2）重量轻：能浮于水面，它的吸水率只有 4%，比同等直径钢丝绳轻 85% 左右。

（3）抗腐蚀：优异的耐用性，耐海水，耐化学药品，耐紫外线辐射，耐温差反复等。

（4）易操作：直径小，强力高，重量轻，便携带，易操作，在特定情况下能明显提高其机动、快速反应能力。抗水、抗昆虫，承受压力均匀等。

（5）弹性好：具有质地柔软，能减少冲击的优点。

（6）对温度的变化较敏感，不要放在潮湿的地面或强烈的阳光下保存。不能使用于高温场所。

（7）轻便、快捷、耐磨，碰撞不会产生火花。

4. 化学纤维绳注意事项

化学纤维绳具下列情况之一时，不宜再继续使用：

（1）已断股者。

（2）有显著的损伤或腐蚀者。

5. 常用化学纤维绳拉力

常用化学纤维绳极限拉力和使用拉力见表1-5。

常用化学纤维绳拉力表　　　　　　　表 1-5

直径(mm)	锦纶		涤纶		维尼纶	
	极限拉力(t)	使用拉力(t)	极限拉力(t)	使用拉力(t)	极限拉力(t)	使用拉力(t)
φ3～φ4	0.28	0.07	0.25	0.06	0.14	0.04
φ5～φ6	0.50	0.13	0.48	0.12	0.25	0.06
φ7～φ8	0.80	0.20	0.76	0.19	0.40	0.10
φ9～φ10	1.12	0.28	1.04	0.26	0.55	0.14
φ11～φ12	1.6	0.40	1.45	0.37	0.8	0.20
φ13～φ14	2.5	0.63	2.3	0.58	1.25	0.31
φ15～φ16	3	0.75	2.8	0.7	1.5	0.4
φ17～φ18	3.7	0.93	3.4	0.86	1.85	0.46
φ19～φ20	4.8	1.2	4.4	1.1	2.4	0.6

直径(mm)	锦纶		涤纶		维尼纶	
	极限拉力（t）	使用拉力（t）	极限拉力（t）	使用拉力（t）	极限拉力（t）	使用拉力（t）
φ21～φ22	5.8	1.5	5.2	1.3	2.9	0.72
φ23～φ24	7	1.8	6.4	1.6	3.5	0.87
φ25～φ26	8	2	7.6	1.9	4	1
φ27～φ28	9	2.2	8.4	2.1	4.5	1.1
φ29～φ30	10.01	2.5	9.6	2.4	5	1.25
φ31～φ32	11.5	2.9	10.08	2.7	5.7	1.4
φ33～φ34	12	3	11.2	2.8	6	1.5
φ35～φ36	14	3.5	13.2	3.3	7	1.7
φ37～φ38	16	4	14.8	3.7	8	2
φ39～φ40	17.5	4.4	16.4	4.1	8.8	2.2
φ41～φ42	19	4.7	17.6	4.4	9.5	2.4
φ43～φ44	20	5	18.8	4.7	10	2.5
φ45～φ46	22	5.5	20.4	5.1	11	2.75
φ47～φ48	23	5.7	21.2	5.3	11.5	2.9
φ49～φ50	25	6.3	23.2	5.8	12.5	3.1
φ51～φ52	26	6.5	24.4	6.1	13	3.3
φ53～φ54	27.5	6.9	25.6	6.4	13.7	3.4
φ55～φ56	29	7.3	26.8	6.7	14.5	3.6
φ57～φ58	30	7.5	28	7	15	3.7
φ59～φ60	31	7.8	28.8	7.2	15.5	3.9
φ70～φ80	45.5	12.5	40.5	9.2	20.2	4.5
φ90～φ95	55	14.2	45.8	10.2	25.5	5.5
φ100	60.5	16.5	50.4	12	30.5	6

第二节 钢 丝 绳

一、钢丝绳的概念

钢丝绳的材料是由一定数量高强度碳素钢丝一层或多层的股绕成螺旋状而形成的结构。合成单股即为绳。钢丝绳的丝数越多，钢丝直径越细，柔软性越好，强度也越高，但没有较粗的钢丝耐磨损。

钢丝绳具有强度高，弹性大，韧性好，耐磨损，能够灵活运用，能承受冲击性荷载，工作可靠，在起重吊装工程中得到广泛应用。可用作起吊、牵引、捆绑绳等。

二、钢丝绳的分类

钢丝绳总的分类分为圆股钢丝绳、编织钢丝绳和扁钢丝绳。其中圆股钢丝绳又可按以下方法进一步分类：

1. 按结构分

（1）普通单股钢丝绳。由一层或多层圆钢丝螺旋状缠绕在一根芯丝上捻制而成的钢丝绳。

（2）半密封钢丝绳。中心钢丝周围螺旋状缠绕着一层或多层圆钢丝，在外层是由异形丝和圆形丝相间捻制而成的钢丝绳。

（3）密封钢丝绳。中心钢丝周围螺旋状缠绕着一层或多层圆钢丝，其外面由一层或数层异形钢丝捻制而成的钢丝绳。

（4）双捻（多股）钢丝绳。由一层或多层股绕着一根绳芯呈螺旋状捻制而成的单层多股或多层股钢丝绳。

（5）三捻钢丝绳（钢缆）。由多根多股钢丝绳围绕着一根纤维芯或钢绳芯捻制而成的钢丝绳。

2. 按直径分

（1）细直径钢丝绳。直径<8mm 的钢丝绳。

（2）普通直径钢丝绳。直径≥8～60mm 的钢丝绳。

（3）粗直径钢丝绳。直径>60mm 的钢丝绳。

3. 按用途分

（1）一般用途钢丝绳（含钢绞线）。

（2）电梯用钢丝绳。

（3）航空用钢丝绳。

（4）钻深井设备用钢丝绳。

（5）架空索道及缆车用钢丝绳。

（6）起重用钢丝绳。

4．按表面状态分

包括光面钢丝绳、镀锌钢丝绳、涂塑钢丝绳。

5．按股的断面形状分

包括圆股钢丝绳、异形股钢丝绳。

6．按捻制特性分

包括点接触钢丝绳、线接触钢丝绳和面接触钢丝绳。

7．按捻法分

包括右交互捻、左交互捻、右同向捻、左同向捻和混合捻。

8．按绳芯分

包括纤维芯和钢芯；纤维芯——应用天然纤维（如剑麻、棉纱）、合成纤维和其他符合性能要求的纤维制成；钢芯（又称金属芯）——分独立的钢丝绳芯和钢丝股芯。

三、钢丝绳捻制方法的区分和优缺点

根据捻制方向用两个字母（Z 或 S）表示钢丝绳的捻向，第二个字母表示股的捻向，"Z"表示右捻向，"S"表示左捻向（见图 1-3）。

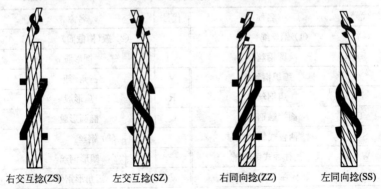

右交互捻(ZS)　　左交互捻(SZ)　　右同向捻(ZZ)　　左同向捻(SS)

图 1-3　钢丝绳捻制方法

钢丝绳捻制方法的区分和优缺点，见表1-6。

钢丝绳捻制方法的区分和优缺点表　　　　表1-6

序号	名称	英文	说明	优、缺点
1	右交互捻	ZS	股捻的方向与股内钢丝捻的方向相反称交互捻，如图示股向右捻，丝向左捻	柔性，抗弯曲，疲劳性能好，磨损小，但容易产生旋转、卷曲，扭结，松弛，压扁和搭结
2	左交互捻	SZ	如图示，股向左捻，丝向右捻	
3	右同向捻	ZZ	股捻的方向与股内钢丝捻的方向相同，称同向捻，如图示股和丝均同向右捻	无交互捻的缺点，使用方便，耐用程度稍差，起重作业中广泛采用
4	左同向捻	SS	如图示股和丝均同向左捻	
5	混合捻		相邻两股或相邻两层的捻向相反	具有同向捻、交互捻的优点；机械性能较前两种好，但制造困难，价格贵

四、钢丝绳的标记代号

1. 钢丝绳的相关名称和代号

钢丝绳的相关名称和代号见表1-7。

钢丝绳的相关名称和代号表　　　　表1-7

代号	名称	代号	名称
(1) 钢丝绳		(2) 股(横截面)	
—	圆钢丝绳	—	圆形股
Y	编织钢丝绳	V	三角形股
P	扁钢丝绳	R	扁形股
T	面接触钢丝绳	Q	椭圆形股
S*	西鲁式钢丝绳	(3) 钢丝	
W*	瓦林吞式钢丝绳	—	圆形钢丝
WS*	瓦林吞-西鲁钢丝绳	V	三角形钢丝
Fi	填充钢丝绳	R	矩形或扁形钢丝

12

代号	名称	代号	名称
	(3) 钢丝		(5) 绳(股)芯
T	梯形钢丝	IWS	金属丝股芯
Q	椭圆形钢丝		(6) 捻向
H	半密封钢丝与圆形钢丝搭配	Z	右向捻
Z	Z形钢丝	S	左向捻
	(4) 钢丝表面状态	ZZ	右同向捻
NAT	光面钢丝	SS	左同向捻
ZAA	A级镀锌钢丝	ZS	右交互捻
ZAB	AB级镀锌钢丝	SZ	左交互捻
ZBB	B级镀锌钢丝		(7) 其他
	(5) 绳(股)芯	R0	钢丝公称抗拉强度
FC	纤维芯(天然或合成)	F0	钢丝绳最小破断拉力
NF	天然纤维芯	M	单位长度重量
SF	合成纤维芯	d	公称直径
IWR	金属丝绳芯		

注：带＊符号是标记中常用的简称代号。

2. 钢丝绳的标记

(1) 钢丝绳的标记分全称标记和简化标记两种。

(2) 钢丝绳的全称标记图示如下：

$$\boxed{1}\quad\boxed{2}\quad\boxed{3+4}\quad\boxed{5}\quad\boxed{6}\quad\boxed{7}\quad\boxed{8}\quad\boxed{9}$$

上图示标记中：1—钢丝绳的公称直径；2—钢丝绳的表面状态；(3+4)—钢丝绳的结构形式；5—钢丝公称抗拉强度(MPa)；6—钢丝绳捻向；7—钢丝绳的最小破断拉力(kN)；8—单位长度重量(kg/100m)；9—产品标准编号。

(3) 钢丝绳公称标记示例：

18　NAT　6(9+9+1)+NF　1770　SS　189　119　GB 8918

示例中：18—钢丝绳公称直径为18mm；NAT—钢丝绳表面为光面钢丝；6(9+9+1)+NF—西鲁钢丝绳＋天然纤维芯；

1770—钢丝绳公称抗拉强度为1770MPa；SS—钢丝绳捻向为左同向捻；189—钢丝绳的最小破断拉力为189kN；119—单位长度重量为119kg/100m；GB 8918—钢丝绳的产品标准编号为GB 8918。

（4）钢丝绳的简化标记图示：

| 1 | | 2 | | 3+4 | | 5 | | 6 | | 7 |

标记图示中：1、2、5～7与全称标记说明相同；（3＋4）两项标记简化；8、9两项标记省略。

（5）上述钢丝绳简化标记示例：

　　18　NAT　6×19S＋NF　1770　SS　189

示例标记中：除6×19S为上述6(9＋9＋1)的简化标记外，其余同上。

五、钢丝绳直径的测量方法

1. 直径的测量

（1）钢丝绳直径应用带有宽钳口的游标卡尺测量，其钳口的宽度要足以跨越两个相邻的股(图1-4)。

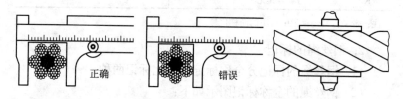

正确　　　错误

图1-4　钢丝绳直径测量方法

（2）测量应在无张力的情况下，于钢丝绳端头15m外的直线部位上进行，在相距至少1m的两截上，并在同一截面互相垂直测取两个数值。

（3）四个测量结果的平均值作为钢丝绳的实测直径。

（4）同一截面的测量结果的差与实测直径之比即为不圆度。

（5）在有争议的情况下，直径的测量可在给钢丝绳施加其最小破断拉力5‰的张力的情况下进行。不松散检查，将钢丝绳一端解开相对立的两个股，约有两个捻距长，当这个股重新恢复到原位后，不应自行再散开（四股钢丝绳除外）。

2. 直径的公差

（1）测得的直径偏差：圆股，0～5%；异形股，0～6%。

（2）钢丝绳的不圆度应不大于钢丝绳公称直径的4%。

六、钢丝绳的选择

选用钢丝绳要合理，不准超负荷使用。选择钢丝绳的品种结构，鉴于线接触钢丝绳破断拉力大、疲劳寿命长、耐腐性能好，建议优先选用线接触钢丝绳。要求比较柔软的可用6×37类。根据设备的特点，举例说明：

（1）用作起吊重物或穿滑车用的钢丝绳，应选择6×37或6×61的钢丝绳。

（2）用作缆风绳、拖拉绳，可选6×19的钢丝绳。

（3）起重设备或吊装构件所使用的钢丝绳，应采用交互捻或同向捻6×19或6×37为宜。

（4）航运、船舶、渔业、捆扎木材等用钢丝绳，要求耐腐蚀、柔软，可选用6×19、6×24、6×37等结构的A类镀锌钢丝绳。

（5）扬程不高的起重机、打桩机、钻机、电铲、挖掘机等机械用钢丝绳，要求耐磨损、耐疲劳、抗冲击性好，可选用6×29Fi或6×36SW等结构钢丝绳。

（6）电梯用、航空用钢丝绳等应选用相应的专业钢丝绳。

（7）建筑塔式起重机用钢丝绳等应选用相应的专用钢丝绳。

（8）在高温环境下作业或要求破断载荷大的设备，可选用金属绳芯钢丝绳。

（9）腐蚀是主要报废原因时应采用镀锌钢丝绳。

（10）钢丝绳工作时，终端不能自由旋转，或虽有反拨力，但不能相互纠合在一起的场合，应用同向捻钢丝绳。

选择钢丝绳的抗拉强度应根据使用的载荷、规定的安全系数，选择合适的强度级别，不宜盲目追求高强度。总之，应该根据设备的特点和作业场合，选择合适的钢丝绳，确保安全，达到

15

延长使用寿命和提高经济效益的目的。

七、钢丝绳的安装、维护保养

1. 钢丝绳的安装

（1）解卷。

整圈和整筒钢丝绳解开时，应将绳盘放在专用支架上使钢丝绳轮架空，也可用一根钢管穿入绳盘孔，两端套上绳索吊起，将绳盘缓缓转动使其旋转而慢慢拉出（图1-5）。

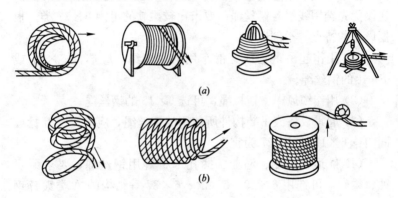

图1-5　解卷钢丝绳的操作方法

(a)正确操作方法；(b)错误操作方法

（2）钢丝绳在卷筒上的排列。

钢丝绳在卷筒缠绕时，要逐圈紧密排列整齐，不应错叠或离缝。钢丝绳在卷筒上的缠绕方向必须根据钢丝绳的捻向，右捻绳从左到右，左捻绳从右到左排列，缠绕应排列整齐，避免出现偏绕或夹绕现象（图1-6）。

2. 钢丝绳的剪切。

钢丝绳的剪切应在切割处两处边相距10～20mm用钢丝扎紧，捆扎长度为绳径的1～4倍，再用切割工具切断。

3. 钢丝绳的维护保养和检查

（1）运行要求。

钢丝绳在运行过程中应速度稳定，不得超过负荷运行，避免

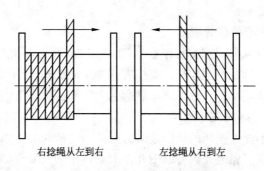

右捻绳从左到右　　　　左捻绳从右到左

图 1-6　钢丝绳在卷筒上的排列

发生冲击负荷。

（2）维护保养。

钢丝绳在制造时已涂了足够的油脂，但经运行后，油脂会逐渐减少，且钢丝绳表面会沾有尘埃、碎屑等污物，引起钢丝绳及绳轮的磨损和钢丝绳生锈，因此，应定期清洗和加油。简易的方法是选用钢丝刷和其他相应的工具擦掉钢丝绳表面的尘埃等污物，把加热熔化的钢丝绳表面脂均匀地涂抹在钢丝绳表面，也可把 30 号或 40 号机油喷浇在钢丝绳表面，但不要喷得过多而污染环境。不用的钢丝绳应进行维护保养，按规定分类存放在干净的地方。在露天存放的钢丝绳应在下面垫高，上面加盖防雨布罩。

（3）检查记录。

使用钢丝绳必须定期检查并做好记录，定期检查的内容除了上述的清洗加油外，还应检查钢丝绳绳身的磨损程度、断丝情况、腐蚀程度以及吊钩、吊环、各润滑轮槽等易损部件磨损的情况。发现异常情况必须及时调整或更换。

八、钢丝绳可用程度及报废标准

1. 钢丝绳的破坏过程

（1）弯曲疲劳破坏。

钢丝绳在使用过程中经常受到拉伸、弯曲，使钢丝绳容易产生"金属疲劳"现象，多次弯曲造成的弯曲疲劳是钢丝绳破坏的

17

主要原因之一。

（2）冲击荷载的破坏。

冲击荷载在起重吊装作业中（如紧急制动）是不允许发生的。冲击荷载对机械及钢丝绳都有损害。冲击荷载的大小与所吊重物落下距离成正比，一般冲击荷载远远大于静荷载若干倍。

2. 钢丝绳的破坏原因

造成钢丝绳损坏的原因是多方面的，概括起来，钢丝绳损伤及破坏的主要原因大致有以下几个方面：

（1）截面积减少：钢丝绳截面积减少是因钢丝绳内外部磨损、损耗及腐蚀造成的。

（2）质量发生变化：钢丝绳由于表面疲劳、硬化及腐蚀引起质量变化。

（3）变形：钢丝绳因松捻、压扁或操作中产生各种特殊变形而引起质量变化。

（4）突然损坏：在牵引过程中，快速加大拉力，产生过大冲击力而突然断丝。

3. 钢丝绳可用程度

钢丝绳可用程度判断见表1-8。

钢丝绳可用程度判断表 表1-8

序号	钢丝绳可用程度判断表	可用程度	使用场所
A	新钢丝绳或已用钢丝绳，各股钢丝位置未动，磨损轻微并无凸起现象	100%	重要
B	1. 各股钢丝绳已有变动、压扁、凹凸现象，但尚未露出钢芯或绳芯 2. 个别部位有轻微锈蚀 3. 表面上的个别钢丝有尖刺（断头）现象，每米长度内尖刺数目不多于钢丝总数3%	75%	重要
C	1. 个别部位有明显的锈痕 2. 绳股凸出不大危险，绳芯未露出 3. 钢丝绳表面上的个别钢丝绳有尖刺现象，每米长度内尖刺数目不多于钢丝总数的10%	50%	次要

序号	钢丝绳可用程度判断表	可用程度	使用场所
D	1. 绳股有明显的扭曲，绳股和钢丝有部分变位，有明显的凸出现象 2. 钢丝绳全部有锈痕，将锈痕刮去后，钢丝上留有凹痕 3. 钢丝绳表面上的个别钢丝有尖刺现象，每米长度内尖刺数目不多于钢丝总数 25%	40%	不重要处或辅助工作

4. 钢丝绳报废标准

(1) 断丝的性质和数量。

起重机械的总体设计不允许钢丝绳具有无限长的寿命。对于 6 股和 8 股的钢丝绳，断丝主要发生在外表。而对于多层绳股的钢丝绳(典型的多股结构)断丝大多数发生在内部，因而是"不可见的"断裂。对出现润滑油已发干或变质现象的局部绳段应予以特别注意。

各种情况综合考虑后的断丝控制标准见表 1-9、表 1-10。下两表适用于各种结构的钢丝绳。

钢制滑轮上工作的圆股钢丝绳中断丝根数的控制标准　　表 1-9

外层绳股承载钢丝数 n	钢丝绳典型结构示例	起重机用钢丝绳必须报废时，疲劳有关的可见断丝数							
		机构工作级别							
		M1、M2、M3、M4				M5、M6、M7、M8			
		交互捻		同向捻		交互捻		同向捻	
		长度范围				长度范围			
		≤6d	≤30d	≤6d	≤30d	≤6d	≤30d	≤6d	≤30d
≤50	6×7	2	4	1	2	4	8	2	4
51＜n≤75	6×19S*	3	6	2	3	6	12	3	6
76＜n≤100		4	8	2	4	8	16	4	8
101＜n≤120	8×19S* 6×25Fi*	5	10	2	5	10	19	5	10
121＜n≤140		6	11	3	6	11	22	6	11
141＜n≤160	8×25Fi	6	13	3	6	13	26	6	13
161＜n≤180	6×36WS*	7	14	4	7	14	29	7	14

外层绳股承载钢丝数 n	钢丝绳典型结构示例	起重机用钢丝绳必须报废时疲劳有关的可见断丝数							
		机构工作级别							
		M1、M2、M3、M4				M5、M6、M7、M8			
		交互捻		同向捻		交互捻		同向捻	
		长度范围				长度范围			
		≤6d	≤30d	≤6d	≤30d	≤6d	≤30d	≤6d	≤30d
181＜n≤200		8	16	4	8	16	32	8	16
201＜n≤220	6×41WS*	9	18	4	9	18	38	9	18
221＜n≤240	6×37	10	19	5	10	19	38	10	19
241＜n≤260		10	21	5	10	21	42	10	21
261＜n≤280		11	22	6	11	22	45	11	22
281＜n≤300		12	24	6	12	24	48	12	24
300＜n		0.04n	0.08n	0.02n	0.04n	0.08n	0.16n	0.04n	0.08n

注：1. 填充钢丝不是承载钢丝，因此检验中要予以扣除，多层绳股钢丝绳仅考虑可见的外层，带钢芯的钢丝绳，其绳芯作为内部绳股对待，不予考虑。

2. 统计中的可见断丝数时，圆整至整数值，对外层绳股的钢丝直径大于标准直径的特定结构的钢丝绳，在表中作降低等级处理，并以＊号表示。

3. 一根断丝可以有两处可见端。

4. d 为钢丝绳公称直径。

5. 钢丝绳典型结构与国际标准的钢丝绳典型结构是一致的。

钢制滑轮上工作的抗扭钢丝绳子中 断丝根数的控制标准

表 1-10

达到报废标准的起重机用钢丝绳与疲劳有关的可见断丝数			
机构工作级别 M1、M2、M3、M4		机构工作级别 M5、M6、M7、M8	
长度范围		长度范围	
≤6d	≤30d	≤6d	≤30d
2	4	4	8

注：1. 一根断丝可能有两处可见端。

2. d 为钢丝绳公称直径。

（2）绳端断丝。

当绳端或其附近出现断丝时，即使数量很少也表明该部位应

20

力很大，可能是由于绳端安装不正确造成的，应查明损害原因，如果绳长允许，应将断丝的部位切去重新安装。

（3）断丝的局部聚集。

如果断丝紧靠一起形成局部聚集，则钢丝绳报废；如果这种断丝聚集要小于 6d 的绳长范围内，或者集中在任一支绳股里，那么，即使断丝数比表 1-9、表 1-10 中列的数值少，钢丝绳也应予以报废。

（4）断丝的增加率。

在某些使用场合，疲劳是引起钢丝绳损坏的主要原因，断丝则是在使用一个时期以后才开始出现，但断丝数会逐渐增加，其时间间隔越来越短，为了判定断丝的增加率，应仔细检验并记录断丝增加情况，利用这个"规律"可确定钢丝绳未来报废日期。

（5）绳股断裂。

如果出现整根绳股断裂，则钢丝绳应报废。

（6）由于绳芯损坏而引起的绳径减小。

绳芯损坏导致绳径减小可由下列原因引起：

1）内部磨损和压痕。

2）由钢丝绳中各绳股和钢丝之间的摩擦引起的内部磨损，尤其当钢丝绳经受弯曲时更是如此。

3）纤维绳芯的损坏。

4）钢丝芯的断裂。

5）多层股结构中内部股的断裂。

如果这些因素引起钢丝绳实测直径（互相垂直的两个直径测量的平均值）相对公称直径减小 3%（对于抗扭钢丝绳而言）或减少 10%（对于其他钢丝绳而言），则即使未发现断丝，该钢丝绳也应予以报废。

微小的损坏，特别是当所有各绳股中应力处于良好平衡时，用通常的检验方法可能是不明显的，然而在这种情况下钢丝绳强度大部分降低。所以，在任何内部细微损坏的迹象时，均应对钢丝绳内部进行检查。一经证实损坏，则该钢丝绳就应报废。

（7）外部磨损。

钢丝绳外层绳股的钢丝表面的磨损，是由于它在压力作用下与滑轮和卷筒的绳槽接触摩擦造成的，这种现象在吊载加速和减速运动时，钢丝绳与滑轮接触的部位特别明显，并表现为外部钢丝磨成平面状。

润滑不足或不正确的润滑，以及存在灰尘和砂粒都会加剧磨损。

磨损使钢丝绳的断面面积减小而强度降低，当钢丝绳直径相对公称直径减小7％或更多时，即使未发现断丝，该钢丝绳也应报废。

（8）弹性降低。在某些情况下（通常与工作环境有关），钢丝绳的弹性会显著降低，继续使用是不安全的。弹性降低通常伴随下述现象：

1）绳径减小；

2）钢丝绳捻距伸长；

3）由于各部分相互压紧，钢丝之间和绳股之间缺少空隙；

4）绳股凹处出现细微的褐色粉末；

5）虽未发现断丝，但钢丝绳明显的不易弯曲和直径减小，比起单纯是由于钢丝磨损而引起的减小要严重得多，这种情况会导致在动载作用下钢丝绳突然断裂，故应立即报废。

（9）外部及内部腐蚀。

腐蚀在海洋或工业污染的大气中特别容易发生，它不仅使钢丝绳的金属断裂而且导致破断强度降低，还将引起表面粗糙、产生裂纹从而加速疲劳。严重的腐蚀还会降低钢丝绳弹性。

1）外部腐蚀：外部钢丝绳腐蚀可用肉眼观察。

2）内部腐蚀：内部腐蚀相对较外部腐蚀难发现，但下列现象可供参考：

① 钢丝绳直径的变化，钢丝绳在绕过滑轮的弯曲部位直径通常变小。但对于静止段的钢丝绳则常由于外层绳股出现锈蚀而引起钢丝绳直径增加。

② 钢丝绳外层绳股间的空隙减小，还经常伴随出现外层绳

股之间断丝。

如果有任何内部腐蚀的迹象，则由主管人员对钢丝绳进行内部检验。若确认有严重的内部腐蚀，则钢丝绳应立即报废。

(10) 变形。钢丝绳失去正常形状产生可见的畸形，称为"变形"，这种变形会导致钢丝绳内部应力分布不均匀。钢丝绳的变形从外观上区分，主要可分下述几种：

1）波浪形。波浪形是钢丝绳的纵向轴线成螺旋线形状。这种变形不一定导致任何强度上的损失，但变形严重会产生跳动，造成不规则的传动，时间长了会引起磨损和断丝。出现波浪形时（图 1-7），在钢丝绳长度不超过 25d 的范围内，若 $d_1 \geqslant 4d/3$（d 为钢丝绳的公称直径；d_1 是钢丝绳变形后包络的直径），则钢丝绳应报废。

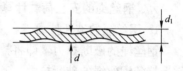

图 1-7　波浪形钢丝绳

2）笼形畸变。这种变形出现在具有钢芯的钢丝绳上。当外层绳股发生脱节或者变得比内部绳股长的时候，处于松弛状态的钢丝绳突然受载时就会产生这种变形。笼形畸变的钢丝绳应立即报废。

3）绳股挤出。这种情况通常伴随笼形畸变一起产生。绳股挤出使钢丝绳处于失衡状态。绳股挤出的钢丝绳应立即报废。

4）钢丝挤出。这种变形是一部分钢丝或钢丝束在钢丝绳背对着滑轮轮槽一侧拱起形成环状，这种变形常由冲击载荷引起。若此种变形严重，则钢丝绳应立即报废。

5）绳径局部增大。钢丝绳直径有可能发生局部增大，并能波及相当长的一段钢丝绳。绳径增大通常与绳芯畸变有关（如在特殊环境中，纤维芯因受潮而膨胀），其结果是外层绳股受力不均匀，而造成绳股错位。绳径局部严重增大的钢丝绳应报废。

6）绳径局部减小。钢丝绳直径的局部减小常常与绳芯的断裂有关，应特别仔细检查绳端部位有无此种变化，绳径局部减小的钢丝绳应报废。

7）部分被压扁。钢丝绳部分被压扁是由于机械事故造成的，严重时则钢丝绳应报废。

8) 扭结。扭结是由于钢丝绳成环状不可能绕其轴线转动的情况下被拉紧而造成的一种变形，其结果是出现捻距不均而引起过度磨损，严重时钢丝绳将产生扭曲，以致仅存极小强度。严重扭结的钢丝绳应立即报废。

9) 弯折。弯折是钢丝绳由外界因素引起的角度变形，这种变形的钢丝绳应立即报废。

(11) 由于受热或电弧的作用而引起的损坏。钢丝绳经受特殊热力作用，其外表出现颜色变化时应报废。

九、钢丝绳的安全荷载计算

1. 钢丝绳的破断拉力

钢丝绳的破断拉力，即将整根钢丝绳拉断所需要的拉力，也称为整条钢丝绳的破断拉力。考虑钢丝绳搓捻的不均匀，钢丝之间存在互相挤压和摩擦使其钢丝受力大小不一样，要拉断整根钢丝绳，其破断拉力要小于钢丝破断拉力总和。因此要乘一个小于1的系数，约为 0.8~0.85。

最小钢丝破断拉力总和＝钢丝绳最小破断拉力×换算系数。换算系数取值如：6×7 类圆股的钢丝绳纤维芯取 1.134、钢芯取 1.214；6×19 类圆股的钢丝绳纤维芯取 1.24、钢芯取 1.308；6×37 类圆股的钢丝绳纤维芯 1.249、钢芯取 1.336。

钢丝绳的安全荷载可由下式求得：

$$P = R/K$$

式中　P——吊装所需要的负荷拉力(kN)；

　　　R——最小破断拉力(可在钢丝绳规格及荷重性能查找)(kN)；

　　　K——钢丝绳的安全系数，见表 1-11。

2. 钢丝绳的允许拉力和安全系数

(1) 钢丝绳的允许拉力。

当钢丝绳在弯曲处可能同时承受拉力和剪力的混合力，钢丝绳破断拉力要降低 30% 左右。因此在选择钢丝绳时要适当提高安全系数加强安全贮备。为了保证吊装的安全，钢丝绳根据使用时的受力情况，规定出所能允许承受的拉力，叫做钢丝绳的允许拉力。它与钢丝绳的使用情况有关，可通过计算取得。

钢丝绳的允许拉力低了钢丝绳破断拉力的若干倍，而这个倍数就是安全系数。

（2）钢丝绳的安全系数，见表 1-11。

钢丝绳的安全系数 K 表 1-11

使用情况	K 值	使用情况	K 值
用于缆风绳	3.5	用作吊索、无弯曲	6～7
用于手动起重	4.5	用作绑扎的吊索	8～10
用于机械起重	5～6	用于载人的升降机	14 以上

3. 钢丝绳最小破断拉力计算和重量测量

（1）最小破断拉力计算

钢丝绳实测破断拉力应不低于荷重性能表的规定。钢丝绳最小破断拉力，用单位 kN 表示，并按下式计算：

$$F_0 = \frac{K' \cdot D^2 \cdot R_0}{1000}$$

式中　F_0——钢丝绳最小破断拉力（kN）；

　　　D——钢丝绳公称直径（mm）；

　　　R_0——钢丝绳公称抗拉强度（MPa）；

　　　K'——某一指定结构钢丝绳的最小破断拉力系数（表 1-12）。

（2）重量的测量

钢丝绳的总重量包括钢丝绳、卷轴和包装材料的重量，应用衡器测量，用单位 kg 表示。

计算钢丝绳的单位重量时，应用钢丝绳的净重量除以钢丝绳实测长度。钢丝绳的实测单位重量用 kg/100m 表示。

参考重量：钢丝绳的参考重量用 kg/100m 表示，并按下式计算：

$$M = KD^2$$

式中　M——钢丝绳单位长度的参考重量（kg/100m）；

D——钢丝绳的公称直径(mm);

K——充分涂油的某一结构钢丝绳单位长度的重量系数

（表 1-12）[kg/(100m·mm²)]。

（3）钢丝绳重量系数和最小破断拉力系数，见表 1-12。

钢丝绳重量系数和最小破断拉力系数 　　表 1-12

组别	类别	钢丝绳重量系数 K			$\dfrac{K_2}{K_{1n}}$	$\dfrac{K_2}{K_{1p}}$	最小破断拉力系数 K'		$\dfrac{K_2'}{K_1'}$
		天然纤维芯	合成纤维芯	钢芯			纤维芯	钢芯	
		K_{1n}	K_{1p}	K_2			K_1'	K_2'	
		kg/(100m·mm²)							
1	6×7	0.351	0.344	0.387	1.10	1.12	0.332	0.359	1.08
2	6×19	0.380	0.371	0.418	1.10	1.13	0.330	0.356	1.08
3	6×37								
4	8×19	0.357	0.344	0.435	1.22	1.26	0.293	0.346	1.18
5	8×37								
6	18×7	0.390		0.430	1.10	1.10	0.310	0.328	1.06
7	18×19								
8	34×7	0.390		0.430	1.10	1.10	0.308	0.318	1.03
9	35W×7			0.460				0.360	
10	6V×7	0.412	0.404	0.437	1.06	1.08	0.375	0.398	1.06
11	6V×19	0.405	0.397	0.429	1.06	1.08	0.360	0.382	1.06
12	6V×37								
13	4V×39	0.410	0.402					0.360	
14	6Q×19+6V×21	0.410	0.402					0.360	

注：1. 在 2 组和 4 组钢丝绳中，当股内钢丝的数目为 19 根或 19 根以下时，重量系数应比表中所列的数小 3%。

　　2. 在 11 组钢丝绳中，股含纤维芯 6V×21、6V×24 结构钢丝绳的重量系数和最小破断拉力系数应分别比表中所列的数小 8%，6V×30 结构钢丝绳的最小破断拉力系数，应比表中所列的数小 10%；在 12 组钢丝绳中，股为线接触结构 6V×37S 钢丝绳的重量系数和最小破断拉力系数则应分别比表中所列的数大 3%。

　　3. K_{1p} 重量系数是对聚丙烯纤维芯钢绳而言。

十、常用钢丝绳规格及荷重性能

1. 6×19 圆股钢丝绳(光面和镀锌)

6×19 圆股钢丝绳(光面和镀锌)力学性能见表 1-13。

6×19+FC   6×19+IWS   6×19+IWR

力 学 性 能   表 1-13

钢丝绳结构:6×19+FC 6×19+IWS 6×19+IWR

钢丝绳公称直径		钢丝绳近似重量 (kg/100m)			钢丝绳公称抗拉强度(MPa)									
					1470		1570		1670		1770		1870	
					钢丝绳最小破断拉力(kN)									
d (mm)	允许偏差 (%)	NF 天然纤维芯钢丝绳	SF 合成纤维芯钢丝绳	IWR/ IWS 钢芯钢丝绳	FC 纤维芯钢丝绳	IWR/ IWS 钢芯钢丝绳	FC 纤维芯钢丝绳	IWR/ IWS 钢芯钢丝绳	FC 纤维芯钢丝绳	IWR/ IWS 钢芯钢丝绳	FC 纤维芯钢丝绳	IWR/ IWS 钢芯钢丝绳	FC 纤维芯钢丝绳	IWR/ IWS 钢芯钢丝绳
8	+6 0	22.1	21.6	24.4	28.9	31.2	30.8	33.4	32.8	35.5	34.8	37.6	36.7	39.7
9		28.0	27.3	30.9	36.6	39.5	39.0	42.2	41.5	44.9	44.0	47.6	46.5	50.3
10		34.6	33.7	38.1	45.1	48.8	48.2	52.1	51.3	55.4	54.3	58.8	57.4	62.1
11		41.9	40.8	46.1	54.6	59.1	58.3	63.1	62.0	67.1	65.8	71.1	69.5	75.1
12		49.8	48.5	54.9	65.0	70.3	69.4	75.1	73.8	79.8	78.2	84.6	82.7	89.4
13		58.5	57.0	64.4	76.3	82.5	81.5	88.1	86.6	93.7	91.8	99.3	97.0	105.0
14		67.8	66.1	74.7	88.5	95.7	94.5	102.0	100.0	109.0	107.0	115.0	113.0	122.0
16		88.6	86.3	97.5	116.0	125.0	123.0	133.0	131.0	142.0	139.0	150.0	147.0	159.0
18		112.0	109.0	123.0	146.0	158.0	156.0	169.0	166.0	180.0	176.0	190.0	186.0	201.0
20		138.0	135.0	152.0	181.0	195.0	193.0	208.0	205.0	222.0	217.0	235.0	230.0	248.0

钢丝绳结构：6×19+FC 6×19+IWS 6×19+IWR

钢丝绳公称直径 d(mm)	允许偏差(%)	钢丝绳近似重量(kg/100m)			钢丝绳公称抗拉强度(MPa)									
					1470		1570		1670		1770		1870	
					钢丝绳最小破断拉力(kN)									
		NF 天然纤维芯钢丝绳	SF 合成纤维芯钢丝绳	IWR/IWS 钢芯钢丝绳	FC 纤维芯钢丝绳	IWR/IWS 钢芯钢丝绳	FC 纤维芯钢丝绳	IWR/IWS 钢芯钢丝绳	FC 纤维芯钢丝绳	IWR/IWS 钢芯钢丝绳	FC 纤维芯钢丝绳	IWR/IWS 钢芯钢丝绳	FC 纤维芯钢丝绳	IWR/IWS 钢芯钢丝绳
22	+6 0	167.0	163.0	184.0	218.0	236.0	233.0	252.0	248.0	268.0	263.0	284.0	278.0	300.0
24		199.0	194.0	219.0	260.0	281.0	278.0	300.0	295.0	319.0	313.0	338.0	331.0	358.0
26		234.0	228.0	258.0	305.0	330.0	326.0	352.0	347.0	375.0	367.0	397.0	388.0	420.0
28		271.0	264.0	299.0	354.0	383.0	378.0	409.0	402.0	435.0	426.0	461.0	450.0	487.0
30		311.0	303.0	343.0	406.0	439.0	434.0	469.0	461.0	499.0	489.0	529.0	517.0	559.0
32		354.0	345.0	390.0	462.0	500.0	494.0	534.0	525.0	568.0	556.0	602.0	588.0	636.0
34		400.0	390.0	440.0	522.0	564.0	557.0	603.0	593.0	641.0	628.0	679.0	664.0	718.0
36		448.0	437.0	494.0	585.0	632.0	625.0	676.0	664.0	719.0	704.0	762.0	744.0	805.0
38		500.0	487.0	550.0	652.0	705.0	696.0	753.0	740.0	801.0	785.0	849.0	829.0	869.0
40		554.0	539.0	610.0	722.0	781.0	771.0	834.0	820.0	887.0	869.0	940.0	919.0	993.0
42		610.0	594.0	672.0	796.0	861.0	850.0	919.0	904.0	978.0	959.0	1040.0	1010.0	1100.0
44		670.0	652.0	738.0	874.0	945.0	933.0	1010.0	993.0	1070.0	1050.0	1140.0	1110.0	1200.0
46		732.0	713.0	806.0	955.0	1030.0	1020.0	1100.0	1080.0	1170.0	1150.0	1240.0	1210.0	1310.0
48		797.0	776.0	878.0	1040.0	1120.0	1110.0	1200.0	1180.0	1280.0	1250.0	1350.0	1320.0	1430.0
50		865.0	843.0	953.0	1130.0	1220.0	1200.0	1300.0	1280.0	1390.0	1360.0	1470.0	1440.0	1550.0
52		936.0	911.0	1.30.0	1220.0	1320.0	1300.0	1410.0	1390.0	1500.0	1470.0	1590.0	1550.0	1680.0
54		1010.0	983.0	1110.0	1320.0	1420.0	1410.0	1520.0	1500.0	1620.0	1580.0	1710.0	1670.0	1810.0
56		1090.0	1060.0	1190.0	1420.0	1530.0	1510.0	1630.0	1610.0	1740.0	1700.0	1840.0	1800.0	1950.0
58		1160.0	1130.0	1280.0	1520.0	1640.0	1620.0	1750.0	1720.0	1870.0	1830.0	1980.0	1930.0	2090.0
60		1250.0	1210.0	1370.0	1620.0	1760.0	1740.0	1880.0	1580.0	2000.0	1960.0	2120.0	2070.0	2240.0

钢丝绳结构: 6×19+FC 6×19+IWS 6×19+IWR

钢丝绳公称直径		钢丝绳近似重量 (kg/100m)			钢丝绳公称抗拉强度(MPa)									
					1470		1570		1670		1770		1870	
					钢丝绳最小破断拉力(kN)									
d (mm)	允许偏差(%)	NF 天然纤维芯钢丝绳	SF 合成纤维芯钢丝绳	IWR/IWS 钢芯钢丝绳	FC 纤维芯钢丝绳	IWR/IWS 钢芯钢丝绳	FC 纤维芯钢丝绳	IWR/IWS 钢芯钢丝绳	FC 纤维芯钢丝绳	IWR/IWS 钢芯钢丝绳	FC 纤维芯钢丝绳	IWR/IWS 钢芯钢丝绳	FC 纤维芯钢丝绳	IWR/IWS 钢芯钢丝绳
62		1330.0	1300.0	1460.0	1730.0	1880.0	1850.0	2000.0	1970.0	2130.0	2090.0	2260.0	2210.0	2390.0
64		1420.0	1380.0	1560.0	1850.0	2000.0	1970.0	2130.0	2100.0	2270.0	2230.0	2410.0	2350.0	2540.0
66		1510.0	1470.0	1660.0	1970.0	2130.0	2100.0	2270.0	2230.0	2420.0	2370.0	2560.0	2500.0	2700.0
68		1600.0	1560.0	1760.0	2090.0	2260.0	2230.0	2410.0	2370.0	2560.0	2510.0	2720.0	2650.0	2870.0
70	+6 / 0	1700.0	1650.0	1870.0	2210.0	2390.0	2360.0	2550.0	2510.0	2720.0	2660.0	2880.0	2810.0	3040.0
72		1790.0	1750.0	1980.0	2340.0	2530.0	2500.0	2700.0	2660.0	2870.0	2820.0	3050.0	2980.0	3220.0
74		1890.0	1850.0	2090.0	2470.0	2670.0	2640.0	2850.0	2810.0	3040.0	2980.0	3220.0	3140.0	3400.0
76		2000.0	1950.0	2200.0	2610.0	2820.0	2780.0	3010.0	2960.0	3200.0	3140.0	3390.0	3320.0	3590.0
78		2110.0	2050.0	2320.0	2750.0	2970.0	2930.0	3170.0	3120.0	3370.0	3310.0	3580.0	3490.0	3780.0
80		2210.0	2160.0	2440.0	2890.0	3120.0	3080.0	3340.0	3280.0	3550.0	3480.0	3760.0	3670.0	3970.0

主要用途：各种起重、提升和牵引设备。

2. 6×37 圆股钢丝绳（光面和镀锌）

6×37 圆股钢丝绳（光面和镀锌）力学性能见表 1-14。

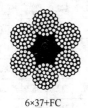

6×37+FC

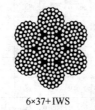

6×37+IWS

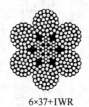

6×37+IWR

钢丝绳结构：6×37＋FC　6×37＋IWS　6×37＋IWR

钢丝绳公称直径		钢丝绳近似重量(kg/100m)			钢丝绳公称抗拉强度(MPa)									
					1470		1570		1670		1770		1780	
					钢丝绳最小破断拉力(kN)									
d(mm)	允许偏差(%)	NF天然纤维芯钢丝绳	SF合成纤维芯钢丝绳	IWR/IWS钢芯钢丝绳	FC纤维芯钢丝绳	IWR/IWS钢芯钢丝绳	FC纤维芯钢丝绳	IWR/IWS钢芯钢丝绳	FC纤维芯钢丝绳	IWR/IWS钢芯钢丝绳	FC纤维芯钢丝绳	IWR/IWS钢芯钢丝绳	FC纤维芯钢丝绳	IWR/IWS钢芯钢丝绳
6		12.5	12.1	13.7	15.6	16.9	16.7	18.0	17.7	19.2	18.8	20.3	19.9	21.5
7		17.0	16.5	18.7	21.2	23.0	22.7	24.5	24.1	26.1	25.6	27.7	27.0	29.2
8		22.0	21.6	24.4	27.8	30.0	29.6	32.1	31.5	34.1	33.4	36.1	35.3	38.2
9		28.0	27.3	30.9	35.1	38.0	37.5	40.6	39.9	43.2	42.3	45.7	44.7	48.3
10		34.6	33.7	38.1	43.4	46.9	46.3	50.1	49.3	53.3	52.2	56.5	55.2	59.7
11		41.9	40.8	46.1	52.5	56.7	56.0	60.6	59.6	64.5	63.2	68.3	66.7	72.2
12		49.8	48.5	54.9	62.4	67.5	66.7	72.1	70.9	76.7	75.2	81.3	79.4	85.9
13		58.5	57.0	64.4	73.3	79.2	78.3	84.6	83.3	90.0	88.2	95.4	93.2	101.0
14		67.8	66.1	74.7	85.0	91.9	90.8	98.2	96.6	104.0	102.0	111.0	108.0	117.0
16	+6 0	88.6	86.3	97.5	111.0	120.0	119.0	128.0	126.0	136.0	134.0	145.0	141.0	153.0
18		112.0	109.0	123.0	141.0	152.0	150.0	162.0	160.0	173.0	169.0	183.0	179.0	193.0
20		138.0	135.0	152.0	173.0	188.0	185.0	200.0	197.0	213.0	209.0	226.0	221.0	239.0
22		167.0	163.0	184.0	210.0	227.0	224.0	242.0	238.0	258.0	253.0	273.0	267.0	289.0
24		199.0	194.0	219.0	250.0	270.0	267.0	288.0	284.0	307.0	301.0	325.0	318.0	344.0
26		234.0	228.0	258.0	293.0	317.0	313.0	339.0	333.0	360.0	353.0	382.0	373.0	403.00
28		271.0	264.0	299.0	340.0	368.0	363.0	393.0	386.0	418.0	409.0	443.0	432.0	468.0
30		311.0	303.0	343.0	390.0	422.0	417.0	451.0	443.0	479.0	470.00	508.0	496.0	537.0
32		354.0	345.0	390.0	444.0	480.0	474.0	513.0	504.0	546.0	535.0	578.0	565.0	611.0
34		400.0	390.0	440.0	501.0	542.0	535.0	579.0	570.0	616.0	604.0	653.0	638.0	690.0
36		448.0	437.0	494.0	562.0	608.0	600.0	649.0	638.0	690.0	677.0	732.0	715.0	773.0
38		500.0	487.0	550.0	626.0	677.0	669.0	723.0	711.0	769.0	754.0	815.0	797.0	861.0

钢丝绳结构：6×37+FC 6×37+IWS 6×37+IWR

钢丝绳公称直径		钢丝绳近似重量(kg/100m)			钢丝绳公称抗拉强度(MPa)									
					1470		1570		1670		1770		1780	
					钢丝绳最小破断拉力(kN)									
d (mm)	允许偏差(%)	NF 天然纤维芯钢丝绳	SF 合成纤维芯钢丝绳	IWR/IWS 钢芯钢丝绳	FC 纤维芯钢丝绳	IWR/IWS 钢芯钢丝绳	FC 纤维芯钢丝绳	IWR/IWS 钢芯钢丝绳	FC 纤维芯钢丝绳	IWR/IWS 钢芯钢丝绳	FC 纤维芯钢丝绳	IWR/IWS 钢芯钢丝绳	FC 纤维芯钢丝绳	IWR/IWS 钢芯钢丝绳
40	+6 0	554.0	539.0	610.0	694.0	750.0	741.0	801.0	788.0	852.0	835.0	903.0	883.0	954.0
42		610.0	594.0	672.0	765.0	827.0	817.0	883.0	869.0	940.0	921.0	996.0	973.0	1050.0
44		670.0	652.0	738.0	840.0	908.0	897.0	970.0	954.0	1030.0	1010.0	1090.0	1070.0	1150.0
46		732.0	713.0	806.0	918.0	992.0	980.0	1060.0	1040.0	1130.0	1100.0	1190.0	1170.0	1260.0
48		797.0	776.0	878.0	999.0	1080.0	1070.0	1150.0	1140.0	1230.0	1200.0	1300.0	1270.0	1370.0
50		865.0	843.0	953.0	1080.0	1170.0	1160.0	1250.0	1230.0	1330.0	1310.0	1410.0	1380.0	1490.0
52		936.0	911.0	1030.0	1170.0	1270.0	1250.0	1350.0	1330.0	1440.0	1410.0	1530.0	1490.0	1610.0
54		1010.0	983.0	1110.0	1260.0	1370.0	1350.0	1460.0	1440.0	1550.0	1520.0	1650.0	1610.0	1740.0
56		1090.0	1060.0	1190.0	1360.0	1470.0	1450.0	1570.0	1540.0	1670.0	1640.0	1770.0	1730.0	1870.0
58		1160.0	1130.0	1287.0	1460.0	1580.0	1560.0	1690.0	1660.0	1790.0	1760.0	1900.0	1860.0	2010.0
60		1250.0	1210.0	1370.0	1560.0	1690.0	1670.0	1800.0	1770.0	1920.0	1880.0	2030.0	1990.0	2150.0
62		1330.0	1300.0	1460.0	1670.0	1800.0	1780.0	1930.0	1890.0	2050.0	2010.0	2170.0	2120.0	2290.0
64		1420.0	1380.0	1560.0	1780.0	1920.0	1900.0	2050.0	2020.0	2180.0	2140.0	2310.0	2260.0	2440.0
66		1510.0	1470.0	1660.0	1890.0	2040.0	2020.0	2180.0	2150.0	2320.0	2270.0	2460.0	2400.0	2600.0
68		1600.0	1560.0	1760.0	2010.0	2170.0	2140.0	2320.0	2280.0	2460.0	2410.0	2610.0	2550.0	2760.0
70		1700.0	1650.0	1870.0	2120.0	2300.0	2270.0	2450.0	2410.0	2610.0	2560.0	2770.0	2700.0	2920.0
72		1790.0	1750.0	1980.0	2250.0	2430.0	2400.0	2600.0	2550.0	2760.0	2710.0	2930.0	2860.0	3090.0
74		1890.0	1850.0	2090.0	2370.0	2570.0	2540.0	2740.0	2700.0	2920.0	2860.0	3090.0	3020.0	3270.0
76		2000.0	1950.0	2200.0	2500.0	2710.0	2680.0	2890.0	2850.0	3080.0	3020.0	3260.0	3190.0	3450.0
78		2110.0	2050.0	2320.0	2640.0	2850.0	2820.0	3050.0	3000.0	3240.0	3180.0	3440.0	3360.0	3630.0
80		2210.0	2160.0	2440.0	2780.0	3000.0	2860.0	3210.0	3150.0	3410.0	3340.0	3610.0	3530.0	3820.0

3. 6×61 圆股钢丝绳(光面和镀锌)

6×61 圆股钢丝绳(光面和镀锌)力学性能见表 1-15。

6×61+FC

6×61+IWR

力 学 性 能　　　　　　　　　　　　　　　　表 1-15

钢丝绳结构：6×61+FC 6×61+IWR

钢丝绳公称直径		钢丝绳近似重量 (kg/100m)			钢丝绳公称抗拉强度(MPa)									
					1470		1570		1670		1770		1870	
					钢丝绳最小破断拉力(kN)									
d (mm)	允许偏差 (%)	NF 天然纤维芯钢丝绳	SF 合成纤维芯钢丝绳	IWR/IWS 钢芯钢丝绳	FC 纤维芯钢丝绳	IWR/IWS 钢芯钢丝绳	FC 纤维芯钢丝绳	IWR/IWS 钢芯钢丝绳	FC 纤维芯钢丝绳	IWR/IWS 钢芯钢丝绳	FC 纤维芯钢丝绳	IWR/IWS 钢芯钢丝绳	FC 纤维芯钢丝绳	IWR/IWS 钢芯钢丝绳
20		144.0	142.0	159.0	1780.0	192.0	190.0	205.0	202.0	218.0	214.0	231.0	226.0	244.0
22		175.0	171.0	193.0	215.0	232.0	229.0	248.0	244.0	263.0	259.0	279.0	273.0	295.0
24		208.0	204.0	229.0	256.0	276.0	273.0	295.0	290.0	314.0	308.0	332.0	325.0	351.0
26		244.0	239.0	269.0	300.0	324.0	321.0	346.0	341.0	368.0	361.0	390.0	382.0	412.0
28		283.0	278.0	312.0	348.0	376.0	372.0	401.0	395.0	427.0	419.0	452.0	443.0	478.0
30	$^{+6}_{0}$	325.0	319.0	358.0	400.0	431.0	427.0	461.0	454.0	490.0	481.0	519.0	508.0	549.0
32		370.0	362.0	408.0	455.0	491.0	486.0	524.0	516.0	557.0	547.0	591.0	578.0	624.0
34		417.0	409.0	460.0	513.0	554.0	584.0	592.0	583.0	629.0	618.0	667.0	653.0	705.0
36		468.0	459.0	516.0	575.0	621.0	614.0	663.0	654.0	706.0	693.0	748.0	732.0	790.0
38		521.0	511.0	575.0	641.0	692.0	685.0	739.0	728.0	786.0	772.0	833.0	815.0	880.0
40		578.0	566.0	637.0	710.0	767.0	759.0	819.0	807.0	871.0	855.0	923.0	904.0	975.0
42		637.0	624.0	702.0	783.0	845.0	836.0	903.0	890.0	960.0	943.0	1020.0	996.0	1080.0
44		699.0	685.0	771.0	859.0	928.0	918.0	991.0	976.0	1050.0	1030.0	1120.0	1090.0	1180.0

钢丝绳结构：6×61+FC 6×61+IWR

钢丝绳公称直径		钢丝绳近似重量(kg/100m)			钢丝绳公称抗拉强度(MPa)									
					1470		1570		1670		1770		1870	
					钢丝绳最小破断拉力(kN)									
d (mm)	允许偏差(%)	NF天然纤维芯钢丝绳	SF合成纤维芯钢丝绳	IWR/IWS钢芯钢丝绳	FC纤维芯钢丝绳	IWR/IWS钢芯钢丝绳	FC纤维芯钢丝绳	IWR/IWS钢芯钢丝绳	FC纤维芯钢丝绳	IWR/IWS钢芯钢丝绳	FC纤维芯钢丝绳	IWR/IWS钢芯钢丝绳	FC纤维芯钢丝绳	IWR/IWS钢芯钢丝绳
46		764.0	749.0	842.0	939.0	1010.0	1000.0	1080.0	1070.0	1150.0	1130.0	1220.0	1190.0	1290.0
48		832.0	816.0	917.0	1020.0	1100.0	1090.0	1180.0	1160.0	1250.0	1230.0	1330.0	1300.0	1400.0
50		903.0	885.0	995.0	1110.0	1200.0	1190.0	1280.0	1260.0	1360.0	1340.0	1440.0	1410.0	1520.0
52		976.0	957.0	1080.0	1200.0	1300.0	1280.0	1380.0	1360.0	1470.0	1450.0	1560.0	1530.0	1650.0
54		1050.0	1030.0	1160.0	1290.0	1400.0	1380.0	1490.0	1470.0	1590.0	1560.0	1680.0	1650.0	1780.0
56		1130.0	1110.0	1250.0	1390.0	1500.0	1490.0	1610.0	1580.0	1710.0	1680.0	1810.0	1770.0	1910.0
58		1210.0	1190.0	1340.0	1490.0	1610.0	1600.0	1720.0	1700.0	1830.0	1800.0	1940.0	1900.0	2050.0
60		1300.0	1270.0	1430.0	1600.0	1730.0	1710.0	1840.0	1820.0	1960.0	1920.0	2080.0	2030.0	2190.0
62	+6 0	1390.0	1360.0	1530.0	1710.0	1840.0	1820.0	1970.0	1940.0	2090.0	2050.0	2220.0	2170.0	2340.00
64		1480.0	1450.0	1630.0	1820.0	1960.0	1940.0	2100.0	2070.0	2230.0	2190.0	2360.0	2310.0	2500.0
66		1570.0	1540.0	1730.0	1930.0	2090.0	2070.0	2230.0	2200.0	2370.0	2330.0	2510.0	2460.0	2660.0
68		1670.0	1640.0	1840.0	2050.0	2220.0	2190.0	2370.0	2330.0	2520.0	2470.0	2670.0	2610.0	2820.0
70		1770.0	1730.00	1950.0	2180.0	2350.0	2320.0	2510.0	2470.0	2670.0	2620.0	2830.0	2770.0	2990.0
72		1870.0	1840.0	2060.0	2300.0	2480.0	2460.0	2650.0	2610.0	2820.0	2770.0	2990.0	2930.0	3160.0
74		1980.0	1940.0	2180.0	2430.0	2620.0	2600.0	2760.0	2760.0	2980.0	2930.0	3160.0	3090.0	3340.0
76		2090.0	2040.0	2300.0	2560.0	2770.0	2740.0	2960.0	2910.0	3140.0	3090.0	3330.0	3260.0	3520.0
78		2200.0	2150.0	2420.0	2700.0	2920.0	2880.0	3110.0	3070.0	3310.0	3250.0	3510.0	3440.0	3710.0
80		2310.0	2270.0	2550.0	2840.0	3070.0	3030.0	3280.0	3230.0	3480.0	3420.0	3690.0	3610.0	3900.0

主要用途：各种起重、提升和牵引设备。

4. 6×24 圆股钢丝绳（光面和镀锌）

6×24 圆股钢丝绳（光面和镀锌）力学性能见表 1-16。

6×24+7FC

力 学 性 能 表 1-16

钢丝绳结构：6×24+7FC

钢丝绳公称直径		钢丝绳近似重量（kg/100m）		钢丝绳公称抗拉强度（MPa）				
				1470	1570	1670	1770	1870
d (mm)	允许偏差（%）	NF 天然纤维芯钢丝绳	SF 合成纤维芯钢丝绳	钢丝绳最小破断拉力（kN）				
8		20.40	19.50	26.30	28.10	29.90	31.70	33.50
9		25.80	24.60	33.30	35.16	37.90	40.10	42.40
10		31.80	30.04	41.20	44.00	46.80	49.60	52.50
11		38.50	36.80	49.80	53.20	56.60	60.00	63.40
12		45.80	43.80	59.30	63.30	67.30	71.40	75.40
13		53.70	51.40	69.60	74.30	79.00	83.80	88.50
14		62.30	59.60	80.70	86.20	91.00	97.10	103.00
16		81.40	77.80	105.00	113.00	120.00	127.00	134.00
18	+7 0	103.00	98.50	133.00	142.00	152.00	161.00	170.00
20		127.00	122.00	165.00	176.00	187.00	198.00	209.00
22		154.00	147.00	199.00	213.00	226.00	240.00	253.00
24		183.00	175.00	237.00	253.00	269.00	285.00	302.00
26		215.00	206.00	278.00	297.00	316.00	335.00	354.00
28		249.00	238.00	323.00	345.00	367.00	389.00	411.00
30		286.00	274.00	370.00	396.00	421.00	446.00	471.00
32		326.00	311.00	421.00	450.00	479.00	507.00	536.00
34		368.00	351.00	476.00	508.00	541.00	573.00	605.00

钢丝绳结构：6×24＋7FC

钢丝绳公称直径		钢丝绳近似重量（kg/100m）		钢丝绳公称抗拉强度（MPa）				
				1470	1570	1670	1770	1870
d (mm)	允许偏差（%）	NF 天然纤维芯钢丝绳	SF 合成纤维芯钢丝绳	钢丝绳最小破断拉力（kN）				
36		412.00	394.00	533.00	570.00	606.00	642.00	679.00
38		459.00	439.00	594.00	635.00	675.00	716.00	756.00
40		509.00	486.00	659.00	703.00	748.00	793.00	838.00
42		561.00	536.00	726.00	775.00	825.00	874.00	924.00
44		616.00	589.00	797.00	851.00	905.00	959.00	1010.00
46		673.00	643.00	871.00	930.00	989.00	1050.00	1110.00
48		733.00	700.00	948.00	1010.00	1080.00	1140.00	1210.00
50		795.00	760.00	1030.00	1100.00	1170.00	1240.00	1310.00
52		860.00	822.00	1110.00	1190.00	1260.00	1340.00	1420.00
54		927.00	886.00	1200.00	1280.00	1360.00	1450.00	1530.00
56		997.00	953.00	1290.00	1380.00	1470.00	1550.00	1640.00
58	$+7 \atop 0$	1070.00	1020.00	1380.00	1480.00	1570.00	1670.00	1760.00
60		1140.00	1090.00	1480.00	1580.00	1680.00	1780.00	1880.00
62		1220.00	1170.00	1580.00	1690.00	1800.00	1910.00	2010.00
64		1300.00	1250.00	1690.00	1800.00	1920.00	2030.00	2140.00
66		1390.00	1320.00	1790.00	1910.00	2040.00	2160.00	2280.00
68		1470.00	1410.00	1900.00	2030.00	2160.00	2290.00	2420.00
70		1560.00	1490.00	2020.00	2150.00	2290.00	2430.00	2570.00
72		1650.00	1580.00	2130.00	2280.00	2420.00	2570.00	2710.00
74		1740.00	1660.00	2250.00	2410.00	2560.00	2710.00	2870.00
76		1840.00	1760.00	2380.00	2540.00	2700.00	2860.00	3020.00
78		1930.00	1850.00	2500.00	2670.00	2840.00	3020.00	3190.00
80		2040.00	1950.00	2630.00	2810.00	2990.00	3170.00	3350.00

主要用途：拖船、货网、浮运木材、捆绑等。

5. 6×19S、6×19W线接触钢丝绳（光面和镀锌）

6×19S、6×19W线接触钢丝绳（光面和镀锌）力学性能见表 1-17。

6×19S+FC　　　　　6×19S+IWR　　　　　6×19W+FC　　　　　6×19W+IWR

力 学 性 能　　　　　　　表 1-17

钢丝绳结构(construction)：6×19S+FC　6×19S+IWR　6×19W+FC　6×19W+IWR

钢丝绳公称直径		钢丝绳近似重量 (kg/100m)			钢丝绳公称抗拉强度(MPa)									
					1470		1570		1670		1770		1780	
					钢丝绳最小破断拉力(kN)									
d (mm)	允许偏差 (%)	NF 天然纤维芯钢丝绳	SF 合成纤维芯钢丝绳	IWR/IWS 钢芯钢丝绳	FC 纤维芯钢丝绳	IWR/IWS 钢芯钢丝绳	FC 纤维芯钢丝绳	IWR/IWS 钢芯钢丝绳	FC 纤维芯钢丝绳	IWR/IWS 钢芯钢丝绳	FC 纤维芯钢丝绳	IWR/IWS 钢芯钢丝绳	FC 纤维芯钢丝绳	IWR/IWS 钢芯钢丝绳
8	+6 0	23.6	23.0	25.9	31.0	33.5	33.2	35.8	35.3	38.0	37.4	40.3	39.5	42.6
9		29.9	29.1	32.8	39.3	42.4	42.0	45.3	44.6	48.2	47.3	51.0	50.0	53.9
10		36.9	36.0	40.5	48.5	52.3	51.8	55.9	55.1	59.5	58.4	63.0	61.7	66.6
11		44.6	43.5	49.1	58.7	63.3	62.7	67.6	66.7	71.9	70.7	76.2	74.7	80.6
12		53.1	51.8	58.4	69.9	75.4	74.6	80.5	79.4	85.6	84.1	90.7	88.9	95.9
13		62.3	60.8	68.5	82.0	88.4	87.6	94.5	93.1	100.0	98.7	106.0	104.0	113.0
14		72.2	70.50	79.5	95.1	103.0	102.00	110.00	108.0	117.0	114.0	124.0	121.0	130.0
16		94.4	92.1	104.0	124.0	134.0	133.0	143.0	141.0	152.0	150.0	161.0	158.0	170.0
18		119.0	117.0	131.0	157.0	170.0	168.0	181.0	179.0	193.0	189.0	204.0	200.0	216.0
20		147.0	144.0	162.0	194.0	209.0	207.0	224.0	220.0	238.0	234.0	252.0	247.0	266.0
22		178.0	174.0	196.0	235.0	253.0	251.0	271.0	267.0	288.0	283.0	305.0	299.0	322.0

钢丝绳结构(construction)：6×19S＋FC　6×19S＋IWR　6×19W＋FC　6×19W＋IWR

钢丝绳公称直径		钢丝绳近似重量(kg/100m)			钢丝绳公称抗拉强度(MPa)									
					1470		1570		1670		1770		1780	
					钢丝绳最小破断拉力(kN)									
d (mm)	允许偏差(%)	NF 天然纤维芯钢丝绳	SF 合成纤维芯钢丝绳	IWR/IWS 钢芯钢丝绳	FC 纤维芯钢丝绳	IWR/IWS 钢芯钢丝绳	FC 纤维芯钢丝绳	IWR/IWS 钢芯钢丝绳	FC 纤维芯钢丝绳	IWR/IWS 钢芯钢丝绳	FC 纤维芯钢丝绳	IWR/IWS 钢芯钢丝绳	FC 纤维芯钢丝绳	IWR/IWS 钢芯钢丝绳
24		212.0	207.0	234.0	279.0	301.0	298.0	322.0	317.0	342.0	336.0	363.0	355.0	383.0
26		249.0	243.0	274.0	328.0	354.0	350.0	378.0	373.0	402.0	395.0	426.0	417.0	450.0
28		289.0	282.0	318.0	380.0	410.0	406.0	438.0	432.0	466.0	458.0	494.0	484.0	522.0
30		332.0	324.0	365.0	437.0	471.0	466.0	503.0	496.0	535.0	526.0	567.0	555.0	599.0
32		377.0	369.0	415.0	497.0	536.0	531.0	572.0	564.0	609.00	598.0	645.0	632.0	682.0
34		426.0	416.0	469.0	561.0	605.0	599.0	646.0	637.0	687.0	675.0	728.0	713.0	770.0
36		478.0	466.0	525.0	629.0	678.0	671.0	724.0	714.0	770.0	757.0	817.0	800.0	863.0
38		532.0	520.0	585.0	700.0	756.0	748.0	807.0	796.0	858.0	843.0	910.0	891.0	961.0
40		590.0	576.0	649.0	776.00	837.0	829.0	894.0	882.0	951.0	935.0	1010.0	987.0	1070.0
42	+6 0	650.0	635.0	715.0	856.0	923.0	914.0	986.0	972.0	1050.0	1030.0	1110.0	1090.0	1170.0
44		714.0	679.0	785.0	939.0	1010.0	1000.0	1080.0	1070.0	1150.0	1130.0	1220.0	1190.0	1290.0
46		780.0	761.0	858.0	1030.0	1110.0	1100.0	1180.0	1170.0	1260.0	1240.0	1330.0	1310.0	1410.0
48		849.0	829.0	934.0	1120.0	1210.0	1190.0	1290.0	1270.0	1370.0	1350.0	1450.0	1420.0	1530.0
50		922.0	900.0	1010.0	1210.0	1310.0	1300.0	1400.0	1380.0	1490.0	1460.0	1580.0	1540.0	1660.0
52		997.0	973.0	1100.0	1310.0	1420.0	1400.0	1510.0	1490.0	1610.0	1580.0	1700.0	1670.0	1800.0
54		1070.0	1050.0	1180.0	1410.0	1530.0	1510.0	1630.0	1610.0	1730.0	1700.0	1840.0	1800.0	1940.0
56		1160.0	1130.0	1270.0	1520.0	1640.0	1620.0	1750.0	1730.0	1860.0	1830.0	1980.0	1940.0	2090.0
58		1240.0	1210.0	1360.0	1630.0	1760.0	1740.0	1880.0	1850.0	2000.0	1960.0	2120.0	2080.0	2240.0
60		1330.0	1300.0	1460.0	1750.0	1880.0	1870.0	2010.0	1980.0	2140.0	2100.0	2270.0	2220.0	2400.0
62		1420.0	1380.0	1560.0	1860.0	2010.0	1990.0	2150.0	2120.0	2290.0	2250.0	2420.0	2370.0	2560.0

钢丝绳结构(construction)：6×19S+FC 6×19S+IWR 6×19W+FC 6×19W+IWR

钢丝绳公称直径		钢丝绳近似重量(kg/100m)			钢丝绳公称抗拉强度(MPa)									
					1470		1570		1670		1770		1780	
					钢丝绳最小破断拉力(kN)									
d (mm)	允许偏差(%)	NF天然纤维芯钢丝绳	SF合成纤维芯钢丝绳	IWR/IWS钢芯钢丝绳	FC纤维芯钢丝绳	IWR/IWS钢芯钢丝绳	FC纤维芯钢丝绳	IWR/IWS钢芯钢丝绳	FC纤维芯钢丝绳	IWR/IWS钢芯钢丝绳	FC纤维芯钢丝绳	IWR/IWS钢芯钢丝绳	FC纤维芯钢丝绳	IWR/IWS钢芯钢丝绳
64	+6 0	1510.0	1470.0	1660.0	1990.0	2140.0	2120.0	2290.0	2260.0	2440.0	2390.0	2580.0	2530.0	2730.0
66		1610.0	1570.0	1770.0	2110.0	2280.0	2260.0	2430.0	2400.0	2590.0	2540.0	2740.0	2690.0	2900.0
68		1700.0	1660.0	1870.0	2240.0	2420.0	2400.0	2580.0	2550.0	2750.0	2700.0	2910.0	2850.0	3080.0
70		1810.0	1760.0	1990.0	2380.0	2560.0	2540.0	2740.0	2700.0	2910.0	2860.0	3090.0	3020.0	3260.0
72		1910.0	1870.0	2100.0	2510.0	2710.0	2690.0	2900.0	2860.0	3080.0	3030.0	3270.0	3200.0	3450.0
74		2020.0	1970.0	2220.0	2660.0	2870.0	2840.0	3060.0	3020.0	3260.0	3200.0	3450.0	3380.0	3650.0
76		2130.0	2080.0	2340.0	2800.0	3020.0	2990.0	3230.0	3180.0	3430.0	3370.0	3640.0	3560.0	3850.0
78		2240.0	2190.0	2470.0	2950.0	3180.0	3150.0	3400.0	3350.0	3620.0	3550.0	3830.0	3750.0	4050.0
80		2360.0	2300.0	2590.0	3100.0	3350.0	3320.0	3580.0	3530.0	3800.0	3740.0	4030.0	3950.0	4260.0

主要用途：各种起重、提升和牵引设备、港口装卸、高炉卷扬、石油钻井、金属芯绳适用于冲击负荷，受热挤压条件下。

第三节 常用绳结、绳夹及索节

1. 常用几种绳结方法

绳结也称绳扣，绳结适用于钢丝绳、麻绳等。常用绳结(扣)如图(1-8)所示。

2. 绳结的特点与用处

(1) 接绳结：又称平结、果子扣，用于临时将绳连接起来，

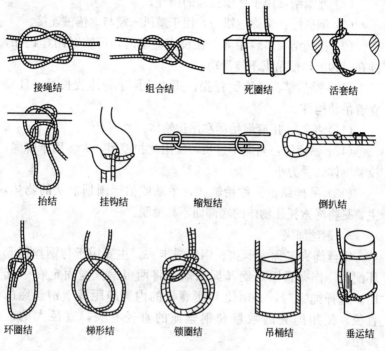

接绳结　　　　组合结　　　　死圈结　　　　活套结

抬结　　　挂钩结　　　　缩短结　　　　倒扒结

环圈结　　　梯形结　　　　锁圈结　　　　吊桶结　　　　垂运结

图 1-8　常用绳结方法

当用钢丝绳打结时，应在图中空处加一根木头以便解开，不至于成为死结。

（2）组合结：用于连接钢丝绳或麻绳。若用钢丝绳最好加垫圆木。

（3）环圈结：牢固可靠，易解，不出死节，常用于吊装作业中的溜绳。

（4）梯形结：又称 8 字扣、丁香扣，此扣特点是两头受力后越拉越紧，如用于缆风绳等。

（5）锁圈结：又称双套扣，适用于搬运较轻物体时采用此结。

（6）活套结：又称绞绳扣，用麻绳捆绑小构件时，此扣很适用，应注意的是要压住绳头。

（7）死圈结：用于平横提起的构件。

（8）倒扒结：又称地锚扣，用于缆风末端与地锚桩连接。

（9）挂钩结：吊装用绳，在没有绳套时，可临时用挂钩扣，挂在吊钩上，使吊索不能滑动。

（10）垂运结：又称倒背扣，此扣适用于物体较长时，且要立着吊装构件。

（11）抬结：用麻绳抬运和吊运物体。

（12）缩短结：当绳子过长，所用此扣缩短，大多用于麻绳，拉紧物体，受力小。

（13）吊桶结：又称抬缸扣，吊动或抬运圆桶形状的物体，主要是将绳索托住物体的底部而不易滑脱。

3. 钢丝绳夹

钢丝绳夹又称为卡扣、钢丝绳卡头。主要用于与钢丝绳套环配合，作夹紧固定钢丝绳末端或将两根钢丝绳固定在一起用。选择绳夹时，必须使 U 形螺栓的内侧净距等于钢丝绳的直径。使用绳夹的数量和钢丝绳的直径有关，直径大的应多用。

（1）钢丝绳夹的正确布置方法

1）钢丝绳夹的布置。钢丝绳夹正确布置方法应按图 1-9 所示，把夹座扣在钢丝绳的工作段上，即将夹座置于钢丝绳的较长部分，而 U 形螺杆置于钢丝较短部分或尾段上，钢丝绳夹不得在钢丝绳上交替布置。拆卡后该段钢丝绳不可再次使用。

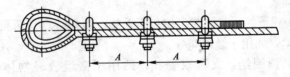

图 1-9　钢丝绳夹正确布置方法

2）钢丝绳夹的数量。对于符合标准规定的适用场合，每一连接处所需钢丝绳夹的最少数量和间距推荐按表 1-18 所示数量使用。

钢丝绳夹使用数量和间距 表 1-18

钢丝绳直径(mm)	≤19	19～32	33～38	39～44	46～60
钢丝绳夹数量(最小)	3	4	5	6	7
间距	6～7 倍钢丝绳直径				

3）绳夹间固定处的强度。钢丝绳夹固定处的强度决定于绳夹在钢丝绳上的正确布置，以及绳夹固定和夹紧的谨慎和熟练程度。不恰当的紧固螺母或钢丝绳夹数量不足就可能使绳子端在承载时，一开始就产生滑动。

如果绳夹严格按推荐数量，正确布置和夹紧，固定处的强度为钢丝自身强度的 80%。绳夹在实际使用中，受载一、二次以后就要作检查，螺母要再进一次拧紧。紧固绳夹时要考虑每个绳夹的合理受力，离套环最远处的绳夹不得首先单独紧固。离套环最近处的夹绳（第一个绳头）应尽可能地紧靠套环，但仍需保证绳夹的正确拧紧，不得损坏钢丝绳的外层钢丝。

4）为了及时能查看到接头夹牢情况，可在最后一个夹头后面约 500mm 处再安一个钢丝绳夹，并将绳头放出一个"安全弯"。当接头的钢丝绳发生滑动时，"安全弯"即被拉直，这时就应立即采取措施（图 1-10）。

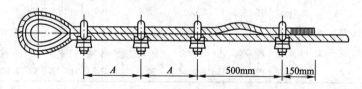

图 1-10　安装钢丝绳夹增设安全弯的方法

（2）钢丝绳夹技术参数

1）钢丝绳夹图示如图 1-11 所示。

2）钢丝绳夹技术参数见表 1-19。

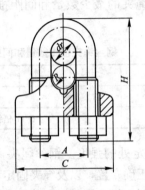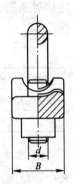

图 1-11　钢丝绳夹图示

钢丝绳夹技术参数　　　　　　　　　　　　　　　表 1-19

绳夹公称尺寸(钢丝绳公称直径 dr)(mm)	A	B	C	R	H	重量(kg)	绳夹公称尺寸(钢丝绳公称直径 dr)(mm)	A	B	C	R	H	重量(kg)
6(Y1-6)	13.0	14	27	3.5	31	0.034	26(Y8-25)	47.5	46	93	14.0	117	1.244
8(Y2-8)	17.0	19	36	4.5	41	0.073	28(Y9-28)	51.5	51	102	15.0	127	1.605
10(Y3-10)	21.0	23	44	5.5	51	0.140	32(Y10-32)	55.5	51	106	17.0	136	1.727
12(Y4-12)	25.0	28	53	6.5	62	0.243	36	61.5	55	116	19.5	151	2.286
14	29.0	32	61	7.5	72	0.372	40(Y11-40)	69.0	62	131	21.5	168	3.133
16(Y5-15)	31.0	32	63	8.5	77	0.402	44(Y12-45)	73.0	62	135	23.5	178	3.470
18	35.0	37	72	9.5	87	0.601	48	80.0	69	149	25.5	196	4.701
20(Y6-20)	37.0	37	74	10.5	92	0.624	52(Y13-50)	84.5	69	153	28.0	205	4.897
22(Y7-22)	43.0	46	89	12.0	108	1.122	56	88.5	69	157	30.0	214	5.075
24	45.5	46	91	13.0	113	1.205	60	98.5	83	181	32.0	237	7.921

4. 钢丝绳索节

(1) 开式索节图示及技术参数

1) 开式索节图示如图 1-12 所示。

2) 开式索节技术参数见表 1-20。

 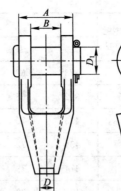 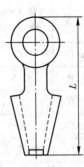

图 1-12 开式索节

开式钢索索节技术参数表 表 1-20

产品型号	规格 d 钢绳直径(mm)	主要尺寸(mm)				
		L	B	A	D	D_1
GH2501	10.5	144	29	45	14	20
GH2502	12	159	31	49	16	22
GH2503	14	176	31	53	18	24
GH2504	16	193	32	58	20	26
GH2505	18	210	35	65	23	29
GH2506	20	227	37	73	25	32
GH2507	22.5	245	40	80	30	35
GH2508	24	262	44	88	32	38
GH2509	25	281	48	96	33	41
GH2510	28	298	51	103	36	44
GH2511	30	316	54	110	38	47
GH2512	31.5	335	56	118	40	50
GH2513	33.5	353	59	125	42	54

产品型号	规格 d 钢绳 直径(mm)	主要尺寸(mm)				
		L	B	A	D	D_1
GH2514	36	373	62	132	44	57
GH2515	37.5	392	66	138	47	60
GH2516	40	413	70	146	49	63
GH2517	42	434	72	152	52	66
GH2518	45	474	79	167	54	72
GH2519	47.5	494	82	174	57	75
GH2520	50	516	85	181	60	78
GH2521	53	536	89	189	63	81
GH2522	56	567	93	199	66	85
GH2523	60	619	101	215	70	92
GH2524	63	641	105	221	74	95

（2）闭式索节图示及技术参数

1）闭式索节图示如图 1-13 所示。

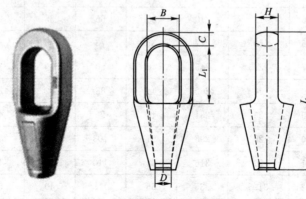

图 1-13　闭式索节

2) 闭式索节技术参数见表1-21。

闭式索节技术参数表 　　　　　　表 1-21

产品型号	规格 d 钢绳直径(mm)	主要尺寸(mm)					
		L	L_1	B	C	D	H
GH2551	10.5	144	63	32	15	14	18
GH2552	12	159	69	34	17	16	20
GH2553	14	176	76	37	19	18	22
GH2554	16	193	84	40	21	20	24
GH2555	18	210	91	43	24	23	27
GH2556	20	227	98	47	26	25	30
GH2557	22.5	245	105	52	29	30	33
GH2558	24	262	112	56	31	32	36
GH2559	25	281	120	60	34	33	39
GH2560	28	298	127	65	36	36	41
GH2561	30	316	134	68	39	38	44
GH2562	31.5	335	142	72	42	40	47
GH2563	33.5	353	150	75	44	42	50
GH2564	36	373	158	80	47	44	53
GH2565	37.5	392	168	84	47	47	56
GH2566	40	413	175	88	52	49	59
GH2567	42	434	184	92	54	52	61
GH2568	45	474	200	101	60	54	67
GH2569	47.5	494	209	104	62	57	70
GH2570	50	516	218	109	65	60	73
GH2571	53	536	227	113	67	63	76
GH2572	56	567	240	119	71	66	80
GH2573	60	619	262	129	78	70	87
GH2574	63	641	271	133	81	74	90

5. 钢丝绳梨形绳套

1）梨形绳套图示如图 1-14 所示。

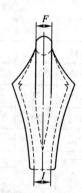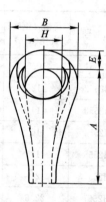

图 1-14 梨形绳套图示

2）梨形绳套技术参数见表 1-22。

梨形绳套技术参数表   表 1-22

产品型号	行业代号	钢绳直径（mm）	主要尺寸(mm)					
			A	B	E	F	H	I
TH2701	1	10-11	69	48	12	12	24	12
TH2702	2	12-13	79	56	15	14	25	14
TH2703	3	14-15	91	64	17	16	29	16
TH2704	4	16-17	103	70	19	18	31	18
TH2705	5	18-19	114	84	21	19	38	20
TH2706	6	20-21	129	84	23	21	42	22
TH2707	7	22-24	140	100	26	23	44	26
TH2708	8	25-27	158	100	28	25	48	29
TH2709	9	28-30	171	120	31	27	56	31
TH2710	10	31-33	190	120	32	29	58	35
TH2711	11	34-36	203	142	36	31	64	37
TH2712	12	37-39	225	142	39	35	68	40

产品型号	行业代号	钢绳直径 (mm)	主要尺寸(mm)					
			A	B	E	F	H	I
TH2713	13	40-42	242	166	43	37	70	43
TH2714	14	43-45	265	166	47	41	72	47
TH2715	15	46-48	288	166	49	43	80	51
TH2717	17	56	340	220	60	54	90	59

6. 楔形接头

1) 楔形接头图示如图 1-15 所示。

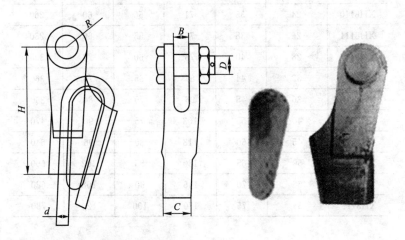

图 1-15 楔形接头

2) 楔形接头技术参数见表 1-23。

楔形接头技术参数表　　　　表 1-23

产品型号	适用钢丝绳 直径 d(mm)	主要技术参数(mm)				
		B	C	D	R	H
XH811	6	13	25	16	20	90
XH812	8	15	27	18	22	100

产品型号	适用钢丝绳直径 d(mm)	主要技术参数(mm)				
		B	C	D	R	H
XH813	1	18	30	20	24	120
XH814	12	20	36	25	30	155
XH815	14	23	41	30	36	185
XH816	16	26	48	34	40	195
XH817	18	28	52	36	44	195
XH818	20	30	58	38	45	220
XH819	22	32	64	40	48	240
XH8110	24	35	71	50	60	260
XH8111	26	38	76	55	66	280
XH8112	28	40	78	60	72	305
XH8113	32	44	84	65	78	360
XH8114	36	48	96	70	84	390
XH8115	40	55	103	75	90	470
XH8116	45	60	118	80	96	540
XH8117	50	65	130	85	102	600
XH8118	56	70	146	90	108	680
XH8119	65	75	170	100	120	780

第四节 钢丝绳的插编连接

钢丝绳的插接后称为吊索、千斤绳、绳扣、带子绳、绳套。主要用于捆绑构件和起吊构件的索具。

1. 编插长度

"0"形和"8"字形吊索编接形式、编插长度如图 1-16 所示。

2. 编插方法

1)"32111"编插法，些法起头为插 3 压 1，插 2 压 1，插 1

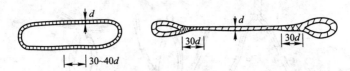

图 1-16 "0"形和"8"字形吊索编插长度

压 1 的方法。图 1-17 为其剖面示意，图中①～⑥代表绳股，一～十二、二十五～二十七为编插顺序。

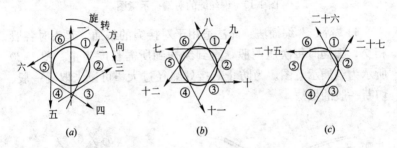

图 1-17 32111 法编插示意图

(a)起头剖视；(b)中间剖视；(c)收尾剖视

2)"43222 编插法"，此法同"32111"方法只有起头不一样，中间及收尾均相同(图 1-18)。

3)"对编插法"，此法要计算好编插长度及吊索的环套大小，在钢丝绳上用 20 号细钢丝捆住如图 1-19(a)中 a—a 处。然后将钢丝绳以三股为组数分开两支，分开时不要将三股抖开，再根据吊索的环套大小，将这两支按原钢丝绳的扭绞痕迹，相互编捻在一起，如图 1-19

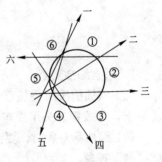

图 1-18 "43222"法编
插起头示意图

(b)、(c)所示，a—a 为对编捻处。当两支编捻完环套后，将余下绳段抖开，再以插 1 编 1 顺序，再编插 3～4 次即可。

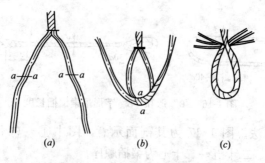

图 1-19　钢丝绳的对编插示意图

4)"等二"编插法：此法适用于对接绳的编插。起头时各股相交，编插时每次压两股，直到编插到所需长度为止。图 1-20 所示为编插示意图。为防止对接处绳径过大，可以采取隔一股、切断一股的做法。

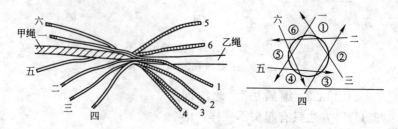

图 1-20　"等二"法对接钢丝绳示意图

3. 吊索编插要点

（1）编插前按所需长度（编插搭接长＋预留长度）用 20 号钢丝捆牢，每股钢丝头用胶布或细麻绳扎牢后方可松绳。

（2）编插第一股时，要注意第一插方向，防止绳扣插好后有破"劲"现象。

（3）编插吊索应一面插，一面用木槌等物敲打紧，这样编插的吊索整齐又实用。

（4）编插长度符合要求后，去掉麻芯。各股的截口不应在同一断面上。

第二章 起重吊具与索具

第一节 起重葫芦

　　起重葫芦分为手拉葫芦、手扳葫芦、电动葫芦，建筑工地常用前两种葫芦。因此这里只介绍手拉葫芦、手扳葫芦的技术性能。

一、手拉葫芦

　　手拉葫芦又称"捯链"、"斤不落"，是一种使用简易，携带方便的手动起重机械，它适用于小型设备和重物的短距离吊装。可用来起吊轻型构件、拉紧缆风绳、起吊偏重构件时用来调整一侧吊索长短用以平衡构件，及用在构件或设备运输时拉紧捆绑的绳索。手拉葫芦具有结构紧凑，手拉力小，使用稳当，携带方便，比其他的起重机械容易掌握等优点。它不仅是起重常用的工具，也是用作机械设备的检修拆装工具，起重作业使用较广，因此是使用很广泛的简易手动起重工具(图 2-1)。

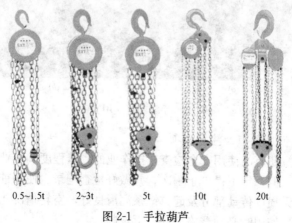

| 0.5~1.5t | 2~3t | 5t | 10t | 20t |

图 2-1　手拉葫芦

1. 手拉葫芦特点

在结构设计与使用性能上，具有四大特点：

1) 使用安全可靠，维护简便。

2) 机械效率高，手链拉力小。

3) 体积小，重量轻，外形美丽。

4) 机件强度高，韧性大、经久耐用。

2. 手拉葫芦用途

手拉葫芦多用于工厂、矿山、建筑工地、仓库、农业生产以及码头、船坞等场合，用作安装机器、起吊货物和装卸车辆，特别适用于流动性及无电源的露天作业。可与各种手动单轨行车配套使用组成手动起重运输小车，适用于单轨架空运输、手动单梁桥式起重机和悬臂式起重机上。如，手拉葫芦在组装钢柱中使钢板穿过钢管达到要求的位置，如图 2-2(*a*)所示。再如，桥梁工程上部结构钢拱肋吊装时，4 点吊装，下面两吊点是两个固定绳索，上面两吊点就是用两个手拉葫芦调整重心来达到所需要的角度，如图 2-2(*b*)所示。

(*a*)　　　　　　　　　　　　　(*b*)

图 2-2　手拉葫芦应用实例

3. 使用要点及注意事项

手拉葫芦的使用安全检查应按作业的频繁程度和作业的环境来确定，但每年不得少于一次，并做好检查记录。使用前检查机件完好无损，传动部分及起重链条润滑良好，空转情况正常，制动可靠，使用时必须严格遵守以下规则。

1）使用前应全面检查，吊钩、链条等应良好，传动及制动装置应可靠。吊钩、链轮、倒卡等如有变形，以及链条直径磨损量达15％时，严禁使用。

2）手拉葫芦的制动片严防沾染油脂。链条葫芦不得超负荷使用，拉链人数不得超过规定。操作时，人不得站在链条葫芦的正下方。

3）不得吊挂超过规定起重的重物。

4）严禁重物吊在吊钩的尖端和用起重链条捆扎重物。

5）重物的升、降不得超过上下行程的极限。

6）不可斜拉重物和横向牵引。

7）起重链条环间应加油脂，确保润滑，链条扭结时禁止使用。

8）发现手拉力大于正常拉力时，应立即停止使用进行检查，不可猛拉，更不能增加人硬拉。

9）严禁2t、3t、5t带双行起重链条产品的下钩架在两行链条中翻转。

10）严禁人员在起吊的重物下工作或行走。

11）吊起的重物如需在空中停留较长时间时，应将手拉链拴在起重链上，并在重物上加设保险绳。

12）手拉葫芦在使用中如发生卡链情况，应将重物固定好后方可进行检修。

4. 维护保养要点

1）使用完毕应将葫芦清理干净并涂上的防锈脂，存放在干燥地方。

2）维护和检修应由熟悉手拉葫芦构造性能的维修人员进行，防止不懂本机性能原理者随意拆装。

3）葫芦经过清洗检修，应进行空载和重载试验，确认工作正常、制动可靠时，才能交付使用。

4）制动器的摩擦表面必须保持干净。制动器部分应经常检查，防止制动失灵，发生重物自坠现象。

5. 手拉葫芦技术参数

1）手拉葫芦的工作级别按其使用情况分为 Z 级和 Q 级两级，Z 级为重载频繁使用，Q 级为轻载不经常使用。

2）手拉葫芦整机必须能支持 4 倍额定起重量的静拉伸载荷。

3）起升高度 H 是指吊钩下极限工作位置与上极限工作位置之间的距离。

4）两钩间最小距离 H_{min} 是指下吊钩上升至上极限工作位置时，上、下吊钩钩腔内缘的距离。

5）两钩间最大距离 H_{max} 是指下吊钩下降到下极限工作位置时，上、下吊钩钩腔内缘的距离。

6）手拉链条长度是指手链轮外圆上顶点到手拉链条下垂点的距离。

7）手拉葫芦产品结构参见示意图（图 2-3）。

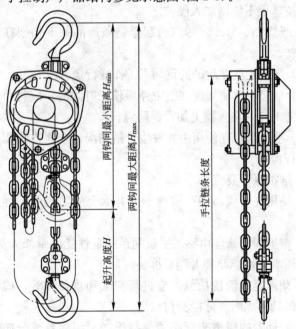

图 2-3　手拉葫芦结构图

54

8）手拉葫芦基本参数见表 2-1。

手拉葫芦基本参数

表 2-1

额定起重量（t）	工作级别	标准起升高度（m）	两钩间最小距离 H_{min}（不大于）(mm)		标准手拉链条长度（m）	自重（不大于）（kg）	
			Z 级	Q 级		Z 级	Q 级
0.5			330	350		11	14
1			360	400		14	17
1.6		2.5	430	460	2.5	19	23
2			500	530		25	30
2.5	Z 级 Q 级		530	600		33	37
3.2			580	700		38	45
5			700	850		50	70
8			850	1000		70	90
10		3	950	1200	3	95	130
16			1200	—		150	—
20			1350	—		250	—
32	Z 级		1600	—		400	—
40			2000	—		550	—

6. 手拉葫芦动载性能见表 2-2。

手拉葫芦动载性能表

表 2-2

额定起重量（t）	0.5	1	1.6	2	2.5	3.2	5	8	10	16	20	32	40
试验载荷（kN）	6.3	12.5	20	25	32	40	63	100	125	200	250	400	500

二、手扳葫芦

手扳葫芦是通过人力扳动手柄借助杠杆原理获得与负载相匹配的直线牵引力，轮换地作用于机芯内负载的一个钳体，带动负载运行。它可以进行提升、牵引、下降、校准等作业。若配置特殊装置，不但可以做非直线牵引作业，且可以很方便地选择合适的操作位置，或以较小吨位的机具成倍地扩大其负载能力，对于较大吨位负载可以采用数个机具并列作业。

手扳葫芦在结构吊装作业中，常作为收紧缆风绳和升降吊篮之用，也是作为校正屋架、天窗架的工具之一。

1. 手扳葫芦特点

手扳葫芦具有安全可靠，经久耐用；性能好，维修简便；结构紧凑、外形体积小，重量轻，携带方便；手扳力小，效率高；外形美观等特点。

2. 手扳葫芦用途

手扳葫芦是一种轻小型工具，具有起重、牵引、张紧三大功能，多用于手动起重，牵引机械。广泛应用于工厂、矿山、建筑工地、码头、运输等各种场合，是设备安装、货物起吊、物体固定、绑扎和牵引的理想工具，尤其是任意角度的牵引和在场地狭小、露天作业和无电源的情况下，更显示其优越性。如，手扳葫芦在工地中用钢管当支点，吊起绑扎好的梁筋安放下部保护层垫块(图2-4)。

图2-4　手扳葫芦应用实例

3. 使用手扳葫芦的安全要求

1) 使用手扳葫芦时，起重量不准超过允许荷载，要按照标记的起重量使用。

2) 使用时不能任意的加长手柄，因手扳葫芦的起重量是有限的，两手扳力也有一定的大小，加长手柄会造成手扳葫芦的超载使用，致使部件损坏。

3) 要经常检查索链有无磨损，凡不符合安全使用的一定要更换。

4) 手扳葫芦使用前要作全面的检查与测验，使用后要维护保养。

4. 手扳葫芦技术参数(表2-3)

HSH 手扳葫芦技术参数 表 2-3

型号		HSH 0.75	HSH 1.5	HSH 3	HSH 6
起重量	t	0.75	1.5	3	6
起升高度	m	1.5	1.5	1.5	1.5
试验载荷	t	1.1	2.2	4.04	7.35
两钩间最小距离	mm	310	370	485	600
满载时的手扳力	N	196	220	325	343
起重链行数		1	1	1	2
起重链直径	mm	6	8	10	10
手柄长度	mm	290	410	410	410
净重	kg	7	11	20	30
起重高度每增加 1m 应增加重量	kg	0.82	1.43	2.21	4.42

第二节 千 斤 顶

一、千斤顶

1. 千斤顶特点

千斤顶是一种起重高度较小(小于1m)的最简单的起重设备，是用比较小的力就能把重物升高、降低或移动的简单机具，结构简单，使用方便。它的承载能力可从1吨到数千吨。每次顶升高度一般为 300mm，顶升速度可达 10～35mm/min。

2. 千斤顶的分类

它有机械式和液压式两种。机械式千斤顶又有齿条式与螺旋式两种，由于起重量小，操作费力，一般只用于机械维修工作。液压式千斤顶结构紧凑，工作平稳，有自锁作用，故使用广泛。其缺点是起重高度有限，起升速度慢。

千斤顶按其构造形式可分为三种类型：螺旋千斤顶、齿条千斤顶、液压千斤顶。

（1）螺旋千斤顶

采用螺杆或由螺杆推动的升降套筒作为刚性顶举件的千斤顶。螺旋千斤顶按其结构和使用场所分为：

1）普通型螺旋千斤顶，其代号的表征字母为 QL。

2）普通高型螺旋千斤顶，其代号的表征字母为 QLG。

3）普通低型螺旋千斤顶，其代号的表征字母为 QLD。

4）钩式螺旋千斤顶，其代号的表征字母为 QLg。

5）剪式螺旋千斤顶，其代号的表征字母为 QLJ。

6）自落式螺旋千斤顶，其代号的表征字母为 QLZ。

（2）齿条千斤顶

采用齿条作为刚性顶举件的千斤顶。

（3）油压千斤顶

采用柱塞或液压缸作为刚性顶举件的千斤顶。

液压千斤顶：分为通用和专用两类。

1）通用液压千斤顶：通用液压千斤顶按其结构、用途分为如下两种：

① 立式螺纹连接结构的油压千斤顶，其代号的表征字母为 QYL。

② 立卧两用油压千斤顶，其代号的表征字母为 QW。

2）专用液压千斤顶：专用的张拉机具，在制作预应力混凝土构件时，对预应力钢筋施加张力。专用液压千斤顶多为双作用式。常用的有穿心式和锥锚式两种。

3. 千斤顶的工作原理

(1) 液压千斤顶

液压传动所基于的最基本原理是帕斯卡原理，即液体各处的压强是一致的，因此在平衡的系统中，比较小的活塞上面施加的压力比较小，而大的活塞上施加的压力也比较大，这样才能够保持液体的静止。所以通过液体压强相等的传递，可以得到不同端上的不同的压力，就可以达到一个变换的目的。我们所常见到的液压千斤顶就是利用了这个原理来达到力的传递。

(2) 机械千斤顶

螺旋千斤顶机械原理，以往复扳动手柄，拔爪即推动棘轮间隙回转，小伞齿轮带动大伞齿轮使举重螺杆旋转，从而使升降套筒获得起升或下降，达到起重拉力的功能。螺旋式千斤顶操作方便，安全可靠。但不如液压千斤顶简易。

4. 千斤顶的用途

顶升距不高，常用于短距离位移和升高。千斤顶主要用于厂矿、钢结构加工及其他起重、支撑等工作，是在修造安装工作中常用的一种起重或顶压工具。其结构轻巧坚固，灵活可靠，一人即可携带和操作。千斤顶是用刚性顶举件作为工作装置，通过顶部托座或底部托爪在小行程内顶升重物的轻小起重设备。钩式螺旋千斤顶是利用钩脚起重位置较低的重物。剪式螺旋千斤顶主要用于小吨位起顶作业。如，千斤顶在组装屋架中使构件顶紧后再焊接(图 2-5)。

图 2-5　千斤顶应用实例

5. 千斤顶的使用要点

1) 千斤顶升工作时，要放在平整坚实的地面上，并要在其下面用垫木垫平，用垫木板或钢板来扩大受压面积，防止塌陷。工作时千斤顶必须与荷重面垂直，其顶部与重物的接触面间应加防滑垫层。

2）几台千斤顶同时顶升一个物体时，总起重能力应不小于荷重的两倍。应由专人统一指挥，要动作一致，确保各千斤顶的顶升速度及受力基本一致，保证同步顶升和降落。

3）千斤顶不准超负荷使用，不得加长手柄或超过规定人数操作。

4）千斤顶使用前应擦洗干净，并检查各部件是否完好，油液是否干净。油压式千斤顶的安全栓损坏，或螺旋、齿条式千斤顶的螺纹、齿条的磨损量达20％时，严禁使用。

5）使用油压式千斤顶时，任何人不得站在安全栓的前面。

6）在顶升的过程中，应随着重物的上升在重物下加设保险垫层，到达顶升高度后及时将重物垫牢。

7）油压式千斤顶的顶升高度不得超过限位标志线；螺旋式及齿条式千斤顶的顶升高度不得超过螺杆或齿条高度的3/4。

8）千斤顶不得长时间在无人照料情况下承受荷重。

9）千斤顶的下降速度必须缓慢，严禁在带负荷的情况下使其突然下降。

6. 千斤顶的构造

（1）螺旋千斤顶构造如图 2-6 所示。

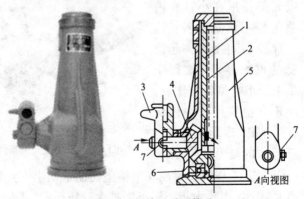

图 2-6　螺旋千斤顶构造

1—升降套筒；2—锯齿形螺杆；3—摇把；4—小伞齿轮；

5—外壳主架；6—底座；7—棘轮组

60

（2）液压千斤顶构造如图 2-7 所示。

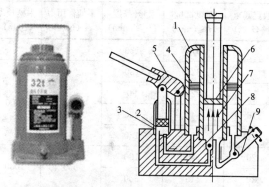

图 2-7　液压千斤顶构造

1—外壳；2—油泵；3—油泵进油门；4—储油腔；5—摇把；

6—皮碗；7—油室；8—油室进油门；9—回油阀

7. 千斤顶技术参数

（1）螺旋千斤顶技术参数见表 2-4。

螺旋千斤顶技术参数　　　　表 2-4

型号	额定起重量 G_n(t)	最低高度 $H \leqslant$(mm)	起升高度 $H_1 \geqslant$(mm)	手柄作用力（N）	手柄长度（mm）	自重（kg）
QLJ0.5	0.5			120	150	2.5
QLJ1	1	110	180			3
QLJ1.6	1.6			200	200	4.8
QL2	2	170	180	80	300	5
QL3.2	3.2	200	110	100	500	6
QLD3.2	3.2	160	50			5
QL5	5	250	130			7.5
QLD5	5	180	65	160	600	7
QLg5	5	270	130			11
QL8	8	260	140	200	800	10
QL10	10	280	150	250	800	11
QLD10	10	200	75			10

型号	额定起重量 G_n(t)	最低高度 H≤(mm)	起升高度 H_1≥(mm)	手柄作用力 (N)	手柄长度 (mm)	自重 (kg)
QLg10	10	310	130			15
QL16	16	320	180			17
QLD16	16	225	90	400	1000	15
QLG16	16	445	200			19
QLg16	16	370	180			20
QL20	20	325	180	500	1000	18
QLG20	20	445	300			20
QL32	32	395	200	650	1400	27
QLD32	32	320	180			24
(QLg36)	36	470	200	710	1400	82
QL50	50	452	250	510	1000	56
QLD50	50	330	150			52
(QLZ50)	50	700	400	1490	1350	109
QL100	100	455	200	600	1500	86

（2）液压千斤顶技术参数见表 2-5。

液压千斤顶基本参数　　　　表 2-5

型号	额定起重量(t)	最低高度 H (mm)	起升高度 H_1≥(mm)	调整高度 H_2≥(mm)	活塞直径 (mm)	泵心直径 (mm)	起升进程①≥ (mm)	手柄长度 (mm)	公称压力 (MPa)	手柄②操作力≤(N)	活塞杆压下力≤(N)	净重③ (kg)
QYL1.6	1.6	158	90	60	24		50	450	34.7	330	220	2.2
QYL3.2	3.2	195	125		30		32	550	44.4			3.5
QYL5G	5	232	160		36		22	620	48.25			5.0
QYL5D		200	125	80		12	22					4.6
QYL8	8	236	160		24		16	700	56.68			6.9
QYL10	10	240			45		14	730	61.68			7.3

62

型号	额定起重量(t)	最低高度 H (mm)	起升高度 $H_1\geqslant$ (mm)	调整高度 $H_2\geqslant$ (mm)	活塞直径 (mm)	泵心直径 (mm)	起升进程① (mm)	手柄长度	公称压力 (MPa)	手柄②操作力 ≤(N)	活塞杆压下力 ≤(N)	净重③ (kg)
QYL12.5	12.5	245	160	80	50	12	11	850	62.47			9.3
QYL16	16	250			56		9		63.74			11.0
QYL20	20	280			60		9.5		69.33			15.0
QYL32	32	285			75		6		71.00			23.0
QYL50	50	300	180	—	90		4	1000	77.08		445	33.5
QYL71	71	320			110		3(快进)10		73.27			66.0
QW100	100	360	200	—	140	18	4.5	950	63.74	350×2	785	120
QW200	200	400			190		2.5		69.23			250
Q320	320	450			240		1.6		69.33			435

① 起升进程为油泵工作 10 次的活塞上升量。

② 使用多节手柄时，手柄操作力不得大于 390N。

③ 净重不包括手柄重量，但包括油的重量。

（3）双作用液压千斤顶。

1）双作用千斤顶特点：

① 采用液压复位，适用于较大吨位和较大行程的千斤顶，兼具收缩油缸的功能；

② 可增加液压锁配置，适合长时间保压的环境下使用；

③ 导向套可适当加长，使千斤顶的抗偏载能力增强。

2）双作用液压千斤顶如图 2-8 所示。

3）双作用液压千斤顶技术参数见表 2-6。

图 2-8 双作用液压千斤顶

型号	工作负载 (t)	工作行程 (mm)	本体高度 (mm)	最大高度 (mm)	外径 (mm)	顶杆直径 (mm)	内径 (mm)	自重 (kg)
JE10-200S	10	200	290	490	63	30	45	8.9
JE20-200S	20	200	300	500	83	45	60	12.3
JE30-200S	30	200	310	510	105	60	90	15
JE50-200S	50	200	330	530	133	70	100	22
JE80-200S	80	200	360	560	160	80	120	32
JE100-200S	100	200	370	570	178	100	140	35
JE150-200S	150	200	385	585	250	120	160	42
JE200-200S	200	200	385	585	270	140	200	89
JE320-200S	320	200	425	625	324	180	250	189
JE500-200S	500	200	445	645	423	250	320	236
JE630-200S	630	200	485	685	480	280	360	326
JE800-200S	800	200	520	720	560	320	400	442
JE1000-200S	1000	200	580	780	590	360	450	659

第三节　横　吊　梁

一、横吊梁概述

横吊梁又称铁扁担、平衡梁。工厂生产的横吊梁是采用优质低碳合金钢精制而成，3 倍以上的安全系数保障。载重范围 1～100t。新制造的横吊梁都应进行验证，应用 1.25 倍的额定载荷试验后方能使用。

二、横吊梁的特点

横吊梁构造简易，动作灵活、使用方便、吊运安全可靠。主要用于柱和屋架的吊装及细长物件等的吊装搬运。采用横吊梁吊柱子，柱身容易保持垂直；吊屋架时可降低起吊高度及吊索拉力和吊索对构件的压力，构件不会出现变形损坏。因此，横吊梁在起重吊装作业中使用较普遍。

三、横吊梁的种类

常用的横吊梁包括以下几种：

（1）滑轮横吊梁：滑轮横吊梁一般用于安装小于 8t 重的柱子；能够保证在起吊和直立柱子时，使吊索受力均匀，柱子易于垂直，便于就位。

（2）钢板横吊梁：主要用于吊装 12t 以下的柱子。

（3）桁架横吊梁：用于双机抬吊安装柱子，能够使吊索受力均匀，柱子吊直后能够绕转轴旋转，便于就位。

（4）钢管横吊梁：主要用于屋架吊装，能够降低起吊高度，减小吊索的水平分力对屋架的压力。钢管应采用无缝钢管，长度一般为 6～12m。

（5）桁架式横吊梁：吊装大跨度屋架时采用，长度一般为 12m。

（6）三角形桁架式横吊梁：当屋架翻身或跨度很大需多点起吊时可采用。

（7）型钢横吊梁：如 H 形钢结构，T 形梁、双 C 形钢结构，工字钢结构，箱式结构。

（8）另外还有有单梁、双梁、井字梁等多种式样。

四、横吊梁的作用

横吊梁主要作用表现在：横吊梁利用杠杆原理，可以加大起重机的吊装范围，缩短吊索长度，增加起重机提升的有效高度，减小起吊高度，改变吊索的受力方向，降低吊索内力和消除吊索对构件的压力，避免物体受过大的水平压力。满足吊索水平夹角的要求，使构件保持垂直、平横，便于安装。如，吊装柱子时容易使柱子立直而便于安装、校正；吊屋架等构件时，可以降低起升高度和减少对构件的水平压力；抬吊机械设备时，应用横吊梁在吊装过程中既能保持平衡，又能不被起重吊索擦伤，还能在起重吊运过程中使其变形最小。再如，横吊梁在钢构加工车间中吊运钢板，使钢板平整吊运(图2-9)。

图 2-9　横吊梁吊运钢板应用实例

五、横吊梁使用注意事项

(1) 横吊梁使用前应检查吊梁及起重机吊钩及吊索连接处是否正常；要保持吊索与横吊梁水平夹角不能过小，以避免水平分力过大使吊梁发生变形，此夹角一般应为45°～60°。

(2) 横吊梁使用前首先目视横梁梁体有无变形、裂纹、焊缝开焊等异常现象。试吊过程要满足负载的运行路线、环境条件、确定起吊和落钩位置，负载试吊，应缓慢提升负载，当刚刚离地时，停止提升，观察整体受力情况，察看横吊梁是否处于平衡状态，试吊过程中，梁体负载有异常响声、变形、裂纹立即停止试吊。如没有异常，即可进行吊运。

(3) 当夹角过小，用卸扣将在起重机吊钩上的两绳圈固定在一起，防止其脱钩。

(4) 在吊运过程中让有关人员必须明白识别标志，让操作人员看得见指挥人员的联络信号。

(5) 在吊运负载时，不允许超载使用，横吊梁必须处于平稳状态，梁体不能产生摆动，防止梁体失去平衡，酿成安全事故。

(6) 负载下边严禁站人，禁止人工扶载，要用溜绳索引。

六、横吊梁的日常维护

(1) 用后的横吊梁吊具必须放在专用的架子上，存放于通风、干燥、清洁的厂房内，由专人保管。

(2) 梁体表面要经常防锈保护，不允许在酸、碱、盐、化学气体及潮湿环境中存放。

(3) 禁止在高温区存放。

（4）定期清理转动部位，定期上润滑油，防止干摩擦、卡阻现象。

七、报废标准

（1）横吊梁吊轴等产生塑性变形，无法修复或更换。

（2）梁体任何部位产生裂纹，经修补仍然有裂纹。

（3）吊耳孔、吊耳轴、圆弧孔磨损达到直径的10%。

（4）各转动部位失灵，经修复仍然有卡阻不能转动。

（5）梁体表面有严重的碰伤影响到安全使用。

（6）横梁严重锈蚀，漆膜脱落，无法修复。

（7）当吊梁产生裂纹、永久变形、磨损、腐蚀严重时，应立即报废。

八、横吊梁结构图示与技术参数

（1）几种横吊梁结构如图2-10所示。

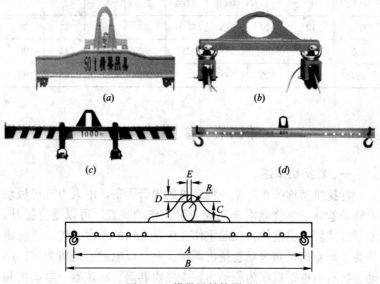

图2-10　横吊梁结构图示

(a)加厚型横吊梁；(b)两边滑轮式横吊梁；(c)可调式横吊梁；(d)两端吊钩式横吊梁

（2）横吊梁规格技术参数见表2-7。

有效长度 (mm)	额定载荷 (t)	重量 kg	A (mm)	B (mm)	C (mm)	D (mm)	E (mm)	R (mm)
1000	1	40	1000	1120	114	40	20	45
2000	1	75	2000	2160	165	40	20	60
1000	2	40	1000	1120	115	40	20	45
2000	2	86	2000	2160	180	50	20	60
1000	3	100	1000	1160	160	45	25	60
2000	3	125	2000	2160	150	40	25	60
3000	3	160	3000	3160	190	45	25	60
4000	3	220	4000	4160	190	45	25	60
4000	4	320	4000	4200	230	45	30	80
4000	8	500	4000	4200	250	60	35	90
6000	12	510	6000	6200	250	80	45	90
3000	16	530	3000	3288	250	80	45	90
3000	20	620	3000	3288	250	90	45	90

第四节　卷　扬　机

一、卷扬机概述

卷扬机又称绞车，是一种常见的提升设备，由人力或机械动力驱动卷筒、卷绕绳索来完成牵引工作的装置。可以垂直提升、水平或倾斜拽引重物，在起重作业中是常用的动力装置。卷扬机分为手动卷扬机和电动卷扬机两种。在此以电动卷扬机为主。电动卷扬机由电动机作为原动力，主要由卷筒、减速器、电动机和控制器等部件组成。

二、电动卷扬机的用途

主要用于卷扬、拉卸、拖曳重物，如各种大中型混凝土构件、钢结构及机械设备的安装和拆卸。适用于建筑安装工程。

（1）快速卷扬机（JK型）：钢丝绳牵引速度为 $25\sim50$m/min。通过驱动装置使卷筒回转的起重工具。电动机可以通过变频器来控制速度。如配以井架、龙门架，滑车等可用于垂直、水平运输和打桩作业等用。

（2）慢速卷扬机（JM型）：多为单筒式，钢丝绳牵引速度为 $6.5\sim22$m/min，通过驱动装置使卷筒回转的起重工具。电动机可以通过变频器来控制速度。如配以拔杆、人字架、滑车组等可作为大型构件安装使用。

三、电动卷扬机特点

电动卷扬机是吊装作业中使用最广泛的一种机械，具有起重牵引能力大，体积较小，速度快，速度变换容易，操作方便和安全等优点。

四、电动卷扬机的分类

电动卷扬机种类较多。

（1）按其速度，可分为快速、中速、慢速。

（2）按卷筒数，分单筒和双筒和多筒等种类，其中以单筒最为常用。

（3）按传动方式，又分可逆齿轮箱式卷扬机和摩擦式卷扬机两种。其中常用的有 JK/JM0.5t$\sim$50t 电动卷扬机。

五、电动卷扬机安装与固定

1. 电动卷扬机安装

在起吊物件的过程中，电动卷扬机安装好坏，将直接影响作业的安全。

（1）卷扬机应安装在平坦、坚实的地方，基座应平稳牢固，位置要准确，与地锚固定要牢靠，应搭设防护工作棚。

（2）卷扬机安装位置应能使操作人员看清指挥人员和起吊物品。离开物品起吊处 15m 以外；卷扬机至构件安装位置的水平距离应大于构件的安装高度，用桅杆时，其距离不得小于桅杆的高度。这样操作者视线仰角看到高处物品时小于 45°。

（3）卷扬机的旋转方向应和控制器上标明的方向一致。其操作位置应有良好视野，便于卷扬机操作人员观察。

（4）安装卷扬机时，导向滑轮位置要使负荷垂直于卷筒中心，为此，有时要设置一个或数个导向滑轮。卷扬机距最近一个导向滑轮的距离以 15～20m 为宜，应保证使钢丝绳在滚筒上缠绕时的摆动角不大于 2°。导向滑轮不得用开口拉板式滑轮。

（5）电气控制开关要安装在操作人员身边，电气开关应设保护罩；所有电气设备要接地，以防止触电。以动力正反转的卷扬机，卷筒旋转方向应与操纵开关上指示的方向一致。

（6）在卷扬机制动操纵杆的行程范围内，不得触及地面或其他障碍物。

（7）钢丝绳绕入卷筒的方向应与卷筒轴线垂直。使钢丝绳圈排列整齐，不致斜绕和互相错叠挤压。钢丝绳应与卷筒及吊笼连接牢固，不得与机架或地面摩擦。

2. 电动卷扬机固定

卷扬机必须予以固定，以防工作时产生滑动或倾覆。通常根据受力大小选择方法，常用的固定方法有：

（1）螺栓锚固法：将卷扬机安放在混凝土基础上，再用地脚螺钉将卷扬机底座固定如图 2-11(a)所示。

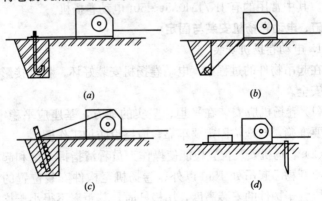

图 2-11　卷扬机的固定方法

(a)螺栓锚固法；(b)水平锚固法；(c)立桩锚固法；(d)压重锚固法

70

（2）立桩锚固法：即用地锚固定卷扬帆并通过地锚把力传给基础，此法在工地上用得较普遍，如图 2-11(b)所示。

（3）压重锚固法：将卷扬机固定在木筏上，前面埋设木桩以防滑动，后加压重 Q，以防倾覆，如图 2-11(c)所示。

（4）水平锚固法：将木杆横在地锚中，用绳索拉住卷扬机以防滑动，如图 2-11(d)所示。

六、使用要点及注意事项

（1）操作电动卷扬机的人员，应熟悉机器的构造、性能并掌握安全操作方法。

（2）卷扬机工作前应先进行试车，检查卷扬机与地面是否固定牢固，进行空运转检查运转是否平稳，有无不正常响声；传动制动机构是否灵活可靠；各紧固件及连接部位有无松动现象；电气线路、接零或接地线连接情况，确认安全可靠后方可操作。

（3）卷筒上的钢丝绳应排列整齐，不准高出挡板，不许打结、扭绕，当重叠或斜绕时，应停机重新排列。运行中，严禁用手在卷筒上调整钢丝绳位置，严禁在转动中用手拉脚踩钢丝绳。工作时系留在卷筒上的钢丝绳至少要保留 5 圈。

（4）作业中，司机、信号员要同吊起物保持良好的可见度，司机与信号员应密切配合，服从信号员统一指挥。信号不明或可能引起事故时应暂停操作。

（5）开动机械时必须精力集中，物件提升后，操作人员不得离开，物件或吊笼下面严禁人员停留或通过。休息及作业完毕应将物件或吊笼降至地面。锁好开关箱。作业中突然停电，要切断电源，根据卷扬机的不同构造必须立即采取相应的措施并将运送物件放下。

（6）钢丝绳在使用过程中难免出现机械的磨损、自然腐蚀局部损坏，应按间隔时间涂刷保护油。使用过程中应经常检查所使用的钢丝绳，不要出现打结、压扁、电弧打伤、化学介质的侵蚀，达到报废标准应立即报废。

（7）严禁超载使用。重物在空中被长时间悬吊停留时，除使用制动器外，并应用保险装置卡牢。

（8）作业中如发现异响，制动不灵，制动带或轴承等温度剧烈上升等异常情况时，应立即停机检查，排除故障后方可使用。

（9）作业中，任何人不得跨越钢丝绳，不得在各导向滑轮的内侧逗留或通过。通过道路时，应设过路保护装置。导向滑轮里侧不准站人。严禁在滑轮或卷筒附近手扶正在行走的钢丝绳。

（10）卷扬机运转中如发现下列情况必须立即停机检修：

① 电气设备漏电；

② 控制器的接触点发生电弧或烧坏；

③ 电动机及传动部分有异常声响；

④ 电压突然下降；

⑤ 防护设备松动或脱落；

⑥ 制动器失灵或不灵活；

⑦ 牵引钢丝绳发生故障。

七、电动卷扬机技术参数

（1）JM型电动卷扬机技术参数见表2-8。

JM型电动卷扬机技术参数 表2-8

型号（B型）		JM2(2t)	JM3(3t)	JM5(5t)
额定拉力(kN)		20	30	50
减速箱	传动比 I	54.9	88.6	119.34
卷筒	直径(mm)	219	1273	325
	长度(mm)	535	594	640
	容绳量(m)	80(180)	100(150)	80(200)
钢丝绳	规格	6×19	6×19	6×19
	直径(mm)	12.5	15.5	19.5
	提升速度(m/min)	16	16	9

型号（B型）		JM2(2t)	JM3(3t)	JM5(5t)
电动机	功率(kW)	7.5	11	11
	转速(r/min)	960	960	960
制动器型号		TJ2-200	TJ2-200	YZW300/45
外形尺寸(长、宽、高)(mm)		980×880×530	1130×1020×550	1310×1240×800
整机重量(kg)		425	585	950

（2）JK 型快速卷扬机技术参数见表 2-9。

JK 型快速卷扬机技术参数　　表 2-9

型号		JK1(1t)	JK3(3t)	JK5(5t)
额定拉力(kN)		10	30	50
钢丝绳	提升速度(m/min)	34	35	29
	直径(mm)	9.3	17	22
减速箱	传动比 I	31.5	23.34	40.17
卷筒	直径(mm)	190	270	400
	长度(mm)	360	570	840
	容绳量(m)	110	200	300
电动机	功率(kW)	7.5	22	30
	转速(r/min)	1440	715	720
制动器型号		TJ2-200	TJ2-300	TJ2-300
外形尺寸(长、宽、高)(cm)		102×90×60	156×137×90	220×180×94
整机重量(kg)		460	1000	2700

第五节　地　锚

地锚又称锚桩、拖拉坑，起重作业中不但能固定卷扬机，而且常用地锚来固定拖拉绳、缆风绳、导向滑轮等，制作地锚的材料可选用木材、钢材或混凝土等。

1. 地锚的分类

地锚按设置形式分有桩式地锚和水平地锚（卧式地锚）两种。

2. 各种地锚的构造

（1）桩式地锚：是以角钢、钢管或圆木作锚桩，垂直或斜向（向受拉的以方向倾斜）打入土中，依靠土壤对桩体的嵌固和稳定作用，使其承受一定的拉力；锚桩长度一般为 1.5～2.0m，入土深度为 1.2～1.5m。按照不同使用要求又可分为一排、两排或三排打入土中，生根钢丝绳拴在距地面约 50mm 处。同时，为了增加桩的锚固力，在其前方距地面约 400～900mm 深处，紧贴桩木埋置较长的挡木一根（图 2-12）。

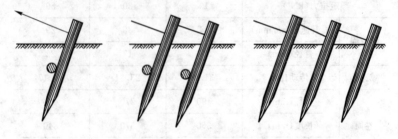

图 2-12　桩式地锚

（2）水平地锚（卧式地锚）：将几根圆木或方木或者型钢用钢丝绳捆绑在一起，横卧在预先挖好的锚坑坑底，绳索捆扎在材料上从坑的前端槽中引出，绳与地面的夹角应等于缆风与地面的夹角，埋好后用土石回填夯实即可。圆木的数量应根据地锚受力的大小和土质而定，圆木的长度为 1～1.5m，一般埋入深度为 1.5～2m 时，可承受拉力 30～150kN。但是卧式地锚承受拉力时既有水平分力又有垂直向上分力，并形成一个向上拔的力，当拉力超过 75kN 时，地锚横木上应增加压板加固，扩大其受压面积，降低土壁的侧向压力。当拉力大于 150kN 时，应用立柱和木壁加强，以增加上部的横向抵抗力（图 2-13）。

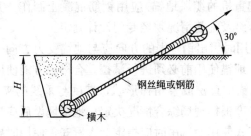

图 2-13　卧式地锚

以上是施工现场常见的地锚形式。另外还有混凝土锚桩、活动地锚等形式。

3. 各种地锚的适用范围

（1）桩式地锚：适用于固定作用力不大的系统，如受力不大的缆风。桩式地锚承受拉力较小，但设置简便，因此被较普遍采用。但在结构吊装中很少使用。

（2）水平地锚（卧式地锚）：是一种卧式地锚，常用在普通系缆、桅杆或起重机上。其作用荷载能力不大于 75kN，超过 75kN 还须进行加固后使用。

4. 使用要点及注意事项

（1）设置地锚应埋设在土质坚硬的地方，地锚埋设后地面应平整，地面不潮湿，不得有积水。

（2）埋入的横担木必须进行严格选择，木质地锚的材质应使用落叶松、杉木，严禁使用油松、杨木、柳木、桦木、椴木。不得使用腐朽、严重裂纹或木节较多的木料。埋设时间较长时，应作防腐处理。受力较大时，横担木要用管子或角钢包好，以增加横担木强度。

（3）卧木上绑扎的钢丝绳生根可采用编接或卡接，使牢固可靠。

（4）地锚应根据负荷大小，地锚的分布及埋设深度，应根据不同土质及地锚的受力情况经计算确定。通过计算确定（包括活动地锚）埋设后需进行试拉。受力很大的地锚（如重型桅杆式起重机和缆索起重机的缆风地锚）应用钢筋混凝土制作，其尺寸、混凝土强度等级及配筋情况须经专门设计确定。

（5）使用时引出钢丝绳的方向应与地锚受力方向一致，并作防腐处理。地锚使用前必须进行试拉，合格后方能使用。

（6）地锚坑宜挖成直角梯形状，坡度与垂线的夹角以 15°为宜。地锚深度根据现场综合情况决定；地锚埋设后应进行详细检查，才能正式使用。试吊时应指定专人看守，使用时要有专人负责巡视，如发生变形，应立即采取措施加固。

（7）地锚附近不准开挖取土，否则容易造成锚桩处土壁松动。同时，地锚拉绳与地面的夹角应保持在 30°左右，角度过大会造成地锚承受过大的竖向拉力。

（8）拖拉绳与水平面的夹角一般以 30°以下为宜，地锚坑在引出线露出地面的位置，前方坑深 2.5 倍范围及基坑两侧 2m 以内，不得有地沟、电缆、地下管道等构筑物以及临时挖沟等，如有地下障碍物，要向远处移动地锚位置。

（9）固定的建筑物和构筑物，可以利用其作为地锚，但必须经过核算。树木、电线杆等严禁作为地锚使用。

（10）禁止将地锚设在松软回填土内或利用不可靠的物体作为吊装用的地锚。

第六节　滑轮及滑轮组

滑轮又称滑车，是起重作业中一种简易起重工具。为了便于穿入钢丝绳，有的滑轮夹板可以打开，叫做开门滑轮，多用于作桅杆的导向轮。由多个滑轮组成即为滑轮组，组装成滑轮组后，起重能力加大，并可以改变力的方向。滑车组中可分为定滑车和动滑车。定滑轮是不移动位置的，可改变钢丝绳的方向（可改变力的方向），但不能省力；动滑轮可随着起吊过程移动（不能改变力的方向），但可以省力，它与定滑轮构成滑车组。滑轮组共同负担重物钢丝绳的根数，称为工作线数。滑轮组的名称，以组成滑轮组的定滑轮与动滑轮的数目来表示,如由 4 个定滑轮和 4 个动滑轮组成的滑轮组,称为四四滑轮组,5 个定滑轮和 4 个动滑轮所组成的滑轮组,称为五四滑轮组。

1. 滑轮的分类

(1) 按制作材质分,有木滑轮和钢滑轮,一般多用钢制。

(2) 按使用方法分,有定滑轮、动滑轮以及动、定滑轮组成滑轮组。

(3) 按滑轮数多少分,有单滑轮、双滑轮、三轮、四轮及多轮。

(4) 按其作用分,有导向滑轮、平衡滑轮。

(5) 按连接方式分,有吊钩式、链环式、吊环式和吊梁式。

(6) 按夹板开口形式分,有开口吊钩型、开口链环型、闭口吊环型。

2. 滑轮的作用

用于吊升笨重物体,是一种使用简单、携带方便、起重能力较大的起重工具。单滑轮一般均与绞车配套使用,滑轮组在起重安装工程中,配合卷扬机、桅杆、吊具、索具等,进行设备的运输与吊装工作。广泛用于水利工程、建筑工程、基建安装、工厂、矿山、交通运输以及林业等方面。

3. 导向滑车的选择

导向滑车可按起重滑车平均单轮负载选用,也可用下述方法选用。

导向滑车的吨位 $Q_导$ 与钢丝绳牵引力 P 的关系式

$$Q_导 = KP$$

式中　K——导向角系数(表 2-10)。

导向角系数 K 值　　　　　　　　　　表 2-10

导向角 β	$<60°$	$60°\sim90°$	$90°\sim120°$	$>120°$
系数 K	2.0	1.7	1.4	1.0

导向滑车系数根据导向角度 β 的大小而定，钢丝绳通过滑轮的偏角 α 小于 5°(图 2-14)。

4. 滑轮之间最小距离尺寸 滑轮之间最小距离见图 2-15 和表 2-11。

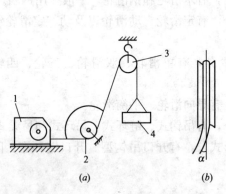

图 2-14　导向滑车及钢丝绳通过滑轮偏角示意图

(a)导向滑车示意图；(b)钢丝绳通过滑轮偏角

1—卷扬机；2—导向滑车；3—定滑车；4—重物

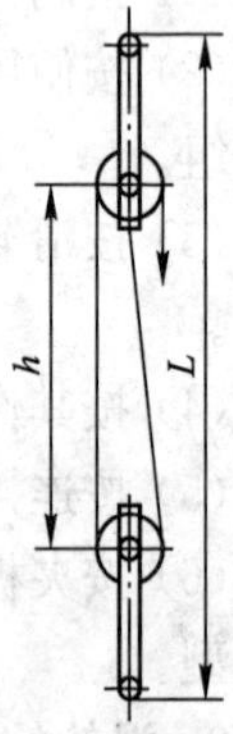

图 2-15　滑轮之间
最小距离尺寸

滑轮间最小距离尺寸表　　　　表 2-11

滑轮负荷量(kN)	滑轮间最小距离 h(mm)	拉紧后之间最小距离 L(mm)
10	700	1400
50	900	1800
100	1000	2000
160	1000	2000
200	1000	2100
320	1200	2600
500	1200	2600

5. 滑轮使用要点

(1) 使用滑轮时，轮槽宽度应比钢丝绳直径大 1~2.5mm。

(2) 使用滑轮的直径，通常不得小于钢丝绳直径的 16 倍。

（3）滑轮出现下列现象时，不得使用，应予以报废：

1）槽壁厚度磨损达 10％，或局部破碎。

2）轮轴套磨损超过壁厚的 10％。

3）槽面磨损深度达到 3mm。

4）滑轮轴上或壳上有裂纹，或滑轮轴磨损达直径的 3％。

（4）滑车应根据其受力的大小、施工条件等情况合理选用，按滑车规定的负荷量使用，严禁超载使用。

（5）滑车在使用前，应检查滑车内润滑油量是否充足，润滑油不足时，须加油后方可使用。

（6）滑车在工作中，如发现滑车的轴随轮子转动时，应立即排除故障后再使用。钢丝绳不得与滑车侧板摩擦，钢丝绳通过滑轮的偏角 a 不得超过 5°。

（7）多轮滑车仅使用其中一、二个轮时，每个轮的负荷量按标牌的额定值除以轮数计算。多轮滑车尽量不要作为单轮滑车使用，避免轮子倾斜，磨损轮轴。

（8）使用开口滑车时，保险扣必须锁好，带吊钩的滑车一般不宜高空作业使用，防止钩子脱出，若必须在高空使用时应采取安全措施。导向滑车应合理使用，使用时应有专人看管，防止发生故障。

（9）滑车组两滑车之间最小距离不得小于最小距离尺寸。

6. 滑轮安全系数

滑轮安全系数见表 2-12。

滑轮安全系数表　　　　　　　　　　　　表 2-12

滑轮负荷量(t)	安全系数 K
0.5～10	3
16～50	2.5
80～14	2

7. 起重滑车额定起重量与滑轮数目、滑轮直径、钢丝绳直径对照(表 2-13)

起重滑车额定起重量与滑轮数目、滑轮直径、钢丝绳直径对照表

表 2-13

下表中，中间各列为**额定起重量(t)**，表内数值为**滑轮数目**。

滑轮直径 (mm)	0.32	0.5	1	2	3.2	5	8	10	16	20	32	50	80	100	160	200	250	320	使用钢丝绳直径范围 (mm)
63	1																		6.2
71		2	2																6.2~7.7
85			1*	2*	3*														7.7~11
112				1*	2*	3*	4*												11~14
132					1*	2*	3*	4*											12.5~15.5
160						1*	2*	3*	4*	5*									15.5~18.5
180								2*	3*	4*	6*								17~20
210								1*		3*	5*								20~23
240									1*	2*		4*	6*						23~24.5
280											2*	3*	5*	6					26~28
315											1*		4*	6	8				28~31
355												1*	2*	3*	5	6	8	10	31~35
400																	8	10	34~38
455																		10	40~43

注：表列全部为通用滑车的规格，林业滑车仅有带 * 符号的规格。

8. 起重滑车几种形式(图 2-16)

9. 起重滑轮的技术参数

(1) 通用起重滑轮的技术参数。

1) 通用滑轮(HQ)规格见表 2-14。

单轮员钩滑车　　　三轮吊钩滑车　　　四轮吊环滑车　　　多轮吊环滑车

图 2-16　起重滑车几种形式

2）另一种林业滑车（HY），仅有表中带 * 符号的规格。但其轴承全部采用滚动轴承，因而结构比较紧凑，重量也较轻。其单轮开口型分普通式和钩式两种。

通用滑轮的技术参数　　　　表 2-14

结构形式			型号	额定起重量（t）
单轮	开口	滚针轴承 吊钩型	HQGZK1	0.32，0.5，1，2，3.2，5，8，10
		滚针轴承 链环型	HQLZK1	
		滑动轴承 吊钩型	HQGK1	0.32，0.5，1 *，2 *，3.2 *，5 *，8 *，10 *，16 *，20 *
		滑动轴承 链环型	HQLK1	
	闭口	滚针轴承 吊钩型	HQGZ1	0.32，0.5，1，2，3.2，5，8，10
		滚针轴承 链环型	HQLZ1	
		滑动轴承 吊钩型	HQG1	0.32，0.5，1 *，2 *，3.2 *，5 *，8 *，10 *，16 *，20 *
		滑动轴承 链环型	HQL1	
		吊钩型	HQD1	1，2，3，2，5，8，10
双轮	双开口	滑动轴承 吊钩型	HQGK2	1，2，3.2，5，8，10
		滑动轴承 链环型	HQLK2	
	闭口	滑动轴承 吊钩型	HQG2	1，2，3.2，5，8，10，16，20
		滑动轴承 链环型	HQL2	
		吊环型	LQD2	1，2 *，3.2 *，5 *，8 *，10 *，16 *，20 *，32 *

结构形式			型号	额定起重量(t)
三轮	闭口	滑动轴承	吊钩型 HQG3	3.2, 5, 8, 10, 16, 20
			链环型 HQL3	
			吊环型 HQD3	3.2＊, 5＊, 8＊, 10＊, 16＊, 20＊, 32＊, 50＊
四轮			HQD4	8＊, 10＊, 16＊, 20＊, 32＊, 50＊
五轮	闭口	滑动轴承	吊环型 HQD5	20＊, 32＊, 50＊, 80
六轮			HQD6	32＊, 50＊, 80, 100
八轮			HQD8	80, 100, 160, 200
十轮			HQD10	200, 250, 320

（2）单轮吊钩、吊环（开式、闭式）滑车技术参数见表2-15。

单轮吊钩、吊环滑车技术参数表　　　表2-15

滑车型号	额定载荷	适用钢绳直径(mm)	滑轮直径(mm)
THGK1-0.5t	0.5t	6.2～7.7	71
THGK1-1t	1t	7.7～11	85
THGK1-2t	2t	11～14	112
THGK1-3.2t	3.2t	12.5～15.5	132
THGK1-5t	5t	15～18.5	160
THGK1-8t	8t	19.5～23	210
THGK1-10t	10t	23～24.5	240
THGK1-16t	16t	28～31	310
THGK1-20t	20t	31～35	355

（3）双轮吊钩（开式、闭式）滑车技术参数见表2-16。

（4）双轮吊环（开式、闭式）滑车技术参数见表2-17。

（5）三轮吊钩、吊环滑车技术参数见表2-18。

双轮吊钩滑车技术参数表

表 2-16

滑车型号	额定载荷	适用钢绳直径(mm)	滑轮直径(mm)
THGK2-1t	1t	6.2～7.7	71
THGK2-2t	2t	7.7～11	85
THGK2-3.2t	3.2t	11～14	112
THGK2-5t	5t	12.5～15.5	132
THGK2-8t	8t	15～18.5	160
THGK2-10t	10t	17～20	180
THGK2-16t	16t	23～24.5	240
THGK2-20t	20t	26～28	280

双轮吊环(开式、闭式)滑车技术参数表

表 2-17

滑车型号	额定载荷	适用钢绳直径(mm)	滑轮直径(mm)
THD2-1t	1t	6.2～7.7	71
THD2-2t	2t	7.7～11	85
THD2-3.2t	3.2t	11～14	112
THD2-5t	5t	12.5～15.5	132
THD2-8t	8t	15～18.5	160
THD2-10t	10t	17～20	180
THD2-16t	16t	23～24.5	240
THD2-20t	20t	26～28	280
THD2-32t	32t	28～31	355

三轮吊钩、吊环滑车技术参数表

表 2-18

滑车型号	额定载荷	适用钢绳直径(mm)	滑轮直径(mm)
THGL3-3.2t	3.2t	7.7～11	85
THGL3-5t	5t	11～14	112

滑车型号	额定载荷	适用钢绳直径(mm)	滑轮直径(mm)
THGL3-8t	8t	12.5~15.5	132
THGL3-10t	10t	15~18.5	160
THGL3-16t	16t	17~20	180
THGL3-20t	20t	20~23	210
THGL3-32t	32t	26~28	280

（6）四轮吊环滑车技术参数见表 2-19。

四轮吊环滑车技术参数表 表 2-19

滑车型号	额定载荷	适用钢绳直径(mm)	滑轮直径(mm)
THD4-8t	8t	11~14	112
THD4-10t	10t	12.5~15.5	132
THD4-16t	16t	15~18.5	160
THD4-20t	20t	17~20	180
THD4-32t	32t	23~24.5	240
THD4-50t	50t	28~31	315

（7）五轮吊环滑车技术参数见表 2-20。

五轮吊环滑车技术参数表 表 2-20

滑车型号	额定载荷	适用钢绳直径(mm)	滑轮直径(mm)
THD5-20t	20t	15.5~18.5	160
THD5-32t	32t	20~23	210
THD5-50t	50t	26~28	280
THD5-80t	80t	31~35	355

（8）六轮吊环滑车技术参数见表 2-21。

六轮吊环滑车技术参数表

六轮吊环滑车技术参数表　　　　　表 2-21

滑车型号	额定载荷	适用钢绳直径(mm)	滑轮直径(mm)
THD6-32t	32t	17～20	180
THD6-50t	50t	23～24.5	240
THD6-80t	80t	28～31	315
THD6-100t	100t	31～35	355

（9）八轮吊环滑车技术参数见表 2-22。

八轮吊环滑车技术参数表　　　　　表 2-22

滑车型号	额定载荷	适用钢绳直径(mm)	滑轮直径(mm)
THD8-80t	80t	26～28	280
THD8-100t	100t	28～31	315
THD8-160t	160t	31～35	355
THD8-200t	200t	34～38	400

（10）十轮吊环滑车技术参数见表 2-23。

十轮吊环滑车技术参数表　　　　　表 2-23

滑车型号	额定载荷	适用钢绳直径(mm)	滑轮直径(mm)
THD10-200t	200t	31～35	355
THD10-250t	250t	35～38	400
THD10-320t	320t	40～43	450

第七节　吊　　钩

吊钩是起重机械上的主要组成部分，吊钩除要承受吊物的重量外，还要受到起升和制动时产生的冲击载荷，所以对吊钩的制作材料有很高的要求，必须具有较高的力学强度和冲击韧性。所以要选用如 20 号优质低碳钢、16Mn、20MnSi、36MnSi，锻后经退火处理。

1. 吊钩的用处

起重吊装中使用的主要为单吊钩，通常和钢丝绳连接在一起使用。锻造吊钩又可分为单钩和双钩，单钩一般用于小起重量，双钩多用于较大的起重量(图 2-17)。

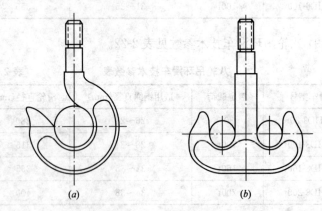

图 2-17　单钩和双钩

(1)单钩：是一种比较常用的吊钩，构造简单，使用比较方便，材料一般采用 20 号优质碳素钢或 20Mn 锻造而成，最大起重量不大于 80t。

(2)双钩：起重量较大时多用双钩，受力均匀对称。材料一般采用 20 号优质碳素钢或 20Mn 锻造而成，通常大于 80t 的起重量都采用双钩。

2. 吊钩的特点

吊钩、吊环、平衡梁与吊耳是起重作业中比较常用的吊物工具，吊钩采用低碳优质合金钢制造。它的优点是取物方便，工作安全可靠。试验载荷为 2 倍工作载荷，破断载荷为 5 倍工作载荷。

3. 吊钩的危险断面和报废

吊钩的危险断面是指吊钩承载时，弯曲应力最大的截面处，该处弯矩最大。根据吊钩受力分析，吊钩底部断面受剪切应力；吊钩的背弯部受弯曲应力(内侧受拉、外侧受压)，而吊钩柱受拉伸应力。

当起重机的吊钩有下列情况之一时即应更换：

(1) 表面有裂纹、破口；开口度比原尺寸增加 10％。

(2) 危险断面及钩颈有永久变形，扭转变形超过 10°。

(3) 挂绳处断面磨损超过原高度 5％。

(4) 吊钩衬套磨损超过原厚度 50％，心轴(销子)磨损超过其直径的 3％～5％。

(5) 吊钩的钩尾和螺纹部分等危险断面有塑性变形。

4. 吊钩使用中的安全装置

起重吊装作业中，由于挂钩时马虎或吊索间的角度过大，起吊中容易造成脱钩，所以吊钩上应装有防止脱钩的安全保险装置。

5. 吊钩使用要点和注意事项

(1) 吊钩在使用中应按起重机械安全规程要求进行检查、维修，达到报废标准的必须立即更换。

(2) 在起重吊装作业中使用吊钩、吊环，其表面要光滑，无毛刺、裂纹、锐角和剥裂等缺陷。

(3) 起重机械不得使用铸造的吊钩。

(4) 吊钩不允许补焊，起重机的吊钩严禁补焊。

(5) 吊钩需更换时，新吊钩应有制造单位的合格证和其他技术证明文件，方可投入使用。

(6) 吊运过程中不得碰撞被吊物。

(7) 吊钩每隔两年还应进行一次退火处理，以免由于疲劳而产生裂纹。

第八节 卸　扣

卸扣又称 U 形卡、卡环。材料采用合金钢整体锻造，它是起重作业中用得最广泛较灵便的吊索与构件拴连工具，由弯环和销子两部分组成。

1. 卸扣的分类

卸扣分为销子式和螺旋式两种，其中螺旋式卸扣比较常用。按形状又可分为 D（直形）形卸扣、弓形（C 形）卸扣。按使用情况分有：链条卸扣、C 形快速卸扣，H 形卸扣，欧式双环卸扣，异形双环卸扣等。

2. 卸扣的作用

主要用于吊索和构件或吊环之间的连接，或用在绑扎物件时扣紧吊索，以及连接钢丝绳或链条等用。使之有效的与钢丝绳、链条、吊装带等结合，可以自由组合成各种不同形式的成套索具，以满足不同场合的吊装需要。

3. 卸扣的特点

其特点是装卸方便，重量轻，体积小，安全系数高，适用于冲击性不大的场合。弓形卸扣开档较大，适用于连接麻绳、白棕绳等，是各种索具末端的连接件。

4. 卸扣使用注意事项

（1）卸扣在使用前应认真检查，不得有裂纹、夹层或销子弯曲等缺陷。

（2）卸扣在使用时只能垂直受力，严禁横向（两侧）起重受力。

（3）吊装时的卡环销子不准旋转。

（4）螺旋式卡环旋紧后应退回半扣，销子式卡环必须插好保险销方可使用。

（5）严禁超过额定荷载使用。

5. 卸扣荷载估算

在施工现场对卸扣的允许荷载估算，是采用卸扣的横销直径换算的近似公式估算：

$$Q = 40d^2$$

式中　Q——允许荷载（N）；

d——横销直径(mm)。

　6. 安全系数

　1t～25t 时安全系数为 6，25t 以上时为 4。

　7. 几种卸扣形式

　几种卸扣形式如图 2-18 所示。

螺旋式　　　　　　　销子式　　　　　　　螺旋式　　　　　　　销子式

　　　　　　D形卸扣　　　　　　　　　　　　　　弓形卸扣

H形卸扣　　　　欧式双环卸扣　　　　异形双环卸扣　　　C形快速卸扣

图 2-18　几种卸扣形式图

　8. 卸扣的技术参数

　(1) 一般起重用卸扣

　1) D 形卸扣技术参数见表 2-24。

D 形卸扣技术参数表　　　　表 2-24

起重负荷(t)			主要尺寸(mm)				
M(4)	S(6)	T(8)	卸扣本体直径 d	横销螺纹直径 D	环孔高度 S	环孔间距 W	螺栓直径 M
—	—	0.63	8.0	9.0	18.0	9.0	M8
—	0.63	0.8	9.0	10.0	20.0	10.0	M10
—	0.8	1	10.0	12.0	22.4	12.0	M12

89

起重负荷(t)			主要尺寸(mm)				
M(4)	S(6)	T(8)	卸扣本体直径 d	横销螺纹直径 D	环孔高度 S	环孔间距 W	螺栓直径 M
0.63	1	1.25	11.2	12.0	25.0	12.0	M12
0.8	1.25	1.6	12.5	14.0	28.0	14.0	M14
1	1.6	2	14.0	16.0	31.5	16.0	M16
1.25	2	2.5	16.0	18.0	35.5	18.0	M18
1.6	2.5	3.2	18.0	20.0	40.0	20.0	M20
2	3.2	4	20.0	22.0	45.0	22.0	M22
2.5	4	5	22.4	24.0	50.0	24.0	M24
3.2	5	6.3	25.0	30.0	56.0	30.0	M30
4	6.3	8	28.0	33.0	63.0	33.0	M33
5	8	10	31.5	36.0	71.0	36.0	M36
6.3	10	12.5	35.5	39.0	80.0	39.0	M39
8	12.5	16	40.0	45.0	90.0	45.0	M45
10	16	20	45.0	52.0	100.0	52.0	M52
12.5	20	25	50.0	56.0	112.0	56.0	M56
16	25	32	56.0	64.0	125.0	64.0	M64
20	32	40	63.0	72.0	140.0	72.0	M72
25	40	50	71.0	80.0	160.0	80.0	M80
32	50	63	80.0	90.0	180.0	90.0	M90
40	63	—	90.0	100.0	200.0	100.0	M100
50	80		100.0	115.0	224.0	115.0	M115
63	100	—	112.0	125.0	250.0	125.0	M125
80	—		125.0	140.0	280.0	140.0	M140
100	—	—	140.0	160.0	315.0	160.0	M160

注：M(4)、S(6)、T(8)为卸扣强度级别，在标记中可用 M、S、T 或 4、6、8
表示。

2）弓形卸扣技术参数见表2-25。

弓形卸扣技术参数表 　　　　表 2-25

起重量(t)			主要尺寸(mm)		主要尺寸(mm)			
M(4)	S(6)	T(8)	卸扣本体直径 d	横销螺纹直径 D	环孔高度 S	环孔间距 W	$2r$	螺栓直径 M
—	—	0.63	9.0	10.0	22.4	10.0	16.0	M10
—	0.63	0.8	10.0	12.0	25.0	12.0	18.0	M12
—	0.8	1	11.2	12.0	28.0	12.0	20.0	M12
0.63	1	1.25	12.5	14.0	31.5	14.0	22.4	M14
0.8	1.25	1.6	14.0	16.0	35.5	16.0	25.0	M16
1	1.6	2	16.0	18.0	40.0	18.0	28.0	M18
1.25	2	2.5	18.0	20.0	45.0	20.0	31.5	M20
1.6	2.5	3.2	20.0	22.0	50.0	22.0	35.5	M22
2	3.2	4	22.4	24.0	56.0	24.0	40.0	M24
2.5	4	5	25.0	30.0	63.0	30.0	45.0	M30
3.2	5	6.3	28.0	33.0	71.0	33.0	50.0	M33
4	6.3	8	31.5	36.0	80.0	36.0	56.0	M36
5	8	10	35.5	39.0	90.0	39.0	63.0	M39
6.3	10	12.5	40.0	45.0	100.0	45.0	71.0	M45
8	12.5	16	45.0	52.0	112.0	52.0	80.0	M52
10	16	20	50.0	56.0	125.0	56.0	90.0	M56
12.5	20	25	56.0	64.0	140.0	64.0	100.0	M64
16	25	32	63.0	72.0	160.0	72.0	112.0	M72
20	32	40	71.0	80.0	180.0	80.0	125.0	M80
25	40	50	80.0	90.0	200.0	90.0	140.0	M90
32	50	63	90.0	100.0	224.0	100.0	160.0	M100

起重量(t)			主要尺寸(mm)		主要尺寸(mm)			
M(4)	S(6)	T(8)	卸扣本体直径 d	横销螺纹直径 D	环孔高度 S	环孔间距 W	2r	螺栓直径 M
40	63	—	100.0	115.0	250.0	115.0	180.0	M115
50	80	—	112.0	125.0	280.0	125.0	200.0	M125
63	100	—	125.0	140.0	315.0	140.0	224.0	M140
80	—	—	140.0	160.0	355.0	160.0	250.0	M160
100	—	—	160.0	180.0	400.0	180.0	280.0	M180

（2）C 形快速卸扣

1）C 形快速卸扣图如图 2-19 所示。

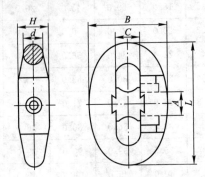

图 2-19 C 形快速卸扣图示

2）C 形快速卸扣技术参数见表 2-26。

C 形快速卸扣技术参数 表 2-26

起重负荷	主要尺寸(mm)					
	d	L	B	H	A	C
1.5t	13	78	52	19.5	15	17
2.5t	15	90	60	22.5	17	20

起重负荷	主要尺寸(mm)					
	d	L	B	H	A	C
3t	17	102	68	22.5	19	22
3.5t	19	114	76	30	21	26
4t	21	126	84	33	23	27
5t	23	138	92	35	26	30
6.3t	25	150	100	38	28	32
8t	27	162	108	41	31	35
10t	29	174	116	44	34	37
12.5t	32	192	128	48	37	41
14t	35	210	140	53	40	44
16t	38	228	152	57	43	48
21t	41	246	164	62	46	51
25t	44	264	176	68	50	54
32t	47	282	188	71	52	58
45t	55	330	220	84	62	66

（3）H形双环卸扣

G80H形双环卸扣技术参数见表2-27。

G80H形双环卸扣技术参数　　表2-27

尺寸(mm)	重量(kg)	额定载荷(kg)	破断负荷(kg)
6	0.44	1179	4717
9	0.81	2449	9798
11	1.28	3175	12700
13	1.68	4173	16692
16	2.91	7802	31752

（4）欧式双环卸扣

1）欧式双环卸扣图如图 2-20 所示。

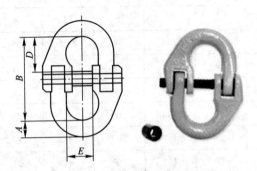

图 2-20　欧式双环卸扣图示

2）欧式双环卸扣技术参数见表 2-28。

欧式双环卸扣技术参数表　　　　表 2-28

起重负荷 （t）	技术参数（mm）				适用连接 （mm）
	A	B	D	E	
1.5	9	48	20	16	$\phi8\sim\phi10$
2	10	54	22	17.5	$\phi10\sim\phi12$
3.2	13	63	26	22	$\phi12\sim\phi14$
5.4	16	87	36	29	$\phi14\sim\phi16$
8	19	105	44	36	$\phi18\sim\phi20$
12.5	24	120	52	41	$\phi22\sim\phi24$
16	27	140	58	51	$\phi25\sim\phi28$
21	31	152	63	57	$\phi30\sim\phi36$
32	38	188	77	65	$\phi38\sim\phi45$

第九节　花 篮 螺 栓

花篮螺栓又称索具螺旋扣、紧线扣。

1. 花篮螺栓的分类

花篮螺栓的型号根据其两头结构划分。(a)CC 型、(b)OO 型、(C)OU 型、(d)UU 型如图 2-21 所示。

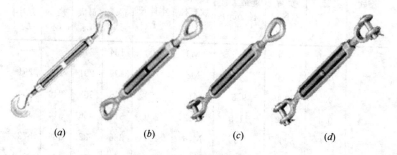

(a)   (b)   (c)   (d)

图 2-21　花篮螺栓
(a)CC 型；(b)OO 型；(c)CO 型；(d)UU 型

2. 花篮螺栓的作用

主要是用它调节钢丝绳松紧程度，拉紧钢丝绳，并起调节松紧作用。其中 OO 型用于不经常拆卸的场合，属于闭式索具螺旋扣。CC 型用于经常拆卸的场合，CO 型用于一端经常拆卸另一端不经常拆卸的场合，属于开式索具螺旋扣。

3. 花篮螺栓受力估算

在施工现场对花篮螺栓允许荷载估算，是采用螺栓直径换算的近似公式估算：

CC 型、CO 型花篮螺栓容许荷载为：

$$Q = 25d^2$$

OO 型花篮螺栓容许荷载为：

$$Q = 30d^2$$

式中　Q——允许荷载(N)；

　　　d——螺栓直径(mm)。

4. 各种型花篮螺栓规格表

(1) 各种型花篮螺栓技术参数见表 2-29。

花篮螺栓规格

表 2-29

型式	螺旋扣号码	许用负荷（N）	适用钢丝绳最大直径（mm）	主要尺寸（mm）					
				左右螺纹直径 d	螺旋扣本体长 L	开式全长		闭式全长	
						最小 L_1	最大 L_2	最小 L_1	最小 L_2
OO 型	0.1	1000	6.5	M6	100	164	242	—	—
	0.2	2000	8	M8	125	199	291	199	291
	0.3	3000	9.5	M10	150	246	358	246	354
	0.4	4300	11.5	M12	200	314	456	314	456
	0.8	8000	15	M16	250	386	582	386	572
	1.3	13000	19	M20	300	470	690	470	680
	1.7	17000	21.5	M22	350	540	806	540	806
	1.9	19000	22.5	M24	400	610	922	610	914
	2.4	24000	28	M27	450	680	1030	—	—
	3.0	30000	31	M30	450	700	1050	—	—
	3.8	38000	34	M33	500	770	1158	—	—
	4.5	45000	37	M36	550	840	1270	—	—
CC 型	0.07	700	2.2	M6	100	180	258	—	—
	0.1	1000	3.3	M8	125	225	317	225	317
	0.2	2300	4.5	M10	150	266	378	266	374
	0.3	3200	5.5	M12	200	334	476	334	476
	0.6	6300	8.5	M16	250	442	638	442	628
	0.9	9800	9.5	M20	300	520	740	520	730
CO 型	0.07	700	2.2	M6	100	172	250	—	—
	0.1	1000	3.3	M8	125	212	304	212	304
	0.2	2300	4.5	M10	150	256	368	256	366
	0.3	3200	5.6	M12	200	324	466	324	466
	0.6	6300	8.5	M16	250	414	610	414	605
	0.9	9800	9.5	M20	300	495	715	495	710

（2）UU 型开式防风螺旋扣。

1）UU 型开式防风螺旋扣适用于大型起重设备的防风紧固装置，其结构尺寸如图 2-22 所示。

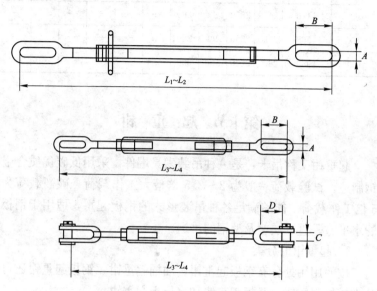

图 2-22　UU 型开式防风螺旋扣尺寸

2）高强度防风螺旋花篮螺栓技术参数见表 2-30。

高强度防风螺旋花篮螺栓技术参数表（mm）　　表 2-30

使用负荷（t）	试验负荷（kN）	A 型				B 型					
		L1	L2	A	B	L3	L4	D	C	A	B
9	176.4	—	—	—	—	740	1090	90	50	45	90
12	235.2	—	—	—	—	830	1260	100	56	50	100
17	333.2	—	—	—	—	960	1420	110	60	56	110
25	490	—	—	—	—	1100	1700	120	64	64	120
40	784	—	—	—	—	1300	1900	140	80	80	140
40	784	1800	2200	70	200	—	—	—	—	—	—

使用负荷	试验负荷	A型				B型					
(t)	(kN)	L1	L2	A	B	L3	L4	D	C	A	B
60	1176	2450	2850	90	280	—	—	—	—	—	—
80	1568	2150	2550	90	280	—	—	—	—	—	—
100	1960	2600	3200	100	300	—	—	—	—	—	—

第十节 起 重 钳

起重钳又称吊卡,是一种吊装索具端件,采用低碳优质合金钢制造。试验载荷一般为2~2.5倍最大工作载荷,破断载荷为5倍工作载荷。能够满足各种吊装形式的钢板起重,适用于钢板的水平、垂直、层叠及型钢的吊运。

1. 起重钳的分类

按使用用处分有钢板起重钳、油桶起重钳,钢板起重钳还可分为横板起重钳、竖板起重钳和多层板起重钳。

2. 起重钳的用途

主要用于钢板及型钢的吊运,适用于钢结构加工厂及构件安装。以下是几种形式的起重钳的具体用处。

(1) L型钢板起重钳,适用于钢板的水平吊运。载荷范围:0~5t。以两只试验额定载荷,吊装作业中两只或四只成组使用。试验载荷为2.5倍最大工作载荷,破断载荷为5倍最大工作载荷(图2-23)。

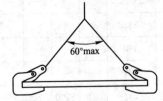

图 2-23 L型钢板起重钳

（2）PDB 型横吊钢板起重钳，适用于钢板水平吊运。载荷范围：0～6t。以两只试验额定载荷，吊装作业中两只或四只成组使用。钢板较大时加平衡梁。试验载荷为 2 倍最大工作载荷，破断载荷为 5 倍最大工作载荷（图 2-24）。

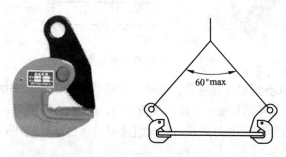

图 2-24　PDB 型横吊钢板起重钳

（3）PDK 型横吊层叠钢板起重钳，适用于多块钢板的层叠水平吊运，载荷范围：3～6t。以两只试验额定载荷，吊装作业 4 只配套使用。可以根据被吊钢板的厚度调节合适的钳舌尺寸，必须与平衡梁配套使用（图 2-25）。

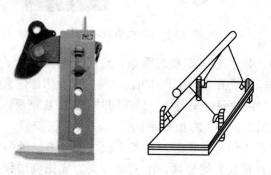

图 2-25　PDK 层叠钢板起重钳

（4）PDQ 型单板起重钳，适用于单块或多块钢板水平吊运。载荷范围：1～12.5t。以两只试验额定载荷，吊装作业 4 只配套与平衡梁配合使用，可自动脱扣。吊运过程中不得碰撞被吊物（图 2-26）。

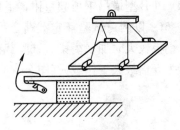

图 2-26　PDQ 型单板起重钳

（5）QS 型双板起重钳，适用于单块或多块钢板水平吊运，还可以用于工字钢及型钢吊运。载荷范围：0～7t。以两只试验额定载荷，吊装作业中两只或四只成组使用，可自动脱扣（图 2-27）。

图 2-27　QS 型双板起重钳

（6）CDH 型竖吊钢板起重钳，适用于钢板的水平、竖直及型钢的吊运。载荷范围：0～30t。以两只试验为额定载荷，吊装作业中单只或两只配套使用，只能同时吊运一块钢板，禁止层叠吊运。起吊时，必须将拉环手柄向上以使弹簧拉紧，下荷时拉环手柄向下，弹簧放松后，钳和钢板才能分离。带弹簧锁无作业状态下，锁具自然加紧，吊上物体夹力成比例增强。可以根据被吊钢板的厚度调节合适的钳舌尺寸，水平吊运时必须加横梁（图 2-28）。

（7）CD 型竖吊钢板起重钳，适用于钢板的竖直吊运。载荷范围：0～16t。以一只试验为额定载荷，吊装作业中单只或两只配套使用，只能同时吊运起一块钢板，禁止叠层吊运，起吊时，

 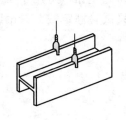 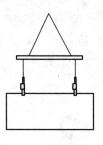

图 2-28   CDH 型竖吊钢板起重钳

必须将锁紧手柄向上以使弹簧拉紧，卸荷时锁紧手柄向下，弹簧放松后，钳和钢板才能分离(图 2-29)。

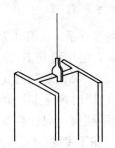 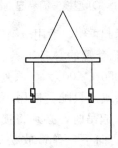 

图 2-29   CD 型竖吊钢板起重钳

（8）QD 型单板吊钩(成组使用)，适用于钢板水平、工字钢及型钢吊运。载荷范围：0～6t。试验载荷为 2 倍最大工作载荷。以两只试验额定载荷，吊装作业中四只成组使用。钢板较大时，加平横梁。吊运过程中不得碰撞被吊物(图 2-30)。

  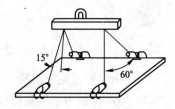

图 2-30   QD 型单板吊钩

（9）QJ 型模锻简易起重钳，适用于工字钢及型钢吊运。载荷范围：0～5t。以两只试验额定载荷，吊装作业中两只成组使用（图 2-31）。

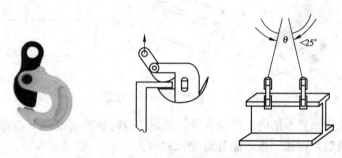

图 2-31　QJ 型模锻简易起重钳技术参数

（10）QY 型预紧起重钳，适用于钢板的竖直吊运。石油天然气钻井作业中用于下套管的必备工具。最大工作负荷有 135t、150t、200t、250t、350t、500t 六大系列。以一只试验为额定载荷，吊装作业中单只或两只配套使用，只能同时吊运起一块钢板，禁止叠层吊运，起吊时，必须将锁紧手柄向上以使弹簧拉紧，卸荷时锁紧手柄向下，弹簧放松后，钳和钢板才能分离（图 2-32）。

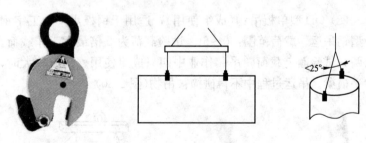

图 2-32　QY 型预紧起重钳

3. 使用起重钳注意事项

（1）吊运过程中不得碰撞被吊物。

（2）严禁超载使用。

第十一节　合成纤维吊装带

合成纤维吊装带，也称化纤吊带、柔性吊带和尼龙吊带，是采用优质纤维丝，由合成纤维全编织而成，吊装带索具以其轻便、使用寿命长、不导电等优点在许多行业逐步替代钢丝绳索具和链条索具。由于钢丝绳吊装时接触被吊物面小，容易损坏吊物，只适应吊装坯料及表面未处理的钢管、钢材及半成品；合成纤维吊装带经过多年的推广应用，已经成为吊装作业最理想的索具。

一、合成纤维吊装带的作用

合成纤维吊装带适用于各种构件吊装、设备安装、钢结构制作及安装吊索、悬索，还适宜吊装涂料制品、塑料制品、软材、树木、机床及经表面处理可防腐保温后的管材、管道和精度要求高的物品。对精密仪器、外表面要求比较严格的物件吊装尤为重要，适应低、高温作业。

二、吊装带的优点和缺点

1. 吊装带的优点

（1）使用方便，重量轻，与同等载荷的链条比较，只有其20％的重量。

（2）可减少吊装作业对易受操作表面损伤和对喷漆表面的损害。其截面形状是随吊件的表面形状变化的，而且其本身十分柔软易曲，工作中会紧贴服或卷缠在吊件周围，而不会损坏吊件，同时也减少反弹伤人的可能性。

（3）起重平稳、安全、简易、快捷。

（4）强力高，色彩鲜艳，吊装带设有独特标签，并使用国际准色来区分承载吨位，即使吊装带损坏也易于辨认；吊装带的材料也可通过标签的颜色进行标识，如，聚酰胺：绿色；聚酯：蓝色；聚丙烯：棕色。

（5）提高劳动效率，节约成本。吊装带的维护只要在冷水中利用清洁剂即可以加以清洗。

（6）耐腐蚀、耐磨性能好，吊装带对于腐蚀有很好的抵抗力，同时对于碳酸和大部分化学溶液及溶剂有较高的抵抗力。

（7）用途广泛，工作温度适用于在以下温度范围内使用和贮存：

1）聚酯、聚酰胺：－40℃～100℃；

2）聚丙烯：－40℃～80℃。

（8）吊装带在吊装使用过程中有减振、不腐蚀、不导电，且在易燃易爆环境下无火星等优点。

2. 吊装带的缺点

1）某些强酸或强碱会对吊装带造成伤害。

2）吊装带易受机械、化学、高温损伤。

三、吊装带的分类

吊装带按形状可分为 W 型扁平带（两头有扣）和 R 型圆形带（环状）；按类型分有单层、双层、四层。还有一种耐酸耐碱吊装带叫做酸洗吊带。

1. 环形柔性吊装带

（1）环形柔性吊装带的构造。

环形柔性吊装带是采用优质纤维丝（进口杜邦丝、涤纶），先采用无极环绕构成循环状的内部承载芯，外部再使用编织护套管对承载芯加以保护。

（2）环形柔性吊装带的特点：

1）环形柔性吊带具有弹性伸长率小，安全保险系数比为6：1～8：1。

2）使用轻便，载重量大，最大负荷可至 1000t，有效长度可达 100m。

3）使用寿命长，轻便柔软，在狭小空间也可方便操作。

4）柔软不伤物品，不伤手，能有效保护被吊装物体不受损坏。

5）清晰的极限工作力标注及色码，有效提高安全性能。

2. 扁平吊装带

（1）扁平吊装带的构造。是由编织机一次性编织经过缝合加工而成，分为单层和双层。如果需要，可以配以保护套来配合使用，使之减少磨损。高强纤维吊装带护套一个条纹表示 1t，很容易区分吊装带的起重能力。

（2）扁平吊装带的特点：

1）有较高的抗拉强度，重量轻，柔性好，易弯曲，有较高的耐久性和耐磨性，抽拉方便等优点。

2）材料采用高强纤维（涤纶、丙纶、绵纶），安全系数 6：1～8：1。

3）在吊装时可以提供宽阔平顺的承载表面，使构件不被损坏，如容器、箱体等。

四、吊装带的使用与保养注意事项

1. 吊装带的使用

（1）每一吊装带在使用前都要仔细检查，确保吊装带的名称和规格正确。不应使用没有标识或存在缺陷的吊装带；不要随意修复损坏的吊装带。

（2）吊装带使用期间，应经常检查吊装带是否有缺陷或损伤，包括被污垢掩盖的损伤。

（3）吊装带表面损坏是吊装带强度降低的重要因素，影响吊装带继续安全使用可能产生的缺陷或损伤如下：

1）表面擦伤。正常使用时，表面纤维会有擦伤。这些属于正常擦伤，几乎不会对吊装带的性能造成影响。但是这种影响是会变化的，因此继续使用时，应减轻一些承重。应重视所有严重的擦伤，尤其是边缘的擦伤。局部磨损不同于一般磨损，可能是在吊装带受力拉直时，被尖锐的边缘划伤造成的，并且可能造成承重减小。

2）割口。横向或纵向的割口，织边的割口或损坏，针脚或环眼的割口。

3）化学侵蚀。化学侵蚀会导致吊装带局部削弱或织带材料的软化，表现为表面纤维脱落或擦掉。

4）热损伤或摩擦损伤。纤维材料外观十分光滑，极端情况下纤维材料可能会熔合在一起。

5）端配件损伤或变形。

2. 在不利或有害情况下使用吊装带

（1）吊装带使用的材料对部分化学物品有抗蚀性。合成纤维的抗化学性能概述如下：

1）聚酯（PES）能抵抗大多数无机酸，但不耐碱。

2）聚酰胺（PA）耐碱，但易受无机酸的侵蚀。

3）聚丙烯（PP）几乎不受酸碱侵蚀，除需使用化学溶剂的情况外，聚丙烯适合在强化学腐蚀的环境下使用。无害酸或碱溶液经过蒸发而充分浓缩，从而对吊装带造成伤害。被污染的吊装带应立即停止使用，在冷水中浸泡，自然风干后送交检验人员进行检测。

（2）吊装带应在以下温度内使用和贮存：

1）聚酯及聚酰胺：−40℃～100℃；

2）聚丙烯：−40℃～80℃。

在低温、潮湿的情况下，吊装带上会结冰，从而对吊装带形成割口及磨损，因而损坏吊装带的内部。结冰还会降低吊装带的柔韧性，极端情况下会使吊装带不能继续使用。

在上述规定的温度范围内，允许采用限定的非直接加热的方法对吊装带进行烘干。

（3）吊装带使用的合成纤维暴露于紫外线辐射下时容易降级，因此不应将吊装带贮存在受阳光直射或有紫外线辐射源的地方。

3. 正确选择和使用吊装带

1）选择和确定吊装带时，应根据吊装方式系数和提升物品的性质选择所需要的极限工作载荷；物品的尺寸、形状、重量及使用方式、工作环境和物品的性质都会影响到吊装带的正确选择。

2) 选择的吊装带必须有足够的强度和使用长度。吊装带提升物品时，每肢吊装带的规格都应完全相同。吊装带的材料不应受环境或物品的不利影响。

3) 端配件和提升装置应当与吊装带相匹配。应考虑吊装带的终端是否需要端配件或软环眼。

使用带有软环眼的吊装带时，用于和吊钩相连的吊装带环眼的最小长度不小于吊钩受力点处最大厚度的 3.5 倍，吊装带环眼张开的角度不应超过 20°，吊装过程中避免环眼处开裂。

4) 在吊装作业中，吊装带不允许交叉、扭转，不允许用打结的方法来连接。应采用吊装带专用连接件连接。

5) 将带有软环眼的吊装带连接至提升装置时，提升装置中与吊装带发生作用力的部分应保证基本平直，除非吊装带受力部分的宽度小于 75mm，在这种情况下，提升装置连接件的曲率半径至少是吊装带受力部分宽度的 0.75 倍。

6) 由于吊钩的弯曲部分使扁平吊装带在宽度方向不能均匀承载，因此宽的吊装带可能会受到吊钩内径的影响。吊钩直径太小时，与吊装带环眼结合的不充分，应采用正确的连接件连接。

7) 使用时要严格遵守吊装方式载荷系数；不能超载。

8) 在使用多肢吊装带时，索肢与垂直方向的夹角不应超过规定的最大值。

9) 吊装带应正确放置，以安全的方式连接到物品，并保证吊装带宽度方向均匀承载。

10) 多肢吊装带的极限工作载荷值是在假定组合吊装带对称承载的情况下得出的。即，提升物品时各索肢按设计对称分布，相对应的索肢与垂直方向的夹角相同。

11) 对于三肢吊装带总成，如果索肢不能按设计对称布置，则在设计角度之和与相邻索肢夹角最大的索肢上拉力最大。同样的情况也会发生在四肢吊索上，除非载荷为刚性物品（提升刚性物品时，只有三肢，甚至两肢受力，其余索肢只用来平衡物品）。

12) 两根吊装带作业时，将两根吊装带直接挂入双钩内，吊装带各挂在双钩对称受力中心位置；四根吊装带使用时，每两根吊装带直接挂入双钩内。注意内吊装带不能产生重叠和相互挤压，吊装带要对称于吊钩受力中心。吊运过程中应保证载荷不变，如需几支吊装带同时使用时，尽可能使载荷均匀分布在每支吊装带上。

13）应防止吊装带被物品或提升装置的锐边割破、摩擦及磨损。当遇到负载有尖角、棱边的构件时，必须采取护套、护角等方法来保护，以延长吊装带的使用寿命。不要使用没有护套(护角)的吊装带承载有尖角、棱边的构件。避免吊装带被棱角割断和粗糙的表面划伤。

14）物品在吊装带上的固定应保证提升时其不会倾倒或掉落。吊装带的吊点应在物品重心的正上方，并确保物品平衡、稳定。

15）吊装带使用时，不允许在吊钩上进行环绕。

16）使用吊篮式连接时，由于此种方式不像扼圈式连接，可以将被吊物抓紧，吊篮式连接在提升时吊装带会沿吊点滚动，则应确保提升安全。成对使用的吊装带，建议使用隔离装置，使索肢尽可能垂直，从而确保物品在索肢间均匀分布。

17）当吊装带使用扼圈式连接时，应确保自然形成120°角，避免产生摩擦热。不应强行安装一根吊装带或试图用一根吊装带拉紧。固定物品的正确方法是使用双匝扼圈，双匝扼圈捆扎更为安全，有助于防止物品从吊装带上滑落。

18）试吊。吊装带张紧时，再将吊装带与物品连接处松弛的部分拉紧。先将物品稍微提起，然后检查物品是否牢固、是否在预定位置。当使用摩擦力固定物品时，吊篮式或其他结套式连接，尤其要注意。如果被吊物品有倾斜的迹象，应将其放下，并重新捆扎，再重复进行试提升，直至物品平稳。

19）吊装带使用时，将吊装带直接挂入吊钩受力中心位置，不能挂在吊钩钩尖部位。

20）提升时，应确保物品在控制之下，防止物品旋转或与其他物体碰撞。应避免瞬间或冲击加载，以免增加吊装带的受力。

21）不允许吊装带悬挂构件时间过长；避免挂住或冲击载荷及振动负载物。

22）物品下降时，应采用与提升相同的控制方法。负载下降时，应避免吊装带被挂住，不应将物品压在吊装带上，当货物停留在吊带上时不应试图将吊装带从构件下面抽出来，造成危险。应用物体垫起，留出足够的空间，以便吊装带能在下面取出。

23）吊装带弄脏或在有酸碱环境中使用后，应立即用清水冲洗干净。如果接触了酸或碱，用水稀释或使用适当物质进行中和。清洗过的吊装带，应悬挂起来自然风干。

24）提升作业完成，应将吊装带正确贮存。不使用时，应将吊装带储存在清洁、干燥、通风良好的地方，将吊装带存放在干燥通风的专用架上。吊装带应在避光和无紫外线辐射、无腐蚀性表面接触的条件下存放。不得把吊装带存放在明火旁或其他热源附近。

25）在移动吊装带和吊装构件时不应在地表面拖拉。

4. 吊装带和成套索具发生下列情况时，停止使用

1）本体被切割、严重擦伤、带股松散、局部破裂时，应报废。

2）表面严重磨损，吊装带异常变形起毛，磨损达到原吊装带宽度的 1/10 时，应报废。

3）合成纤维出现软化或老化（发黄）、表面粗糙、合成纤维剥落、弹性变小、强度减弱时，应报废。

4）吊装带发霉变质、酸碱烧伤、热熔化或烧焦、表面多处疏松、腐蚀时，应报废。

五、吊装带的极限工作载荷参数

吊装带或组合多肢吊装带的极限工作载荷应等于缝制织带部件的极限工作载荷乘以相应的方式系数 M，按表 2-31 选取。

极限工作载荷和颜色代号　　　表2-31

吊装带垂直提升时的极限工作载荷(t)	缝制织带部件颜色	极限工作载荷(t)								
		垂直提升	扼圈式提升	吊篮式提升			两肢吊索		三肢和四肢吊索	
				平行	β=0°~45°	β=45°~60°	β=0°~45°	β=45°~60°	β=0°~45°	β=45°~60°
承载的方式系数		M=1.0	M=0.8	M=2.0	M=1.4	M=1.0	M=1.4	M=1.0	M=2.1	M=1.5
1.0	紫色	1.0	0.8	2.0	1.4	1.0	1.4	1.0	2.1	1.5
2.0	绿色	2.0	1.6	4.0	2.8	2.0	2.8	2.0	4.2	3.0
3.0	黄色	3.0	2.4	6.0	4.2	3.0	4.2	3.0	6.3	4.5
4.0	灰色	4.0	3.2	8.0	5.6	4.0	5.6	4.0	8.4	6.0
5.0	红色	5.0	4.0	10.0	7.0	5.0	7.0	5.0	10.5	7.5
6.0	棕色	6.0	4.8	12.0	8.4	6.0	8.4	6.0	12.6	9.0
8.0	蓝色	8.0	6.4	16.0	11.2	8.0	11.2	8.0	16.8	12.0
10.0	橙色	10.0	8.0	20.0	14.0	10.0	14.0	10.0	21.0	15.0
大于 10.0	橙色									

注：M对称承载的方式系数，吊装带或吊装带零件的安装公差：垂直方向为60°。

颜色标识：不同的颜色代表不同的极限工作载荷。

工作载荷＝方式系数 M×额定载荷

110

六、吊装带相关数据

1. AA、AB型柔性吊装带图示及相关数据

（1）AA、AB型柔性吊装带如图2-33所示。

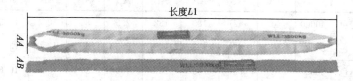

图2-33　AA、AB型柔性吊装带

（2）AA、AB型柔性吊带相关数据见表2-32。

AA、AB型柔性吊带相关数据　　表2-32

颜色	载荷（kg）	近似厚度（mm）		近似宽度（mm）		L1最小（m）	L1最大（m）	重量（kg/m）	
		AA	AB	AA	AB	AA	AB	AA	AB
橙色	500	5	6	40	42	0.5	80	0.25	0.35
紫色	1000	5	6	48	50	0.5	80	0.37	0.47
绿色	2000	6	7	58	60	0.5	80	0.50	0.60
黄色	3000	7	8	68	70	0.5	80	0.73	0.82
灰色	4000	9	10	72	74	0.5	80	1.10	1.20
红色	5000	11	12	78	80	0.5	80	1.37	1.47
棕色	6000	13	14	88	90	1.0	80	1.60	1.70
蓝色	8000	16	17	98	100	1.0	80	2.00	2.20
橙色	10000	18	19	108	110	2.0	80	2.80	3.00
橙色	12000	21	23	112	114	2.0	80	3.20	3.40
橙色	15000	24	26	122	124	2.0	80	3.80	4.00
橙色	20000	26	28	145	147	2.4	80	5.20	5.60
橙色	25000	28	30	150	152	5.5	80	6.50	6.80
橙色	30000	32	34	165	167	2.5	80	7.80	8.20

颜色	载荷（kg）	近似厚度（mm）		近似宽度（mm）		$L1$最小（m）	$L1$最大（m）	重量（kg/m）	
		AA	AB	AA	AB	AA	AB	AA	AB
橙色	40000	40	42	180	182	2.5	80	10.4	10.9
橙色	50000	45	48	195	195	2.5	80	13.0	13.8
橙色	60000	65	68	205	207	4.0	80	15.6	16.6
橙色	80000	70	74	230	310	4.0	80	21.9	22.50
橙色	100000			270	400	4.0	80	27.1	29.00

2. BA、BB 型吊装带及相关数据

（1）BA、BB 型扁平吊装带如图 2-34 所示。

图 2-34　BA、BB 型扁平吊装带

（2）BA、BB 型扁平吊装带相关数据见表 2-33。

BA、BB 型扁平吊装带相关数据　　表 2-33

颜色	载荷(kg)	近似厚度(mm)	近似宽度(mm)	$L1$最小(m)	$L1$最大(m)
橙色	500	7.5	25	1.0	100
紫色	1000	7.5	25	1.1	100
绿色	2000	7.5	50	1.2	100
黄色	3000	7.5	75	1.3	100
灰色	4000	7.5	100	1.4	100
红色	5000	7.5	125	1.5	100
棕色	6000	7.5	150	1.8	100
蓝色	8000	7.5	200	2.0	100
橙色	10000	7.5	250	2.4	100
橙色	12000	7.5	300	2.4	100

3. BC、BD 型吊装带及相关数据

（1）BC、BD 型吊装带如图 2-35 所示。

图 2-35 BC、BD 型吊装带

（2）BC、BD 型吊装带相关数据见表 2-34。

BC、BD 型吊装带相关数据　　　　表 2-34

颜色	载荷 （kg）	近似厚度 （mm）		近似宽度 （mm）		$L1$ 最小 （m）	$L1$ 最大 （m）	近似重量 （kg/m）	
		BC	BD	BC	BD			BC	BD
紫色	1000	4	7.5	25	25	0.5	100	0.18	0.36
绿色	2000	4	7.5	25	25	0.5	100	0.20	0.40
灰色	4000	4	7.5	50	50	1.0	100	0.44	0.80
棕色	6000	4	7.5	75	75	1.0	100	0.67	1.35
蓝色	8000	4	7.5	100	100	1.5	100	0.90	1.80
橙色	10000	4	7.5	125	125	1.5	100	1.10	2.20
橙色	12000	4	7.5	150	150	1.5	100	1.25	2.50
橙色	15000	4	7.5	200	200	2.0	100	1.50	3.00
橙色	18000	4	7.5	250	250	2.0	100	1.92	3.82
橙色	20000	4	7.5	300	300	2.0	100	2.40	4.80

4. BE 型吊装带及相关数据

（1）BE 型扁平吊带缝制如图 2-36 所示。

图 2-36 BE 型扁平吊带缝制图示

(2) BE 型扁平吊带相关数据见表 2-35。

BE 型扁平吊带相关数据 表 2-35

颜色	载荷 (kg)	近似厚度 (mm)	近似宽度 (mm)	环眼长度 (mm)	环眼宽度 (mm)	$L1$ 最小 (m)	$L1$ 最大 (m)	重量 (kg/m)
橙色	500	7.5	50	300	25	1.1	100	0.23～0.33
紫色	1000	7.5	50	350	25	1.2	100	0.25～0.57
绿色	2000	7.5	100	400	30	1.3	100	0.52～0.91
黄色	3000	7.5	150	450	50	1.4	100	0.79～1.20
灰色	4000	7.5	200	600	60	1.7	100	1.06
红色	5000	7.5	250	750	70	2.0	100	1.31
棕色	6000	7.5	300	900	80	2.3	100	1.50
蓝色	8000	7.5	400	1000	110	2.5	100	1.82
橙色	10000	7.5	500	1200	140	2.9	100	2.33

5. AD 环形圆吊带

(1) AD 环形吊带如图 2-37 所示。

图 2-37　AD 环形吊带图示

(2) AD 环形圆吊带相关数据见表 2-36。

AD 环形圆吊带相关数据 表 2-36

颜色	载荷 (kg)	近似厚度 (mm)	近似宽度 (mm)	$L1$ 最小 (m)	$L1$ 最大 (m)	重量 (kg/m)
橙色	500	5	60	1.1	80	0.22
紫色	1000	5	80	1.2	80	0.34
绿色	2000	6	100	1.3	80	0.38
黄色	3000	7	120	1.4	80	0.50

颜色	载荷 (kg)	近似厚度 (mm)	近似宽度 (mm)	$L1$ 最小 (m)	$L1$ 最大 (m)	重量 (kg/m)
灰色	4000	9	130	1.5	80	0.75
红色	5000	10	140	1.6	80	0.12
棕色	6000	12	160	1.7	80	1.40
蓝色	8000	15	180	1.8	80	1.60
橙色	10000	16	200	1.9	80	2.00
橙色	12000	20	210	2.1	80	2.90
橙色	15000	22	230	2.3	80	3.20
橙色	20000	24	240	2.5	80	3.90
橙色	25000	26	280	2.9	80	5.30
橙色	30000	30	310	3.3	80	6.60
橙色	40000	36	340	3.7	80	7.90
橙色	50000	42	370	4.1	80	10.50
橙色	60000	62	390	4.5	80	13.00
橙色	80000	65	430	5.0	80	15.80

6. 高强酸洗吊带

高强酸洗吊带是吊装作业中较理想的索具，由于其接触面较宽且平整，不易损伤被吊物，而且由于其有较好的耐酸及耐碱性能，故适宜吊装涂料制品、塑料制品、机床及经表面处理或防腐保温后的管材、管道等，尤其在电镀行业是理想的吊具。安全负荷有 0.5～20t 吨位大小不等。尼龙酸洗吊装带技术参数见表 2-37。

尼龙酸洗吊装带技术参数　　　　表 2-37

规格(t)	1	2	3	4	5	8	10	15	20
近似宽度(mm)	40	50	60	80	100	120	150	200	300

七、吊装带护角

1. 吊装带护角的作用

吊装带护角可防护吊装带磨损，延长吊装带使用寿命。用于构件或物品吊装时边角的保护。适用于钢丝绳吊具、链条索具、柔性吊带、扁平吊带、吊绳等各种吊索具，吊装时起到保护物品的作用。

2. 吊装护角的特点

1）有效地减小被吊物体和吊索具之间的摩擦。

2）能有效地保护被吊装物体和延长吊具的使用周期。

3）使用于铁制品吊装时有自动附设装置吸附于物体棱角，具有安全可靠，使用方便等特点。

3. 吊装护角图示及技术参数

1）吊装护角如图 2-38 所示。

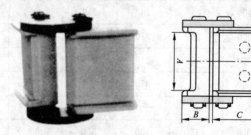

图 2-38　吊装护角图示

2）吊装护角技术参数见表 2-38。

吊装带护角技术参数　　　　　　　　　　表 2-38

宽度(mm)	安全载荷(t)	A(mm)	B(mm)	C(mm)	重量(kg)
40	1	50	30	60	0.51
50	2	60	33	65	0.70
60	3	70	38	70	1.02
70	5	80	40	75	1.28
90	8	100	46	90	1.75
100	10	110	49	100	2.40

宽度(mm)	安全载荷(t)	A(mm)	B(mm)	C(mm)	重量(kg)
115	12	125	53	110	3.20
140	15	150	63	130	4.90
170	20	180	66	140	6.70
170	30	180	77	160	9.30
170	40	180	80	170	10.40

第十二节 吊 索

吊索又称千斤索、捆绑绳。吊索有钢丝绳吊索、链条吊索、复合吊索。广泛应用于建筑、港口、电力、钢铁、石油、造船、化工、运输、航天等行业。

一、钢丝绳吊索

1. 概述

钢丝绳索具是以钢丝绳为原料加工而成，主要用于吊装、钢结构制作、牵引、拉紧和承载的绳索，被称为钢丝绳索具。钢丝绳索具具有强度高、自重轻、工作平稳、不易骤然整根折断等特点，产品规格，有直径 6mm～360mm 的各种钢丝绳索具。

2. 钢丝绳吊索的分类

（1）按制作工艺分：压制绳套，扦编钢丝绳套，浇铸钢丝绳套，可调节钢丝绳，无接头钢丝绳五种方式。

（2）按类型分：光面钢丝吊索，尼龙包芯复合吊索，压胶复合吊索，注塑吊索。

（3）主要种类：

① 将一端或两端用插接或压制的方式加工呈圆环状索具。

② 用巴氏合金浇铸和钢丝绳树脂浇铸成的索具。

③ 用绳夹把钢丝绳卡紧的方式卡制成的索具。

④ 用盘结的方式盘结成无接头索具。

⑤ 根据要求可制作成单肢、双肢、三肢、四肢或更多肢的索具(图 2-39)。

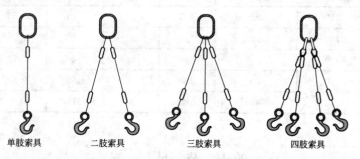

单肢索具　　二肢索具　　三肢索具　　四肢索具

图 2-39　成套钢丝绳吊索索具组合

3. 钢丝绳吊索使用注意事项

(1) 单肢吊装:吊挂点必须垂直位于被吊物重心的正上方。

(2) 双肢吊装:吊挂点应位于货物两边,吊钩在被吊物重心的上方。

(3) 三肢或四肢吊装:吊挂点必须匀称地位于货物周围的平面上,且吊钩位于被吊物重心的正上方。

4. 两肢以上钢丝绳吊具计算工作载荷

(1) 当两根钢丝绳交叉角度为 0°～90°时,整套吊具载荷为钢丝绳载荷的 65%。

(2) 当两根钢丝绳交叉角度为 90°～120°时,整套吊具载荷为钢丝绳载荷的 45%。

5. 钢丝绳吊具技术参数

(1) 钢丝绳无接头绳索见表 2-39。

钢丝绳无接头绳索技术参数　　　　表 2-39

无接头绳索直径(mm)	1 根绳索相当于2 根绳索(t)	2 根绳索相当于4 根绳索(t)		4 根绳索相当于8 根绳索(t)	
	$\alpha=0°$	$\alpha=45°$	$\alpha=90°$	$\alpha=45°$	$\alpha=90°$
10	0.90	1.80	1.30	3.60	2.80
12	1.20	2.30	1.70	4.60	3.50

118

无接头绳索 直径(mm)	1根绳索相当于 2根绳索(t)	2根绳索相当于 4根绳索(t)		4根绳索相当于 8根绳索(t)	
	$\alpha=0°$	$\alpha=45°$	$\alpha=90°$	$\alpha=45°$	$\alpha=90°$
16	2.30	4.10	3.10	8.30	5.80
18	2.70	5.10	3.90	10.20	6.40
20	3.20	5.90	4.50	12.00	9.40
22	3.70	6.70	5.20	13.50	10.50
27	7.40	13.30	10.40	16.70	20.90
30	7.80	14.50	11.00	28.90	22.90
33	9.30	16.80	13.00	33.70	26.24
35	10.80	19.70	14.90	39.30	30.90
40	14.10	25.70	19.50	51.40	40.40
42	16.00	28.90	22.40	57.80	45.00
45	18.50	34.40	26.20	69.00	54.00
48	19.30	34.80	27.00	69.50	54.10
54	24.60	44.20	34.40	88.40	68.70
60	32.00	59.20	45.30	118.00	90.60
65	39.50	73.10	55.90	147.00	118.00
72	48.00	88.80	68.00	177.60	136.00
78	57.80	107.00	82.00	214.00	164.00
84	66.80	123.60	94.50	147.00	189.00
90	77.40	143.20	120.00	287.00	219.00
96	88.80	164.30	125.70	328.60	251.00
110	110.00	204.00	156.00	407.00	311.00

注：表中钢丝绳抗拉强度为1670N/mm²。

（2）钢丝绳成套索具技术参数见表 2-40。

钢丝绳成套索具技术参数表

表 2-40

钢丝绳直径（mm）	单肢载荷（t）	双肢载荷（t）α≤90°	双肢载荷（t）90°<α≤120°	三肢或四肢(t)α≤90°	三肢或四肢(t)90°<α≤120°
6	0.28	0.40	0.30	0.60	0.40
7	0.38	0.50	0.40	0.80	0.60
8	0.50	0.70	0.50	1.00	0.70
9	0.70	1.00	0.70	1.50	1.00
11	0.90	1.30	0.90	1.70	1.30
12	1.20	1.70	1.20	2.50	1.80
13	1.30	1.80	1.30	3.10	2.20
14	1.70	2.40	1.70	3.50	2.50
15	1.80	2.50	1.80	3.80	2.70
16	2.20	3.10	2.20	4.60	3.30
18	2.80	3.90	2.80	5.80	4.20
20	3.20	4.50	3.20	6.70	4.80
22	3.80	5.30	3.80	8.00	5.70
24	4.50	6.30	4.50	9.50	6.80
26	5.30	7.40	5.30	11.10	8.00
28	6.20	8.70	6.20	13.00	9.30
30	7.90	11.00	7.90	16.60	11.80
32	8.10	11.30	8.10	17.00	12.20
36	10.20	14.30	10.20	21.40	15.30
40	12.60	17.60	12.30	26.50	18.90
44	15.30	21.40	15.30	32.10	23.00
48	18.20	25.50	18.20	38.20	27.30
52	21.30	29.80	21.30	44.70	32.00

120

钢丝绳直径（mm）	单肢载荷（t）	双肢载荷（t）$\alpha \leqslant 90°$	双肢载荷（t）$90° < \alpha \leqslant 120°$	三肢或四肢(t)$\alpha \leqslant 90°$	三肢或四肢(t)$90° < \alpha \leqslant 120°$
56	24.70	32.00	24.70	51.00	36.50
60	28.40	39.80	28.40	59.60	42.60
65	32.70	45.70	32.70	68.70	49.00

（3）钢丝绳压制吊索技术参数见表 2-41。

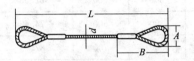

钢丝绳压制吊索技术参数　　　　表 2-41

序号	钢丝绳直径 d（mm）	6×19			
		A（mm）	B（mm）	最小破断力（t）	工作载荷（t）
1	6.2	70	145	2.07	0.35
2	7.7	70	155	3.23	0.50
3	9.3	80	175	4.65	0.80
4	11.0	100	205	6.33	1.10
5	12.5	120	245	8.27	1.40
6	14.0	120	270	10.46	1.70
7	15.5	145	310	12.92	2.20
8	17.0	150	300	15.64	2.60
9	18.5	160	340	18.62	3.10
10	20.0	175	350	21.85	3.60
11	21.5	195	430	25.33	4.20
12	23.0	225	450	29.10	4.90

序号	钢丝绳 直径 d (mm)	6×19			
		A (mm)	B (mm)	最小破断力 (t)	工作载荷 (t)
13	24.5	225	450	33.10	5.50
14	26.0	225	450	37.36	6.20
15	28.0	250	500	41.86	7.00
16	31.0	250	500	51.72	8.60
17	34.0	300	600	62.56	10.40
18	37.0	300	600	74.46	12.40
19	40.0	350	700	87.13	14.50
20	43.0	400	800	101.15	17.00
21	46.0	450	900	116.03	19.00

序号	钢丝绳 直径 d (mm)	6×37			
		A (mm)	B (mm)	最小破断力 (t)	工作载荷 (t)
1	8.7	80	165	3.88	0.65
2	11.0	100	205	6.10	1.00
3	13.0	115	250	8.71	1.50
4	14.0	120	270	10.50	1.75
5	15.0	140	310	11.89	2.00
6	16.0	140	310	14.28	2.38
7	17.5	160	345	15.54	2.60
8	19.5	175	385	19.64	3.30
9	21.5	195	430	24.27	4.00
10	24.0	205	465	29.36	5.00
11	26.0	220	510	34.97	5.80

序号	钢丝绳 直径 d (mm)	6×37			
		A (mm)	B (mm)	最小破断力 (t)	工作载荷 (t)
12	28.0	245	545	41.04	6.80
13	32.0	285	615	54.65	9.10
14	36.5	330	675	70.19	11.70
15	39.0	340	755	78.68	13.10
16	43.0	385	850	97.17	16.20
17	47.5	415	920	117.26	19.50
18	52.0	430	985	139.81	23.30
19	56.0	750	1500	164.00	27.30
20	60.5	750	1500	190.25	31.70
21	65.0	750	1500	218.53	36.40

二、链条吊索

1. 概述

链条采用优质合金钢(20Mn2、20MnV、25MnV 及进口合金钢)制作，并经热处理，链条索具是采用高强度链条制成链条成套索具。4 倍安全系数，2.5 倍验证载荷。链条破断时的延伸率≥17%。环形链条索具因其性能稳定、质量可靠、使用方便及使用寿命长广泛用于工业生产中。

2. 链条吊索使用注意事项

(1) 严禁超重作业。

(2) 新链条使用前，应用 1/2 荷载做破坏性试验，试验合格后方能用于起重吊装中。

(3) 必须在标志的额定工作载荷范围内使用，不允许有振动荷载，不允许超载起吊。

(4) 链条处于扭曲、扭转、打结、缠绕状态时不得使用。

（5）起重物要挂在吊钩中央，不得挂在钩尖处，不得长时间将重物悬挂在吊索上。

（6）链环断裂，切勿自行焊接接续使用。

（7）链条索具正常工作温度－40℃～＋200℃，超过＋200℃额定载荷会降低，起重链条索具不适合表面平坦或光滑的被吊物或温度在－40℃～＋400℃范围之外的环境（超过＋200℃额定载荷会降低）。400℃之后不建议使用。

（8）如出现下列情况之一，链式吊索停止使用按报废处理：

① 链环直径磨损达原直径的 10%。

② 链环、吊环、中间或连接件出现裂纹、弯曲、扭曲变形或表面损伤现象。

③ 链条任何位置出现超过原长的 3% 拉伸。

④ 吊钩变形超过 10%。

3. 链条吊具制作组成形式

一、二、三、四肢成套吊链索具组合如图 2-40 所示。

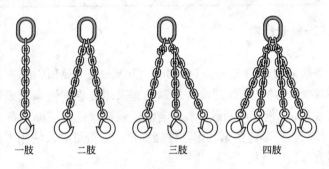

一肢　　二肢　　　三肢　　　　四肢

图 2-40　成套吊链索具组合

4. 吊链直吊和捆绑吊起重载荷（表 2-42）

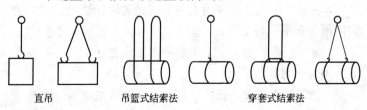

直吊　　　　　吊篮式结索法　　　　　穿套式结索法

分叉角度	0°~90°	90°~120°	0°~90°	90°~120°	0°~90°	90°~120°	0°~90°	90°~120°
比例因素	1	0.8	4	1.6	1.4	1	1.12	0.8
6	1.0	0.8	4.0	1.6	1.4	1.0	1.1	0.8
8	2.0	1.6	8.0	3.2	2.8	2.0	2.0	1.6
10	3.2	2.5	12.5	5.0	4.5	3.2	3.6	2.5
12	4.6	3.6	18.4	7.3	6.5	4.6	5.2	3.6
14	6.2	5.0	24.8	9.9	8.7	6.2	6.9	5.0
16	8.0	6.4	32	12.8	11.2	8.0	8.8	6.4
18	10.0	8.0	40	16	14	10	11	8.0
20	12.5	10	50	20	17.5	12.5	13.7	10
22	15	12	60	24	21.2	15	17	12
24	18	14.4	72	28.8	25.2	18	20.2	14.4
26	21.3	17.0	85.2	34.1	29.8	21.3	23.4	17
30	28.2	22.6	112.8	45.1	39.5	28.2	31.6	22.6
32	32.1	25.6	128.4	51.3	44.9	32.1	35.3	25.6
34	36.2	28.9	144.8	57.9	50.7	36.2	40.5	28.9
36	40	32	160	64	56	40	44	32
38	55.5	44.4	222	88.8	77.7	55.5	61	44.4

5. 分叉组合吊链起重载荷(表 2-43)

分叉角度	双肢吊链		三肢吊链		四肢吊链	
	0°~90°	90°~120°	0°~90°	90°~120°	0°~90°	90°~120°
比例因素	1.4	1	2.1	1.5	2.1	1.5
6	1.4	1.0	2.3	1.6	2.3	1.6
8	2.8	2.0	4.2	3.0	4.2	3.0
10	4.5	3.2	6.7	4.8	6.7	4.8

分叉角度	双肢吊链		三肢吊链		四肢吊链	
	0°～90°	90°～120°	0°～90°	90°～120°	0°～90°	90°～120°
12	6.5	4.6	9.6	6.9	9.6	6.9
14	8.7	6.2	13.2	9.5	13.2	9.5
16	11.2	8.0	16.8	12	16.8	12
18	14	10	21	15	21	15
20	17.5	12.5	26.2	18.7	26.2	18.7
22	21.2	15	32	22.9	32	22.9
24	25.2	18	37.8	28	37.8	27
26	29.8	21.3	45.3	32.4	45.3	32.4
30	39.5	28.2	59.3	42.4	59.3	42.4
32	44.9	32.1	67.2	48	67.2	48
34	50.7	36.2	76.1	52.4	76.1	52.4
36	56	40	84	60	84	60
38	77.7	55.5	95.1	67.9	95.1	67.9

6. 链条索具技术参数(表 2-44)

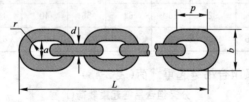

链条索具技术参数　　　　表 2-44

链材直径 d (mm)	链环宽度(mm)		重量 (kg/m)	工作载荷 (kN)	实验载荷 (kN)	最小破断 负荷(kN)
	内宽 a	外宽 b				
6	7.5	21	0.79	10	20	45.2
8	10	28	1.38	15	30	80.4

链材直径 d （mm）	链环宽度(mm)		重量 （kg/m）	工作载荷 （kN）	实验载荷 （kN）	最小破断 负荷(kN)
	内宽 a	外宽 b				
10	12.5	35	2.20	25	50	125
12	15	42	3.10	35	70	181
13	16.3	46	3.80	40	80	214
14	18	49	4.13	50	100	250
15	20	52	5.17	55	110	280
16	20	56	5.63	60	120	320
18	23	63	6.85	80	160	410
19	23.7	63.2	7.70	90	180	450
20	25	70	8.60	100	200	500
22	28	77	10.20	120	240	610
24	32	82	12.78	140	280	720
26	35	91	14.87	170	340	850
30	38	105	19.60	220	440	1130
32	40	106	22.29	250	500	1286

三、复合吊索

复合吊索即吊装绳成套索具，可分为橡胶钢丝芯吊装绳、尼龙钢丝芯吊装绳、无结钢丝吊装绳、不旋转钢丝绳、尼龙吊装绳、机制编织(绞制)绳、水平绳。

常用复合钢丝绳吊索技术参数见表 2-45。

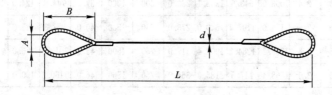

常用复合钢丝绳吊索技术参数 表 2-45

直径		6×37						6×19			
钢丝绳 (mm)	钢丝 (mm)	钢丝 纵断 面 (mm²)	参考 重量 (kg/ 100m)	破断 拉力 (kN)	使用 拉力 (kN)	A (mm)	B (mm)	直径 (mm)	破断 拉力 (kN)	使用 拉力 (kN)	A (mm)
8.7	0.4	27.88	26.21	38.8	6.50	100	200	6.2	20.7	3.5	75
11.0	0.5	43.57	40.96	61.0	10.0	115	230	7.7	32.3	5.0	75
13.0	0.6	62.74	58.98	83.7	15.0	115	230	9.3	46.5	8.0	100
15.0	0.7	85.39	80.27	118.9	20.0	150	300	11.0	63.3	11.0	115
17.0	0.8	111.53	104.8	155.4	26.0	150	300	12.5	82.7	14.0	115
19.5	0.9	141.16	132.7	196.4	33.0	175	350	14.0	104.6	17.0	125
21.5	1.0	174.27	163.8	242.7	40.0	175	350	15.5	129.2	22.0	150
24.0	1.1	210.87	198.2	293.6	50.0	225	450	17.0	156.4	26.0	150
26.0	1.2	250.95	235.9	349.7	58.0	225	450	18.5	186.2	31.0	150
28.0	1.3	294.52	276.8	410.4	68.0	250	500	20.0	218.5	36.0	175
30.0	1.4	341.57	321.1	476.0	79.0	250	500	21.5	253.3	42.0	175
32.5	1.5	392.11	368.6	546.5	91.0	275	550	23.0	291.0	49.0	225
34.5	1.6	446.13	419.4	621.6	104.0	300	600	24.5	331.0	55.0	225
36.5	1.7	503.64	473.4	701.9	117.0	300	600	26.0	373.6	62.0	225
39.0	1.8	564.63	530.8	786.8	131.0	350	700	28.0	418.6	70.0	250
43.0	2.0	697.08	655.3	971.7	162.0	400	800	31.0	517.2	86.0	250
47.5	2.2	843.47	702.9	1172.6	195.0	450	900	34.0	625.6	104.0	300
52.0	2.4	1003.08	943.6	1398.1	232.0	500	1000	37.0	744.6	124.0	300
56.0	2.6	1178.07	1107.4	1640.0	273.0	750	1500	40.0	871.3	145.0	350
60.5	2.8	1366.28	1284.3	1902.4	317.0	750	1500	43.0	1011.5	170.0	400
65.0	3.0	1568.43	147.3	2185.3	364.0	750	1500	46.0	1160.3	190.0	450

四、吊带组合吊索

成套索具由主吊环、连接卸扣、吊装带、金属末端件组成。金属末端件除配吊钩外，还可配以同等吨位的卸扣、吊装钳等配件。主吊环包括强力环、圆环、梨形环和子母环等，吊装带包括扁平带和圆形带，标准安全系数 4∶1。

（1）一、二、三、四肢成套吊带索具组合如图 2-41 所示。

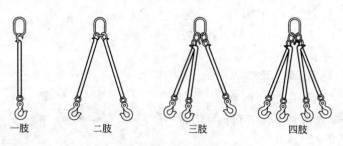

一肢　　　二肢　　　　三肢　　　　　四肢

图 2-41　成套吊带索具组合

（2）吊带组合吊索技术参数见表 2-46。

吊带组合吊索技术参数　　　　　　　　　表 2-46

化纤吊索 WLL	1t	2t	3t	5t	8t	10t
单组合	1.0	2.0	3.0	5.0	8.0	10.0
2 组合(45°)	1.4	2.8	4.2	7.0	11.2	14.0
2 组合(90°)	1.0	2.0	3.0	5.0	8.0	10.0
3 组合(45°)	1.5	3.0	4.5	7.5	12.0	15.0
4 组合(45°)	2.0	4.0	6.0	10.0	16.0	20.0

第十三节　吊　　网

1. 概述

用于吊运的网袋，原料一般为锦纶、维纶、涤纶、丙纶、聚乙烯、蚕丝或钢丝绳等。它具有母材所具有的柔韧性，耐冲击、质量轻的特点。

2. 吊网的分类

(1) 吊网按使用用途，可分为：吊装用吊网、防护用吊网。

(2) 按使用目的，可分为：普通安全吊网、阻燃安全吊网、密目安全吊网、防坠吊网。

3. 吊网的用处

广泛应用于海洋、运输、航空、工矿、工业与民用建筑等行业。

4. 吊网应用实例

建设工地，钢丝绳吊网常用于吊运砖、扣件等物品（图 2-42）。

图 2-42　吊网在工地中的应用

5. 吊网的技术参数吊网的技术参数见表 2-47。

吊网的技术参数　　　　　　　　　　表 2-47

额定载荷(kg)	边长(m)	网格间距(mm)
2000	1～4	100×100
5000	2～5	150×150
10000	4～8	200×200

6. 吊网使用、保养注意事项

(1) 吊网使用前应进行检查，检查钢丝绳的磨损、锈蚀、拉伸、弯曲、变形、疲劳、断丝、尼龙吊网绳芯露出的程度，确定其安全起重量(包括报废)。确认完好，方可使用。

(2) 提升前，应确认吊网是否牢固、吊具及吊网不能超过其额定起重量。必须安排吊网在负载的重心和吊装点的直上方，在起重过程中负载平衡、稳定，不能让吊网倾斜或负载从网中滑落，假如负载重心不在吊装点之下，运动中的吊网可能越过起重

130

点。导致网中物品在空中滑落的危险。

（3）禁止拖拉、抛掷，使用中不准超负荷，不准使钢丝绳发生锐角折曲，不准急剧改变升降速度，避免冲击载荷。

（4）钢丝绳有铁锈和灰垢时，用钢丝刷刷去并涂油；涂油时最好用热油(50℃左右)浸透绳芯。

（5）使用后钢丝绳盘好，应放在清洁、干燥、良好的通风的地方，不得重叠堆置，防止扭伤，远离热源、可侵蚀外表的气体、化学品、阳光照射。

第三章　构件的运输、堆放及就位

第一节　运输方式的选择

构件运输包括公路运输、铁路运输、水路运输。

一、公路运输

公路运输是一种机动灵活、简捷方便的运输方式，在短途构件倒运上，它比铁路、水路、航空运输具有更大的优越性。由于公路运输道路分布面广，公路运输在时间方面的机动性也比较大，车辆可随时调度、装运，各环节之间的衔接时间较短。尤其是公路运输对货运量的多少具有很强的适应性，但由于运载重量小，运输成本费用比水运和铁路高，安全性较低，污染环境较大。

公路运输超高、超宽、超长或重量大的构件注意事项：

1）对运输道路的桥梁、涵洞、沟道、路基下沉、路面松软、冻土开化以及路面坡度等进行详细调查。

2）对运输道路上方的通信、电力线缆及桥梁等进行详细了解和测试。

3）制定运输方案和安全技术措施，经批准后执行。

4）物件的重心与车厢（箱）的承重中心基本一致。

5）运输超长物体需设置超长架，运输超高物件应采取防倾倒的措施，运输易滚动物件应有防止滚动的措施。

6）运输途中有专人领车、监护，并设必要的标志。

7）中途夜间停运时，设红灯示警，并设专人看守。

二、水上运输

水上运输包括内河运输和海洋运输，以其历史悠久而有交通运输"祖先"之称。水路运输的主要功能是：①承担长距离、大宗货物，特别是集装箱的运输；②承担原料、半成品等散装货物运输；③承担国际间的货物运输，是国际商品贸易的主要运输方式。

1. 海洋运输

海洋运输是各国对外贸易的主要运输方式，海运的结构模式是"港口—航线—港口"，通过国际航线和大洋航线连接世界各地的港口，其所形成的运输网络，对区域经济的世界化和世界范围内的经济联系发挥着极其重要的作用。

2. 内河运输

利用河流自然形成的优势，以航运作为发展流域经济的先导，这在世界范围内可说是个共同规律。我国第一大河长江干流在我国中部横贯东西，全长 6300 公里，流经 10 个省级行政区，跨三大经济地带，成为西南、华中、华东三大区交通运输大动脉。长江支流派系繁多，从南北汇入，构成我国乃至世界著名的内河水运系统，航道里程达 7 万余公里，占全国内河通航总里程的 70%。如，印度某电厂钢结构工程的钢构件就是由武汉某厂加工制作由长江船运到上海，由上海通过海洋运输转运到印度。

水上运输构件注意事项：

（1）参加水上运输的人员应熟悉水上运输知识。

（2）应根据船只载重量及平稳程度装载，严禁超重、超高、超宽、超长。

（3）器材在运输船上应分类码放整齐并系牢。油类物质应隔离并妥善放置。

（4）船只靠岸停稳前不得上下船，上下船只的跳板应搭设稳固。

（5）遇六级及以上大风、大雾、暴雨等恶劣天气，严禁水上运输。

三、铁路运输

铁路运输是国家的经济大动脉，是构件运输另一种方式，铁路运输的车辆在轨道上行驶，接触的面积既小，轮轨的硬度又强，滚动摩擦力所遭遇的行驶阻力甚小，故同样的牵引动力，所消耗的能源最省。

铁路运输和其他运输方式相比，具有以下优点：

(1) 铁路运输的准确性和连续性强。铁路运输平稳、速度快，铁路运输受气候和自然条件的影响小，一年四季可以不分昼夜地进行定期的、有规律的、准确的运转，能保证运行的经济性、持续性和准时性。运输距离长。铁路运输速度比较快，货运可达 100km/h 及以上，远远高于海上运输。

(2) 铁路运输能力大，一列货物列车一般能运送 1000t 货物，远远高于航空运输和汽车运输。

(3) 铁路运输价格低。铁路运输费用仅为汽车运输费用的几分之一到十几分之一，适合于中、长距离运输。

(4) 铁路运输的动力，蒸汽机车已不可见，内燃机车又逐渐被淘汰，取而代之的是电力机车，因无动力发生装置，无空气污染，噪声干扰有限。

(5) 铁路运输计划性强，运输能力可靠，运用导向原理在轨道上行驶，自动控制行车具有极高的安全性能，是公路、水运、航空都无法比拟的。

尽管其他各种运输方式各有特点和优势，但或多或少都要依赖公路运输来完成最终两端的运输任务。例如铁路车站、水运港口码头和航空机场的货物集疏运输都离不开公路运输。本章着重叙述汽车对构件的运输。

第二节　装卸及搬(倒)运

装卸搬(倒)运就是在同一地域范围内以改变"物"的存放、支承状态的活动称为装卸，以改变"物"的空间位置的活动称为搬(倒)运。装卸倒运是安装工程附属性、伴生性的活动。它的附属性不能理解成被动的，实际上，对其安装活动有一定决定性、衔接性。装卸活动的基本动作包括装车、卸车、堆放，装卸活动是不断出现和反复进行的，每次构件卸车就位，往往成为决定工程进度的关键。

装卸搬(倒)运已经成为施工过程的重要组成部分和保障系统。构件运输前后，都必须进行装卸作业。在实际操作中，装卸与倒运是密不可分的，两者是伴随在一起发生的。倒运的"运"与运输的"运"，区别之处在于，倒运是在同一地域的小范围内发生的，而运输则是在较大范围内发生的，两者是量变到质变的关系，中间并无一个绝对的界限。装卸倒运是安装工作的开始，它是其他操作时不可缺少的组成部分。改善装卸倒运工作能加速施工进度，充分利用现场空间，有组织的进行构件进场，减少二次倒运，能显著提高安装工程的工作效率，提高经济效益，减少构件损坏，减少各种事故的发生。为整个安装系统顺利进行起到推动作用。装卸倒运会影响其安装活动的质量和速度，例如，装车不当，会引起运输过程中的一些构件变形，如弯曲、扭曲变形。卸放不当，会引起构件转换成下一步运动的困难，如钢构件系杆等小件，卸车时压在下边或同其他构件混在一起，安装时不能及时找到将影响工程进度。装卸倒运往往成为整个安装"瓶颈"，是安装之间能否形成有机联系和紧密衔接的关键，而这又是一个系统的关键。构件在有效的装卸倒运支持下，才能实现高水平。因而，建立一个有效的安装系统，关键看这一衔接是否有效，措施是否得当，能否促进工程进展。

由此可见，装卸活动是影响进度、决定工程经济效果的重要环节。构件运输过程中，通过起吊、装车、运输和卸车堆放等工序。

搬(倒)运构件注意事项：

(1) 沿斜面搬运时，应搭设牢固可靠的跳板，其坡度不得大于1∶3，跳板的厚度不得小于5cm。

(2) 在坡道上搬运时，物件应用绳索拴牢，并做好防止倾倒的措施，工作人员应站在侧面，下坡时应用绳索拉住溜放。

（3）车（船）装卸用平台应牢固、宽敞，荷重后平台应均匀受力，并应考虑到车、船承载卸载时弹簧回落、弹起及船体下沉和上浮所造成的高差。

（4）自卸车的制翻装置应可靠，卸车时，车斗不得朝有人的方向倾倒。

（5）使用两台不同速度的牵引机械卸车（船）时，应采取使设备受力均匀、拉牵速度一致的可靠措施。牵引的着力点应在设备的重心以下。

（6）拖运滑车组的地锚应经计算，使用中应经常检查。严禁在不牢固的建筑物或运行的设备上绑扎滑车组。打桩绑扎拖运滑车组时，应了解地下设施情况。

（7）添放滚杠的人员应蹲在侧面，在滚杠端部进行调整。

（8）在拖拉钢丝绳导向滑轮内侧的危险区内严禁有人通过或逗留。

第三节 构件运输

构件制作分为构件厂制作和施工现场制作两种方式，工厂制作需要运输、现场制作需要倒运。钢结构构件必须在钢结构厂制作；装配式钢筋混凝土构件主要有地梁、柱、吊车梁、托架（梁）、连系梁、楼面梁、屋面梁、墙梁、天窗架、屋面板，墙板、天沟、支撑系统构件以及走道板、桥面板等。一般在预制厂预制，而后运到现场安装，对于重量较大、体型较大的构件或构件较长，由于运输困难，可在现场预制，如预应力折线形屋架等。预制时尽可能采用叠浇法，重叠层数由地基承载能力和施工条件确定，一般不超过 4 层，上下层间应做好隔离层，上层构件的浇筑应等到下层构件混凝土达到设计强度的 30％以后才可进行，整个预制场地应平整夯实，不可因受混凝土自重或雨水天气使构件基础产生不均匀沉陷而变形。

工厂预制的构件需在吊装前运至工地，构件运输应根据所运的构件情况选用合适的运输工具，用载重量相当的载重汽车和半拖式或全拖式的平板拖车，将构件直接运到工地施工方案指定的构件堆放处。

对构件运输时的混凝土强度要求是：如设计无规定时，应达到设计的混凝土强度标准值的 75% 以上，屋面梁、桁架应达到 100%。在运输过程中构件的支承位置和方法，应根据设计的吊(垫)点设置，不应引起超应力使构件损坏。构件的支垫位置应尽可能接近设计受力状态，以免引起构件裂缝。桁架、梁直立放置，其他构件可以水平或直立放置，支承点应水平，并尽量对称使荷载均匀。桁架、屋面梁和多层堆放、运输的构件，应设置支架、支撑或用捯链等固定，以防倾倒。在叠放运输构件之间应垫以垫木隔开，上下垫木应保持在同一垂直线上，支垫数量要符合结构支点要求以免构件折断；并用绳索将其连成一体拴在车的两侧，以免构件在运输中变形或互相碰撞损坏。装卸构件应轻起轻放，并有牵制措施，严禁抛掷和自由滚落。运输道路要有足够的宽度和转弯半径。

随着我国现代化建设的高速发展，工业建筑的厂房主体结构构件及其他建筑物结构构件，多半在混凝土预制构件厂生产，用运输工具运到现场进行安装，如何保证构件按着设计要求合理受力，安全地从预制构件厂运输到安装的施工现场，是构件安装的重要环节。

构件运输能否顺利进行，关键在于做好运输前的准备工作，其内容包括：①制定运输方案；②察看运输路线和道路；③选择运输车辆；④设计、制作运输架；⑤验算构件的强度；⑥选择起重吊车；⑦准备装运工具和材料；⑧清点构件；⑨修筑现场运输道路。应根据路面情况控制行车速度，保持平稳行驶。

一、构件运输要求

1. 一般要求

（1）运输较大构件时，应首先检查运输道路、装车和卸车的

137

现场，并制定运输方案。

(2) 装卸车时，车辆要停放在坚实平坦周围无障碍物的地方，拖车应制动，车辆应楔紧。车辆不得超载运输。

(3) 汽车运输一般构件（如地梁、连系梁、大型屋面板、空心板及 6m 以下的其他钢筋混凝土预制构件）时，在较差的路面上行驶必须降低车速，保证不损坏构件。汽车运输长体构件（如 9m 以上的柱、梁及钢屋架等）时，在坡道、弯道、路面不平处运输时应降速行驶。

(4) 构件运输的支垫位置，应按设计要求进行，如设计无要求时，应由有关技术人员经计算确定支垫位置。

(5) 构件应按吊装的顺序，有计划地运入现场，并应按照吊装平面布置合理堆放。

(6) 有方向（正反面）要求的长体构件（如大跨度屋架等），在装车时应考虑吊装时的正反方向，以免构件运到现场后再调整方向。

(7) 采用汽车带拖车运输长体构件时，在汽车上必须设有转盘（位置在构件支点的下方），以利弯道行驶时不扭损构件。

(8) 运输时，构件的混凝土强度按构件的形状、大小、长短来确定，小型构件不得低于设计强度的 70%。

(9) 构件在车上的支挡位置，要符合构件的受力情况，支撑要牢固，保证构件不会倾倒。当用拖车运输较长构件时，构件的两端支座应能转动，以便车辆转弯。

(10) 运输道路应平直，转弯半径不可过小，要使所运构件能顺利通过。行车力求平稳，尽量减少振动和冲击。

2. 柱子的运输

当运输大型屋面板、吊车梁、柱子等，选用分段炮车运输，其中一个支点位置在车主体上，另一支点在后部炮车重心上（图 3-1）。

3. 屋架梁的运输

(1) 运输单坡梁、双坡梁（包括吊车梁、柱子、桁架）及断面较高的长体构件时，其装车方式如图 3-2 所示。

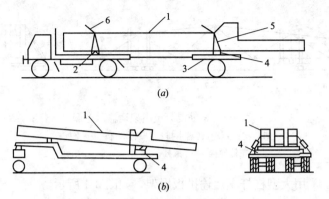

图 3-1　钢柱运输示意图

(a)分断炮车运输柱子；(b)低平板半挂车运输柱子

1—构件；2—自由转盘；3—拖尾；4—枕木；5—钢丝绳；6—加力杠

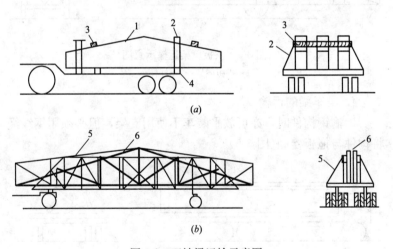

图 3-2　双坡梁运输示意图

(a)低平板半挂车运输屋架梁；(b)平板运输车运输屋架梁

1—构件；2—支架；3—加固方木；4—隔木；5—钢支架；6—钢桁架

（2）土法运输钢筋混凝土屋架

1）用木排运输混凝土屋架（包括梯形、拱形、单坡及双坡），如图 3-3 所示。

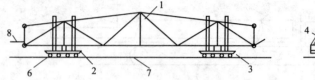

图 3-3　钢筋混凝土屋架运输示意图

1—构件；2—转盘木排；3—后木排；4—支杆；

5—花篮螺栓；6—滚杠；7—木板；8—牵引绳

2）用大型杠杆车运输拱板屋架，如图 3-4 所示。

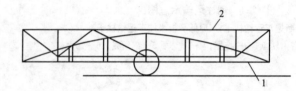

图 3-4　拱板屋架运输示意图

1—拱板屋架；2—杠杆车

4. 吊车梁的运输

运输钢构件时，亦可放平装车不使用支架，但必须用钢线绳将构件与拖板栓固（图 3-5）。

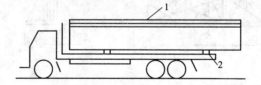

图 3-5　吊车梁的运输示意图

1—构件；2—垫木

5. 屋面板的运输

当车体长度满足构件长度时（如空心板和实心板），装车按图 3-6 方法进行支垫；大型屋面板叠放最多不得超过 6 块板，并必须固定牢固。

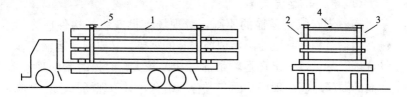

图 3-6　屋面板运输示意图

1—构件；2—垫木；3—挟杠；4—钢丝绳；5—加力杠

6．加长构件的运输

用拖车运输 9m 以下长体构件时：

1）运输一般地梁、连系梁等构件时，构件与拖板以钢丝绳互相拴固。其装车方式如图 3-7 所示。

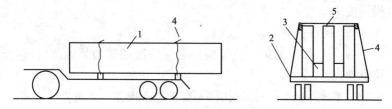

图 3-7　地梁运输示意图

1—构件；2—垫木；3—隔木；4—加力杠；5—钢丝绳

2）用汽车带拖尾运输 12m 以上的长体构件时，如单坡梁、双坡梁及截面为矩形、梯形和工形的柱子(图 3-8)。当构件放置已稳定，可不使用支架，但必须将构件与枕木用钢丝绳绑牢。

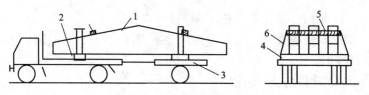

图 3-8　双坡梁运输示意图

1—构件；2—自由转盘；3—拖尾；4—枕木；5—架固方木；6—支架

141

7. 钢构件的运输

(1) 构件的运输方案。

本着先安装先运输的原则，对现场首批安装的构件应先运输，运输过程做到既能满足现场安装的需要，又要保持运输工作量合理，尽量避免出现运输量前后相差较大，时松时紧的现象，运输的顺序还应与现场平面布置合理结合，对于现场易于存放或已准备存放设施的构件，可以提前运输，而对于一些大构件，又不易在露天存放或难以存放，现场暂时又没有安装到的构件，应尽量不要先期运输到达施工现场，而应根据现场安装过程需要，以及考虑运输过程中可以出现的特殊情况组织运输。

1) 厂内制作的构件采用公路运输方案，汽车直接把构件从加工厂运输到现场。

2) 市内运输遵守城市道路运输的管理规定，办理相关手续，做到安全运输。

(2) 构件的包装及堆放：

1) 工厂加工的梁、柱等构件必须按图纸和相关规范已通过质量验收。

2) 构件包装时应保证构件不变形、不损坏、不散失。

3) 型材构件裸形打包，捆扎必须多圈多道。

4) 零星小件应装箱发运。

5) 包装件必须书写编号、标记、原件外形尺寸及重量。

6) 必须标明起吊位置线。

7) 待运构件堆放需平直稳妥垫实，搁置干燥、无积水处，防止锈蚀。

8) 钢构件按种类、安装顺序分区堆放。

9) 构件叠放时，支点应在同一垂直线上，以防止构件被压坏或变形。

(3) 构件的装车运输：

1) 装车时必须有专人管理、清点，并办好交接清单手续。

2) 车厢内堆放时，应按长度方向排列。钢梁必须按梁横断面竖着摆放（构件受力状态）。构件采用下大上小堆放。构件之间用木块垫置放妥，用绳索捆扎牢固，防止滚动碰撞（图3-9）。

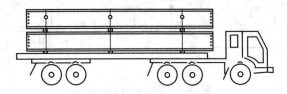

图 3-9　钢梁运输示意图

3）构件装运必须符合运输安全要求和现场起重能力、质量要求。同时构件按照安装顺序分单元成套供货（工地作发运计划及分区吊装顺序计划）。

4）装车时，必须有专人监管，清点上车的箱号及打包件号。

5）构件在车上堆放牢固稳妥，并进行捆扎，防止构件松动遗失。

6）构件运输过程中应经常检查构件的搁置、位置、紧固等情况。

7）汽车到达施工现场后，及时卸货交接，分区堆放好。

（4）钢屋架整体运输。应根据车辆情况进行改装，增加托运架。

1）将托架安装在改装后的汽车上，拧紧各部连接螺栓，经过空载试运后再正式运输。

2）使用托运架整体运输钢屋架时，应对称放置，以保证车辆平衡。

装卸车时应在先装的一侧用木方支顶，以防单侧承载产生偏重歪斜，造成事故。

3）钢屋架装车后，应按图3-10所示，用钢丝绳、连杆及钢丝将屋架与屋架之间及屋架与托运架之间绑牢，然后启运。

（5）桥梁梁板运输。

钢桥梁梁板构件一般在工厂分节制作，运到现场组装，运输方案常采用"双桥牵引头-后双桥（拖尾）炮车"，能运输13～30m的梁板（图3-11）。

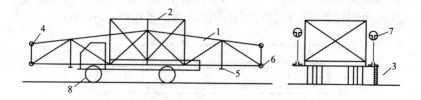

图 3-10 钢屋架运输示意图

1—屋架；2—托运架；3—顶木；4—钢丝绑固定；
5—垫木；6—连杆；7—钢丝绳；8—汽车

图 3-11 双桥牵引头-后双桥炮车运输超长钢梁

这种运输从动炮车，可根据构件的长度来调整远近，构件装车时，车头和车尾必须在一条直线上。同时，靠车头一侧构件距离车头驾驶室不能太近，要以能够大幅度的转弯时驾驶室刚好能够错过构件顶部为准；同样，车尾放置的位置也必须有一定尺度的把握，这样在转弯时就可以防止甩尾。

如果超大、超重构件可以选用专用运梁车或平板运输车，载重量可超过 300t(图 3-12)。

二、平板汽车运输构件实例

（1）二轴平板半挂车运输钢屋架，如图 3-13 所示。

（2）三轴平板半挂车运输钢烟筒，如图 3-14 所示。

图 3-12 ZX380 动力平板运输车

图 3-13 二轴平板半挂车运输钢屋架

图 3-14 三轴平板半挂车运输钢烟筒

（3）三轴平板车运输钢制箱形桥梁，如图 3-15 所示。

（4）低平板凹梁式半挂车运输施工设备，如图 3-16 所示。

图 3-15　钢制箱形桥梁运输

图 3-16　低平板凹梁式半挂车运输履带吊主机

（5）低驾驶室平板汽车，载重量有 25t～380t。能运输各种构件如图 3-17 所示。

（6）后二轴 18 轮平板半挂车运输钢构件，如图 3-18 所示。

图 3-17　低驾驶室平板汽车装运管道

图 3-18 后双线 4 轴平板半挂车运输钢构件

（7）多轴多轮 TL 运梁车，如图 3-19 所示。

图 3-19 TL600 运梁车

第四节 构件的堆放

单层工业厂房除了柱和屋架一般在施工现场制作外，其他构件如单层厂房的吊车梁、连系梁、屋面板一般在预制厂集中生产，运至施工现场进行安装。

构件运输到现场后，按施工组织设计所规定的平面布置图安排的部位，按编号、安装顺序进行就位和集中堆放。吊车梁、连系梁的就位位置，一般在其安装位置的柱列附近，跨内跨外均可，有时也可从运输车辆上直接起吊。屋面板的就位位置，可布置在跨内或跨外，根据起重机安装屋面时所需的回转半径，排放在适当部位。一般情况下，屋面板在跨内就位时，约后退 4～5 个节间开始堆放，跨外就位时，应后退 1～2 个节间。

构件集中堆放应注意：①场地平整压实并有排水措施。②构件应按使用时的受力情况放在垫木上，重叠构件之间，也要加垫木，上下层垫木，要在同一垂直线上。③构件之间，应留有 20cm 的空隙，以免吊装时互相碰坏。④堆垛的高度应按构件强度、垫木强度、地基耐压力以及堆垛的稳定性而定，一般梁 2～3 层，屋面板 6～8 层。

单层厂房构件的平面布置，受很多因素影响。制定时，要密切联系现场实际，因地制宜，并充分地征求安装部门的意见，确定出切实可行的构件平面布置图。排放构件时，可按比例将各类构件的外形，用硬纸片剪成小模型，在同样比例的平面图上，按以上所介绍的各项原则进行布置，在吸取群众意见的基础上，排放几种方案进行比较，确定出最优方案。

一、构件堆放

（1）板类构件多层堆放时，地面应夯实，各层垫木必须在一条垂直线上，堆放的高度应考虑地基、枕木、垫木的承载能力及堆垛的稳定，垛与垛之间应保留一定距离。空心板、实心板堆放高度，其数量不应超过 8 块(图 3-20)。大型屋面板堆放高度，其数量不应超过 6 块(图 3-21)。

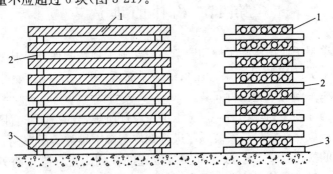

图 3-20　空心板堆放

1—空心板；2—垫木；3—枕木

148

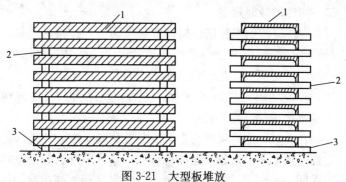

图 3-21 大型板堆放

1—大板；2—垫木；3—枕木

（2）横截面高度较大的构件（如钢筋混凝土屋架、钢屋架、托架梁及吊车梁），立放时应支撑稳固，相邻构件的接触处应垫木方或草袋（图 3-22）。

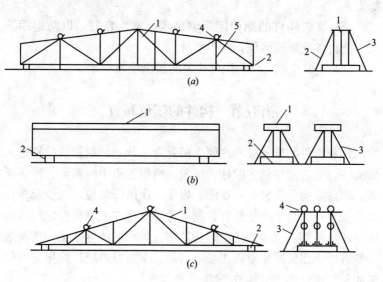

图 3-22 横截面高度较大的构件堆放

（a）混凝土屋架立放时支撑图示；（b）吊车梁立放时支撑图示；

（c）三角形钢屋架立放时支撑图示

1—构件；2—垫木；3—撑木；4—固定模杆；5—隔木

二、构件堆放时规定

（1）构件应按照堆场或构件安装平面图，按构件规格、型号、吊装先后顺序依次分类堆放，并将规格、型号的标记朝上，以便查找。并尽可能在吊装设备附近，避免二次搬运。

（2）墙板堆放时应设置支架，按吊装顺序排放。堆放构件时，不得将小构件压在大构件下面。

（3）应根据构件的刚度及受力情况平放或立放，并应保持平稳。底部应放垫木，成堆堆放的构件应以垫木隔开，各层垫木支承点应在同一平面上，各垫木的位置应紧靠吊环，并在同一垂直线上。

（4）构件的堆放高度，柱子不应超过 2 层，梁不超过三层，圆孔板、槽形板不超过 6～8 块。桁架、吊车梁、薄腹梁应正放，并在两侧加支撑，或几个构件用圆木夹住，以钢丝连在一起使其稳定。

（5）堆放构件的地面应平整坚实，排水良好，以防地面下沉，使构件变形或倾倒，产生裂缝。

（6）经鉴定不合格的构件应及时运出堆放场地。

第五节　构件的就位布置

预制构件的堆放应考虑便于吊升及吊升后的就位，特别是大型构件，如房屋建筑中的柱、屋架、桥梁工程中的箱梁、桥面板等，应做好构件堆放的布置图，以便一次吊升就位，减少起重设备负荷开行。对于小型构件，则可考虑布置在大型构件之间，也应以便于吊装，减少二次搬运为原则。但小型构件常采用随吊随运的方法，以便减少对施工场地占用。下面以单层厂房屋架为例说明预制构件的临时堆放原则。

预制屋架布置在跨之内，以 3～4 榀为一叠，为了适应在吊装阶段吊装屋架的工艺要求，首先需要用起重机将屋架由平卧转为直立，这一工作称为屋架的扶直（或称翻身、起板）。

屋架扶直后，随即用起重机将屋架吊起并转移到吊装前的堆放位置。屋架的堆放方式一般有两种，即屋架的斜向堆放(图 3-23)和纵向堆放(图 3-24)。各榀屋架之间保持不小于 20cm 的间距，各榀屋架都必须支撑牢靠，防止倾倒。对于纵向堆放的屋架，要避免在已吊装好的屋架下面进行绑扎和吊装。

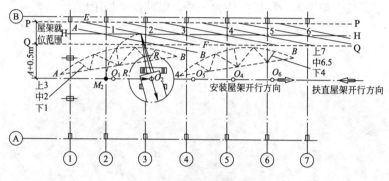

图 3-23　屋架的斜向堆放

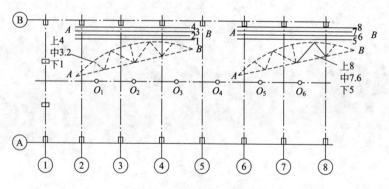

图 3-24　屋架的纵向堆放

这两种堆放方式以斜向堆放为宜，由于扶直后堆放的屋架放在 PQ 线之间；屋架扶直后的位置可保证其吊升后直接放置在对应的轴线上，如⑪轴屋架的吊升，起重机位于 O_2 点处，吊钩位于 PQ 线之间的⑪轴屋架中点，起升后转向⑪轴，即可将屋架安装至⑪轴的柱顶。如采用纵向堆放；则屋架在起吊后不能直接转

151

向安装轴线就位，而需起重机负荷开行一段后再安装就位。但是斜向堆放法占地较大，而纵向堆放法则占地较小。

　　小型构件运现场后，按平面布置图安排的部位，依编号、吊装顺序进行就位和集中堆放。小型构件就位位置，一般在其安装位置附近，有时也可从运输车上直接起吊。采用叠放的构件，如屋面板、箱梁等，可以多块为一叠，以减少堆场用地。

第四章　起重安装操作技术

第一节　结构吊装的特点

在现场或工厂预制的结构构件或构件组合，用起重机械在施工现场把它们吊起并安装在设计位置上，这样形成的结构称为装配式结构。结构吊装工程就是有效地完成装配式结构构件的吊装任务。

结构吊装工程是结构构件进行装配组合，有钢结构，有钢筋混凝土结构，其组成：柱上设置牛腿；柱底与基础相连；柱顶与屋架焊接连接；柱与屋架组成排架结构。吊车梁：放在柱的牛腿上，采用焊接连接。屋面板与屋架焊接连接。其施工特点如下：

（1）受预制构件的类型和质量影响大。预制构件的外形尺寸、埋件位置是否正确、强度是否达到要求以及预制构件类型的多少，都直接影响吊装进度和工程质量。

（2）正确选用起重机械是完成吊装任务的主导因素。构件的吊装方法，取决于所采用的起重机械。

（3）构件所处的应力状态变化多。构件在运输和吊装时，因吊点或支承点使用不同，其应力状态也会不一致，甚至完全相反，必要时应对构件进行吊装验算，并采取相应措施。

（4）高空作业多，容易发生事故，必须加强安全教育，并采取可靠措施。

第二节　构件安装准备工作

准备工作的内容包括场地清理、道路修筑、基础准备、构件的检查、清理、构件拼装加固、构件运输、堆放、弹线放样以及吊装机具的准备等。准备工作在结构安装工程中占有很重要的地位，它不仅影响施工进度与安装质量，而且对组织有节奏的文明施工，消除现场混乱现象有很大关系。

一、安装前主要准备工作

1. 场地清理与铺设道路

施工场地清理符合施工现场要求的三通一平，使得有一个平整舒适的作业场所。起重机进场之前，按照现场平面布置图，进行道路修筑，便于运输车辆和起重机械能够很方便地进出施工现场。标出起重机的开行路线，清理道路上的杂物，进行平整压实。回填土或松软地基上，要用枕木或厚钢板铺垫。雨期施工要做好排水沟，准备一定数量的抽水机械，以便及时排水。

2. 构件的检查与清理

为保证吊装的安全和建筑工程的质量，对所有构件要进行全面检查。检查构件的型号、数量是否与设计相符。检查构件的混凝土强度，检查预埋件、预留孔的位置和大小及质量等，并做好相应清理工作。

（1）检查构件的强度

构件在安装时，混凝土强度应不低于设计对安装所规定的强度，不低于设计强度的 75%，对于一些大跨度的构件，如屋架则应达到 100%。

（2）检查构件的外形尺寸

查构件外观质量（变形、缺陷、损伤等）、截面尺寸、接头钢筋、预埋件的位置和尺寸、吊环的规格和位置。

1）柱子：检查总长度，柱脚底面的平整度，截面尺寸，各部位预埋铁件的位置与尺寸，柱底到牛腿面的长度等。

2）屋架：检查总长度，侧向弯曲，连接屋面板、天窗架、支撑等构件的预埋铁件的数量与位置，用于连接件预留孔洞的贯通等。

3）吊车梁：检查总长度，高度，侧向弯曲，预埋铁件的位

154

置等。

4）构件表面：检查构件表面有无损伤、缺陷、变形、扭曲、裂缝及其他损坏现象，预埋件无变形，位置准确，预埋铁件上如粘有砂浆等污物，应予以清除，以免影响拼装及焊接。

5）吊环检查：吊环的位置和规格，吊环有无变形损伤，吊环孔洞能否穿卡环或钢丝绳。

二、构件的弹线与编号

构件经过检查，质量合格后，即可在构件上弹出安装中心线。弹安装中心线、准线（柱五线，屋架三线，吊车梁二线），作为构件安装、对位、校正的依据。外形复杂的构件，还要标出它的重心的绑扎点的位置。具体要求是：

（1）柱子：柱子在柱身三面弹出安装中心线（可弹两小面、一个大面）。矩形截面柱，可按几何中心弹线；工字形截面柱，除在矩形截面部分弹出中心线外，为便于观测及避免视差，还应在工字截面的翼缘部位弹一条与中心线平行的线。所弹中心线的位置应与柱基杯口面上的安装中心线相吻合。此外，在柱顶与牛腿面上还要弹出屋架及吊车梁的安装中心定位线。

（2）吊车梁：在吊车梁的两端及顶面弹出安装中心线。

（3）屋架：屋架上弦顶面应弹出几何中心线，并将中心线延至屋架两端下部，再从跨度中央向两端分别弹出天窗架、屋面板或檩条的安装中心定位线，在屋架两端弹出安装中心线，以及安装构件的两侧端线。

（4）梁：两端及顶面弹出安装中心线和两端线。

（5）编号：在构件弹线的同时，按图纸在统一位置编号，并注明位置、方向。将构件与安装的位置进行对应的编号。安装时，可以根据相对应的编号进行安装、定位、校正。编号要写在明显的部位。不易辨别上下左右的构件，应在构件上用记号标明，以免安装时将方向搞错。

三、杯形基础的准备工作

先检查杯口的尺寸，再在基础杯口顶面弹出十字交叉的安装中心线，用红油漆画上三角形标志。杯底标高一般做得比设计标高低 25～50mm，各柱杯底按牛腿标高抄平一致后填细石混凝土。

四、料具的准备

进行结构安装之前，要准备好钢丝绳、吊具、吊索、滑车等；还要配备电焊机、电焊条；为配合高空作业，便于人员上下，准备好轻便的竹梯或挂梯。为临时固定柱子和调整构件的标高，准备好各种规格的铁垫片、木楔或钢楔。

第三节　起重机的选用

单层工业厂房类型很多，一般常见的中小型厂房，平面尺寸大，构件较轻，安装高度不大，生产设备的安装多在厂房结构架设完成后进行，施工阶段现场比较空旷，适于采用履带式起重机进行安装。如果工程量不大，减少进出场费用，大多采用汽车式起重机进行安装。

起重机的选择，关系到构件安装方法、起重机械开行路线、停机位置、构件平面布置等许多问题。主要包括机械类型和数量的选择，应首先决定吊装用的主导机械类型和数量，然后再选择辅助机械。

中小型单层厂房结构常用履带式起重机，汽车起重机，也可用塔式起重机、桅杆式起重机，重型单层厂房；可选用两台起重机抬吊。

起重机型号的确定，应根据所安装的构件尺寸、重量以及安装位置而定。起重机的性能和起重杆长等参数，均应满足结构安装的要求。

一、起重机型号及起重臂长度的选择

1. 起重量

起重机的最小起重量应等于所安装构件的重量与索具重量之和。

即：

$$Q_{min} = Q + q$$

式中 Q_{min}——起重机的最小起重量(t);

  Q——构件的重量(t);

  q——索具的重量(t)。

2. 起重高度

(1) 屋架安装时的起重高度计算。

起重机的起重高度必须满足所吊件的吊装高度要求,起重机的最小起重高度(图 4-1),应满足下式:

$$H_{min}=h_1+h_2+h_3+h_4$$

式中 H_{min}——起重机最小起重高度(m);

  h_1——安装支座表面高度,自停机面算起(m);

  h_2——安装空隙,一般不小于 0.3m;

  h_3——绑扎点至所吊构件底面的距离(m);

  h_4——吊索高度(绑扎点至吊钩底)(m)。

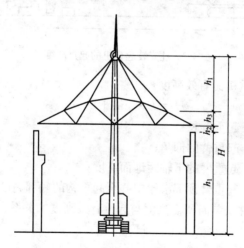

图 4-1 屋架安装起重机的起重高度

(2) 柱安装时所需要的高度(图 4-2)。

$$H=h_1+h_2+h_3+d$$

式中 h_1——构件高度;

  h_2——安装空隙;

157

h_3——索具高度；

d——基础面的高度加上吊车停止处的地面高度与基础地
面高度之差，如地势平坦，此差可视为零。

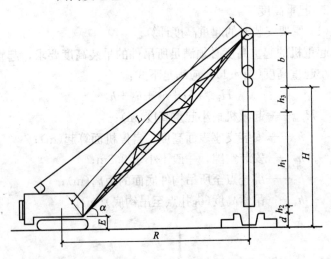

图 4-2　柱安装起重机的起重高度

（3）起重机的有效高度：

$$H'=L \cdot \sin\alpha+E-b$$

式中　L——起重臂长；

α——起重臂的仰角；

E——起重臂的下轴距地面高度；

b——起重臂顶部滑轮中心至起重钩的底部高度。

（4）构件安装时所需高度与起重有效高度的关系：

$$H'=H$$

3. 回转半径

回转半径又称为起重半径，也称工作幅度。当起重机可以不
受限制地开到构件吊装位置附近吊装构件时，对起重半径没有什
么要求。当起重机不能直接开到构件吊装位置附近去吊装构件
时，就需要根据起重量、起重高度、起重半径三个参数，查阅起
重机的性能表或性能曲线来选择起重机的型号及起重臂的长度。

安装构件时所需的最小回转半径，和起重机型号和所吊构件的横向尺寸有关。一般根据所需的 Q_{min}、H_{min} 值，初步选定起重机型号，再按下式进行计算。回转半径的计算简图见图 4-3，计算公式如下：

$$R=r+B+a$$

式中　r——起重机旋转轴至起重臂下轴中心距；

　　B——起重机臂下轴中心至吊起的构件边缘的距离；

$$B=g+(H-h_2-h_4-E)\times\cos\alpha$$

　　g——构件边缘与起重臂之间应留的水平空隙最少 0.5m；

　　h_4——吊索高度；

　　E——起重臂下轴中心至地面的高度；

　　α——起重臂的仰角；

　　a——构件起吊中心线至构件边缘的距离。

起重机的回转半径是根据起重臂的长度，以及允许最大仰角和最小仰角而确定的。

构件所需的回转半径(幅度)如图 4-3 所示，其中 d 为起重杆顶至吊钩底面的距离。

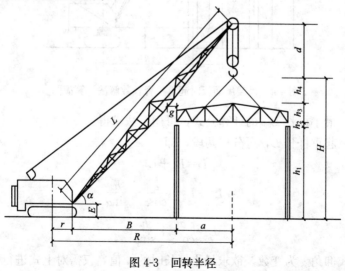

图 4-3　回转半径

4. 最小杆长的确定

当起重机的起重臂杆需跨过已安装好的结构去安装构件时，为了避免起重臂与已安装的结构构件相碰，则需求出起重机的最小臂长；如跨过屋架安装屋面板，为了不碰屋架，就要求出起重机的最小起重臂杆长度。决定最小杆长可用数解法或图解法。

（1）数解法（图 4-4）

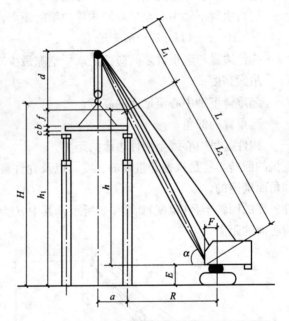

图 4-4　吊装屋面板时起重机臂长数解法计算简图

最小杆长 L_{min} 的计算公式，可用下法求得：

起重杆长 L，可分作两段，即

$$L = L_1 + L_2$$

$$L = L_1 + L_2 = \frac{a}{\cos\alpha} + \frac{h}{\sin\alpha}$$

$$L = \frac{a}{\cos\alpha} + \frac{h}{\sin\alpha}$$

上式仰角 α 为变数，欲求最小杆长时的 a 值，仅需对上式进行一

160

次微分，并令，

$$\frac{\mathrm{d}L}{\mathrm{d}\alpha}=0$$

即可求出 α 值：

$$\frac{\mathrm{d}L}{\mathrm{d}\alpha}=-\frac{a\sin\alpha}{\cos^2\alpha}+\frac{h\cos\alpha}{\sin^2\alpha}=0$$

解得：

$$\frac{\sin^3\alpha}{\cos^3\alpha}+\frac{h}{a}=0$$

即，

$$\tan^3\alpha=\frac{h}{a}$$

$$\alpha=\arctan\sqrt[3]{\frac{h}{a}}$$

以求得的 α 值，代入 L 式，即可算出起重杆长 L 的理论值，再根据所选起重机的实际杆长加以确定，据此，可选择适当长度的起重臂，然后根据实际采用的起重臂及仰角 α 计算起重半径 R。

根据计算出的起重半径 R 及已选定的起重臂长度 L，查起重机的性能表或性能曲线，复核起重量 Q 及起重高度 H，如能满足吊装要求，即可根据 R 值确定起重机吊装屋面板时的停机位置。

图 4-4 中 L——起重臂的长度(m)；

a——起重钩跨过已安装结构的距离(m)；

α——起重臂的仰角；

h——起重臂底铰至构件顶的高度(m)，按下式计算；

$$H=h_1+c+b+f-E;$$

h_1——停机面至构件(如屋面板)吊装支座的高度(m)；

f——起重钩需跨过已安装结构构件的距离(m)；

E——起重臂底铰至停机地面的距离(m)；

c——屋面板与屋架的安装空隙，至少取 0.3m；

b——屋面板厚度(m)；

F——起重杆轴线与屋面板之间的垂直空隙，取 1.0m。

当起重杆的杆长为 L_{min} 时，即可用下列公式算出相应的 R、H，用以确定起重机的开行路线及停机点位置。

$$R = L_{min}\cos\alpha + F$$

$$H = L_{min}\sin\alpha + E - d$$

式中　E——起重机回转中心至起重杆枢轴中心的距离（m）；

　　　d——起重杆顶至吊钩底面的距离，一般取 $2\sim3.5$m。

（2）图解法

按比例画出厂房的纵剖面，图解法求起重机的最小起重臂长度，如图 4-5 所示。

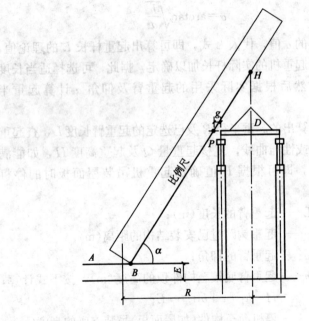

图 4-5　图解法求最小杆长

第一步选定合适的比例，绘制厂房一个节间的纵剖面图；绘制起重机吊装屋面板时吊钩位置处的铅垂线 HD；根据初步选定的起重机的 E 值绘出水平线 AB；

根据所选起重机的 E 值（起重杆枢轴中心距停机面距离），

162

画出水平线 AB；

第二步通过屋面板中心点 D 画铅垂线 HD；此时，屋面板距屋架的空隙可取 $0.2\sim0.3\mathrm{m}$，均按比例画出。在所绘的纵剖面图上，自屋架顶面中心向起重机方向水平量出距离 g，g 至少取 $1\mathrm{m}$，定出点 P；

第三步求出起重臂的仰角 α，过 P 点作直线，使该直线与水平线 AB 的夹角等于 α，交铅垂线 HD 于 H、B 两点；

第四步尺的零点在水平线 AB 上滑动，以选择合适的停机点，B 点定后，HB 的实际长度即为所需起重臂的最小长度。

二、起重机数量的确定

起重机型号选定后，根据厂房的工程量、工期及起重机的台班产量，可用下式计算所需的起重机数量。

此外，在决定起重机数量时，还应考虑构件装卸、拼装和就位的工作需要。当起重机数量已定，可用以下公式计算所需工期或每天应工作的班数。

$$N=\frac{1}{T \cdot C \cdot K}\Sigma\frac{Q}{P}$$

式中　N——起重机台数；

$\quad\quad T$——工期（天）；

$\quad\quad C$——每天工作班数；

$\quad\quad K$——时间利用系数，一般取 $0.8\sim0.9$；

$\quad\quad Q$——每类构件的安装工程量（件或吨）；

$\quad\quad P$——起重机相应的产量定额（件/台班或吨/台班）。

第四节　结构安装方法和起重机开行路线

单层工业厂房结构的主要构件有柱子、吊车梁、连系梁、屋架、天窗架、屋面板等。

一、结构安装方法

单层工业厂房的结构安装方法有分件安装法和综合安装法两种。

1. 分件安装法

起重机在车间每开行一次，仅吊装一种或两种构件。根据构件所在的结构部位的不同，通常一般厂房仅需开行三次，即可安装好全部构件。三次开行中每次的安装任务是：

第一次开行，安装全部柱子，经校正，最后固定及柱杯口混凝土施工。当杯口混凝土强度达到70％的设计强度后可进行第二次吊装。同时，吊车梁、连系梁也要运输就位。第二次吊装，安装全部吊车梁、连系梁。

第二次开行，跨中开入、进行屋架的扶直就位，再转至跨外，安装全部吊车梁、连系梁及柱间支撑，经校正，最后固定之后可进行第三次吊装。

第三次开行，分节间安装屋架、天窗架，屋面板及屋面支撑等。

安装的顺序如（图4-6）所示。分件安装法每次开行，基本是安装同类型构件，索具不需经常更换，操作方法也基本相同，因此，安装速度快，能充分发挥起重机的效率，构件可以分批供应与现场平面布置比较简单，也给构件校正、接头焊接、灌缝混凝土养护提供充分的时间。缺点是：不能为后续工序及早提供工作面，起重机的开行路线较长。但本法仍为目前国内装配式一般单层工业厂房结构安装中广泛采用的一种安装方法。图中数字表示

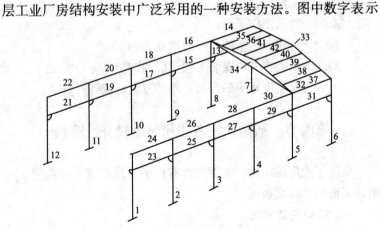

图 4-6　分件安装吊装顺序

164

构件吊装顺序，其中 1～12 为柱，13～32 单数是吊车梁，双数是连系梁，33～34 为屋架；35～42 为屋面板。

2. 综合安装法

综合安装法是指起重机在厂房内的一次开行中（每移动一次），就安装完一个节间内的各种类型的构件。综合吊装法是以每节间为单元，分节间一次性安装完所有的各种类型的构件。具体的做法是：先安装 4～6 根柱子，立即加以校正和最后固定，随后安装这个节间内的吊车梁、连系梁、屋架、天窗架和屋面板等构件。起重机在每一个停机点上，安装一个节间的全部构件，安装完后，起重机移至下一节间进行安装。这种方法的优点是，停机点少，起重机开行路线短。但由于同时安装各种不同类型的构件，安装速度较慢；能持续作业；吊完一个节间，其后续工种就可进入节间内工作，使各工种进行交叉平行流水作业，有利于缩短工期。

缺点是：由于同时安装不同类型的构件，需要更换不同的索具，安装速度较慢；使构件供应紧张和平面布置复杂；构件的校正困难、最后固定时间紧迫。操作面窄狭，易发生安全事故。综合安装法需要进行周密的安排和布置，施工现场需要很强的组织能力和管理水平，因此，施工现场很少采用，对于某些结构（如门式框架结构）有特殊要求，或采用桅杆式起重机，因移动比较困难，才考虑用此法进行安装，如图 4-7 所示。

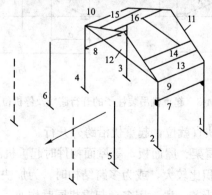

图 4-7 综合安装吊装顺序

二、起重机的开行路线

起重机的开行路线和起重机的性能、构件的尺寸与重量、构件的平面布置、构件的供应方法、安装方法等有关。

采用分件安装法时，起重机开行路线如下：

（1）柱子布置在跨内时，起重机沿跨内靠边开行；布置在跨外时，起重机沿跨外开行。每一停机点一般吊一根柱子。吊装柱子时，则视跨度大小、构件尺寸、质量及起重机性能，可沿跨中开行或跨边开行，设起重机吊装柱子时的回转半径为 R，厂房跨度为 L，柱距为 b，起重机开行路线至跨边的最小距离如图 4-8 所示。当 $R \geqslant L/2$ 时，起重机可沿跨中开行，每个停机位置可吊装两根柱子，如图 4-8(a) 所示；当 $R \geqslant \sqrt{a^2 + (b/2)^2}$ 时，则可吊装四根柱，如图 4-8(b) 所示；当 $R < L/2$ 时，起重机需沿跨边开行，每个停机位置吊装 1～2 根柱，如图 4-8(c)、(d) 所示。

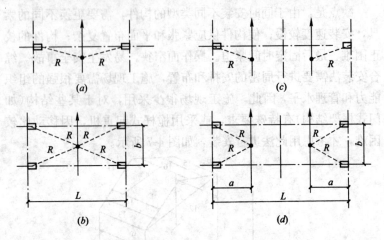

图 4-8　起重机吊装柱子的开行路线及停机位置

（2）屋架扶直就位，起重机沿跨外开行。

（3）吊装屋架、屋面板，等屋面构件时起重机沿跨中开行。

当厂房面积比较大，或为多跨结构时，为加快安装进度，可将建筑物划分为若干段，用多台起重机同时作业，每台起重机负

166

责一个区段的全部安装任务。也可选用不同性能的起重机，有的专安装柱子，有的专安装屋盖，分工合作，互相配合，组织大流水施工。

制定安装方案时，尽可能使起重机的开行路线最短，在安装各类构件的过程中，互相衔接，环环相扣，不跑空车。同时，开行路线要能多次重复使用，以减少铺设钢板、枕木等设施。要充分利用附近的永久性道路作为起重机的开行路线。图 4-9 是一个单跨车间采用分件安装法时起重机的开行路线及停机位置图。

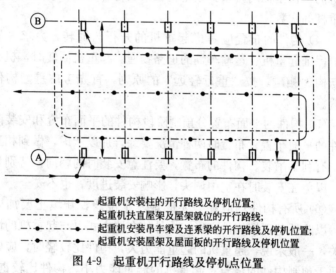

———•———•——— 起重机安装柱的开行路线及停机位置；
—————————— 起重机扶直屋架及屋架就位的开行路线；
—·——·——·— 起重机安装吊车梁及连系梁的开行路线及停机位置；
—··—··—··— 起重机安装屋架及屋面板的开行路线及停机位置

图 4-9　起重机开行路线及停机点位置

第五节　构件的平面布置

构件的平面布置，是一项十分最要的工作，构件布置得合理，可以方便吊装，加快进度，避免构件在现场的二次搬运，提高安装质量。

构件的平面布置和起重机的性能、安装方法、构件的制作方法等有关。在选定起重机型号，确定施工方案后，根据施工现场实际情况加以制定。

一、构件的平面布置原则

（1）每跨的构件宜布置在本跨内，如场地窄狭无法排放时，也可布置在跨外便于安装的地方预制。

（2）构件的布置应便于支模及浇灌混凝土，当为预应力混凝土构件时，要为抽管、穿钢筋留出必要的场地。构件之间留有一定的空隙，便于构件编号、检查、清除预埋件上的污物等。

（3）构件的布置，要满足安装工艺的要求，尽可能布置在起重机的工作半径内，减少起重机在吊装时"跑吊"的距离及起伏起重杆的次数。

（4）构件的布置应考虑起重机的开行与回转，力求占地最少，保证起重机、运输车辆的道路畅通。起重机回转时，机身不得与构件相碰。按"重近轻远"的原则，首先考虑重型构件的布置。

（5）构件的平面布置分预制阶段构件的平面布置和安装阶段构件的平面布置。布置时两种情况要综合加以考虑，做到相互协调，有利于吊装。构件的布置，要注意安装时的朝向，特别是屋架，以免在安装时在空中调头，影响安装进度，也不安全。

（6）所有构件均应在坚实的地基上浇筑，新填土要加以夯实，以防地基下沉构件变形。构件的布置方式也与起重机的性能有关，一般来说，超重机的起重能力大，构件比较轻时，应先考虑便于预制构件的浇筑；起重机的起重能力小，构件比较重时，则应优先考虑便于吊装。

二、预制阶段的构件平面布置

1. 柱子的布置

柱子的布置方式与场地大小、安装方法有关，一般有三种：即斜向布置、纵向布置及横向布置。其中以斜向布置应用最多，因其占地较少，起吊也方便。纵向布置是柱身和车间的纵轴线平行，虽然占地面积少，制作方便，但起吊不便；只有当场地受限制时，才采用此种方式。横向布置占地最多，且妨碍交通，只在个别特殊情况下才采用。

（1）柱子的斜向布置。

柱子如用旋转法起吊，场地空旷，可按三点共弧斜向布置，如图 4-10 所示。

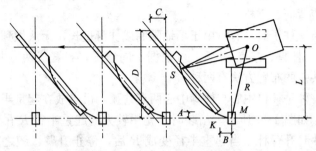

图 4-10　柱子斜向布置方法之一

柱子的布置方式与场地大小、安装方法有关，确定预制位置，可采用作图法，一般有三种，作图的步骤是：

1）确定起重机开行路线到柱基中线的距离，这段距离 L 和超重机吊装柱子时和起重量相应的回转半径 R、起重机的最小回转半径 R_{min} 有关，要求：

$$R_{min} < L \leqslant R$$

同时，开行路线不要通过回填土地段，不要过分靠近构件，防止超重机回转时碰撞构件。

2）确定起重机的停机点。安装柱子时，起重机一般位于所吊柱子的横轴线稍后的范围内比较合适，这样，司机可看到柱子的吊装情况，便于安装就位。停机点确定的方法是，以要安装的基础杯口中心为圆心，所选的回转半径 R 为半径，画弧交开行路线于 O 点，O 点即为安装柱子那根柱子的停机点。

3）确定柱子的预制位置。以停机点 O 为圆心，OM 为半径画弧，在弧上靠近柱基定一点 K，K 点为柱脚中心。选择 K 点时，最好不要放在回填土上，如不能避免，要采取一定的技术措施。K 点选定后，以 K 为圆心，柱脚到吊点的长度为半径画弧，与 OM 半径所画的弧相交于 S，连 KS 线，得出柱中心线，即可画出柱子的模板位置图，量出柱顶、柱脚中心点到柱列纵横轴线

的距离 A、B、C、D 作为支模时的参考，如图 4-10 所示。

布置柱子时，要注意柱子牛腿的朝向，避免安装时在空中调头。当柱子布置在跨内时，牛腿应面向起重机，布置在跨外时，牛腿应背向起重机。

布置柱子时，有时由于场地限制或柱身过长，无法做到三点（杯口、柱脚、吊点）共弧，可根据不同情况，布置成两点共弧。两点共弧的布置方法有两种：

一种是杯口中心与柱脚中心两点共弧，吊点放在起重半径 R 之外，如图 4-11 所示。吊装时，先用较大的起重半径 R' 吊起柱子，并起升臂杆，当起重半径变成 R 后，停止升臂，随之用旋转法安装柱子。

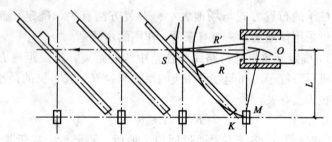

图 4-11 柱子斜向布置方法之二（柱脚与柱基两点共弧）

另一种方法是吊点与杯口中心两点共弧，柱脚放在起重半径 R 之外，安装时可采用滑行法，即起重机在吊点上空升钩，柱脚向前滑行，直到柱子成直立状态。起重杆稍加回转，即可将柱子插入杯口，如图 4-12 所示。

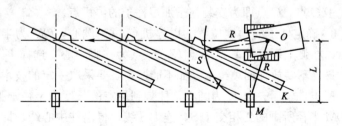

图 4-12 柱子斜向布置方法之三（吊点与柱基两点共弧）

（2）柱子的纵向布置。

对于一些较轻的柱子，起重机能力有富余，考虑到节约场地、方便构件制作，可顺柱列纵向布置，如图4-13所示。

柱子纵向布置时，绑扎点与杯口中心两点共弧。起重机的停机点应安排在两柱基的中点，使 $OM_1 = OM_2$，这样每一停机点可吊两根柱子。一般柱子长度大于12m，柱子纵向布置可排成两行，如图4-13(a)所示。

为了节约模板，减少用地，也可采取两柱迭浇。预制时，先安装的柱子放在上层，两柱之间要做好隔离措施。上层柱子由于不能绑扎，预制时要埋设吊环。柱子预制位置的确定方法同上，但上层柱子有时需先行就位。一般柱子长度小于12m，柱子纵向布置可叠浇排成一行，如图4-13(b)所示。

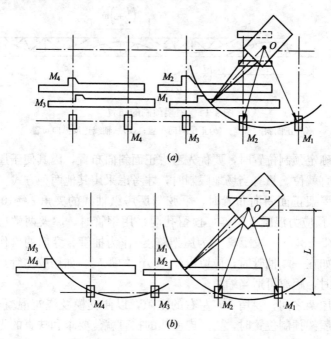

图 4-13　柱子纵向布置

2. 屋架的布置

屋架一般安排在跨内迭层预制,每迭3~4榀平卧,布置的方式有正面斜向布置、正反斜面布置、顺轴线正反向布置等,如图4-14所示。

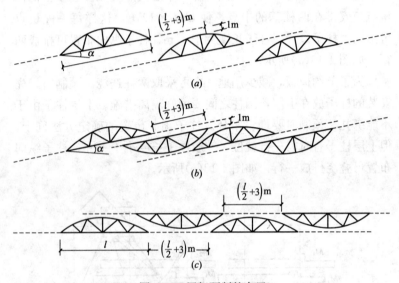

图 4-14　屋架预制的布置

(a)正面斜向布置;(b)正反斜向布置;(c)顺轴线正反纵向布置

确定预制位置时,要优先考虑正面斜向布置,因其便于屋架的扶直就位。只有当场地限制时,才考虑采用其他两种方式。

屋架正面斜向布置时,下弦与厂房纵轴线的夹角 $\alpha = 10°$~$20°$。预应力混凝土屋架,预留孔洞采用钢管时,屋架两端应留出$(l/2+3)$m 一段距离(l 为屋架跨度)作为抽管、穿筋的操作场地,如在一端抽管时,应留出$(l+3)$m 的距离。如用胶皮管预留孔洞时,距离可适当缩短。

屋架之间,要留 1m 左右的空隙,以便支模及浇筑混凝土。布置屋架预制位置时,要考虑屋架的扶直就位要求和扶直的先后次序,平卧重叠生产,须将先扶直的屋架放在上层。注意屋架两端的朝向,避免屋架吊装时在空中调头,预埋铁件的位置也要安放正确。

3. 吊车梁的布置

吊车梁安排在现场预制时，可靠近柱基顺纵向轴线或略作倾斜布置，也可插在柱子的空当中预制。

三、安装阶段的就位布置

安装阶段的就位布置，是指柱子已安装完毕，其他构件的就位布置。包括屋架的扶直就位，吊车梁、屋面板的运输就位等。

1. 屋架的扶直就位

屋架可靠柱边斜向就位或成组纵向就位。

（1）屋架的斜向就位。

确定就位位置的方法，可按以下步骤作图：

1）确定起重机安装屋架时的开行路线及停机点。安装屋架时，起重机一般沿跨中开行，先在跨中画出平行于纵轴的开行路线，再以欲安装的某轴线（如②轴线）的屋架中心点 M_2 为圆心，以选择好的 R 为半径画弧，交开行路线于 O_2 点，O_2 点即为安装②轴线屋架时的停机点，如图 4-15 所示。

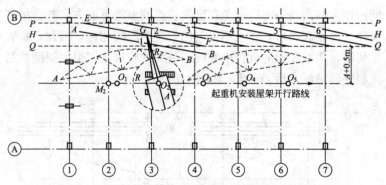

图 4-15　屋架斜向排放（虚线表示屋架预制时的位置）

2）确定屋架的就位范围。屋架一般靠柱边就位，但应离开柱边不小于 20cm，并可利用柱子作为屋架的临时支撑。当受场地限制时，屋架的端头也可稍许伸出跨外。根据以上原则，确定就位范围的外边界线 PP。起重机安装屋架及屋面板时，机身需

173

要回转，设起重机尾部至机身回转中心的距离为 A，则在距开行路线为 $(A+0.5)$m 范围内，不宜布置屋架和其他较高的构件，以此为界，画出就位范围的内边界线 QQ。两条边界线 PP、QQ 之间，即为屋架的就位范围。当厂房跨度较大时，这一范围的宽度过大，可根据实际情况加以缩小。

3) 确定屋架的就位位置。确定好就位范围后，在图上画出 PP、QQ 两边界线的中线 HH，屋架就位后，屋架的中点均在 HH 线上。以②轴线屋架为例，就位位置可按下法确定；以停机点 $O2$ 为圆心，安装屋架时的 R 为半径，画弧交 PP、QQ 两线于 E、F 两点，连 EF，即为②号屋架的就位位置。其他屋架的就位位置，均平行于此屋架，端头相距 6m；但①轴屋架由于抗风柱的阻挡，要退到②轴屋架的附近就位，如图 4-15 所示。

（2）屋架纵向就位。

屋架纵向就位时，一般以 4～5 榀为一组靠柱边顺轴线纵向就位。屋架与柱之间、屋架与屋架之间的净距不小于 20cm，相互之间用钢丝及支撑拉紧撑牢。每组屋架之间，应留 3m 左右的间距作为横向通道。应避免在已安装好的屋架下面去绑扎、吊装屋架。屋架起吊后，注意不要与已安装的屋架相碰，因此，布置屋架时，每组屋架的就位中心线，可大约安排在该组屋架倒数第二榀安装轴线之后 2m 处，如图 4-16 所示。

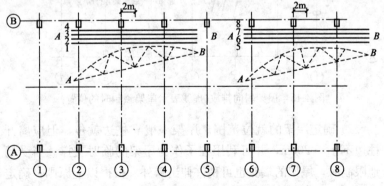

图 4-16 屋架的纵向就位（虚线表示屋架预制时的位置）

174

第六节 柱子的安装

单层工业厂房预制柱的类型很多，重量和长度不一，根据柱子的截面形式和重量，采取不同的安装方法。单层工业厂房的结构安装构件有柱子、吊车梁、基础梁、连系梁、屋架、天窗架、屋面板及支撑等。柱子安装的施工过程，包括绑扎、吊升、就位、临时固定、校正、最后固定等工序。

一、弹线

柱子应在柱身的三个面弹出安装中心线、基础顶面线、地坪标高线。矩形截面柱安装中心线按几何中心线；工字形截面柱除在矩形部分弹出中心线外，为便于观测和避免视差，还应在翼缘部位弹一条与中心线平行的线。此外，在柱顶和牛腿顶面还要弹出屋架及吊车梁的安装中心线。如图4-17所示。

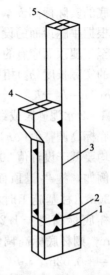

图4-17 柱子弹线示意图

1—基础顶面线；2—地坪标高线、3—柱子中心线；4—吊车梁对位线；5—柱顶中心线

基础杯口顶面弹线要根据厂房的定位轴线测出，并应与柱的安装中心线相对应，以作为柱安装、对位和校正时的依据，如图4-18所示。

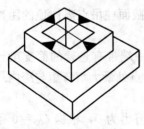

图4-18 基础准线

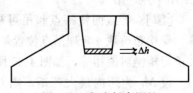

图4-19 杯底标高调整

二、杯底抄平

为保证柱子安装之后牛腿顶面的标高符合设计要求，杯底抄平是对杯底标高进行的一次检查和调整。调整方法是：首先，测出杯底的实际标高 h_1，量出柱底至牛腿顶面的实际长度 h_2；然后，根据牛腿顶面的设计标高 h 与杯底实际标高 h_1 之差，可得柱底至牛腿顶面应有的长度 $h_3(h_3 = h - h_1)$；其次，将其 (h_3) 与量得的实际长度 (h_2) 相比，得到施工误差即杯底标高应有的调整值 $\Delta h(\Delta h = h_3 - h_2 = h - h_1 - h_2)$，并在杯口内标出；最后，施工时用 $1：2$ 水泥砂浆或细石混凝土将杯底抹平至所需标高处。为使杯底标高调整值 (Δh) 为正值，柱基施工时，杯底标高控制值一般均要低于设计值 50mm，如图 4-19 所示。

例如，柱牛腿顶面设计标高为 $+7.80$m，杯底设计标高 -1.20m，柱基施工时，杯底标高控制值取 -1.25m，施工后，实测杯底标高为 -1.23m，量得柱底至牛腿面的实际长度为 9.01m，则杯底标高调整值为 $\Delta h = h - h_1 - h_2 = 7.80 + 1.23 - 9.01 = +0.02$m。

杯底抹平后，应将杯口盖上加以保护，以防杂物落入。回填土时，近基础的土面最好低于杯口标高，以免泥土及地面水流入杯口。

三、柱的吊点确定

吊点的确定是吊装工作的关键工作。若吊点位置选择不好，就要造成构件裂缝，不仅经济受到损失而且会酿成安全事故。

[**例 4 - 1**]　试确定长度为 L 的等截面柱吊点离柱顶的距离（采用一点起吊）。

[**解**]　等截面柱一点起吊可视为一端带有悬臂的简支梁计算，受均布荷载 q 合理吊点位置是使吊点处最大负弯矩与跨内最大正弯矩绝对值相等，如图 4-20 所示。

设 M_C 为跨内最大弯矩，则 C 处剪力为 0，根据 $Q_C = 0$ 条件，则有 M_D

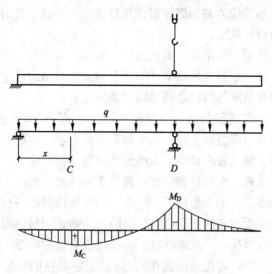

图 4-20　一点起吊受力计算简图

$$qx=\frac{q(l-a)}{2}-\frac{qa^2}{2}\left(\frac{1}{l-a}\right)$$

则
$$x=\frac{l(l-2a)}{2(l-a)};$$

根据 $M_D=M_C$ 条件，则有$\frac{qa^2}{2}=\frac{q(l-a)x}{2}-\frac{qx^2}{2}-\left(\frac{qa^2}{2}\right)\frac{x}{l-a}$

将 x 代入化简得：$a=\left(1-\frac{\sqrt{2}}{2}\right)l=0.2929l$

将 a 代入得　$x=\left(1-\frac{\sqrt{2}}{2}\right)l=0.2929l$

即　　　　　$x=a=0.2929l\approx0.3l$

故吊点位置在离柱一端 $0.3l$ 处

四、柱的绑扎、起吊与固定

1. 柱的绑扎

柱身绑扎点和绑扎位置要保证柱身在吊装过程中受力合理，不发生变形和裂断。一般中、小型柱绑扎一点；重型柱或配筋少而细长的柱绑扎两点甚至两点以上，以减少柱的吊装弯矩。必要

177

时，需经吊装应力和裂缝控制计算后确定。一点绑扎时，绑扎位置一般由设计确定。

绑扎柱子用的吊具，有铁扁担、吊索、卡环等。为使在高空中脱钩方便，尽量采用活络式卡环。为避免起吊时吊索磨损构件表面，要在吊索与构件之间垫以麻袋或木板。

柱子在现场预制时，一般用砖模或土模平卧（大面向上）生产。在制模、浇混凝土前，就要确定绑扎方法，在绑扎点预埋吊环、预留孔洞或底模悬空，以便绑扎时能穿钢丝绳。

柱子的绑扎点数目和位置，视柱子的外形、长度、配筋和起重机性能确定：中小型柱子（重13t以下）可以绑扎一点；重型柱子或配筋少而细长的柱子（如抗风柱），为防止起吊过程中柱身断裂，需两点绑扎。一点绑扎时，绑扎位置常选在牛腿下；工字形截面和双肢柱，绑扎点应选在实心处（工字形柱的矩形截面处和双肢柱的平腹杆处），否则，应在绑扎位置用方木垫平。常用的绑扎方法有：按柱吊起后柱身是否能保持垂直状态，分为斜吊法和直吊法。

(1) 斜吊绑扎法。

当柱子的宽面抗弯能力满足吊装要求时，此法无需将预制柱翻身，可采用斜吊绑扎法。这种方法的优点是：直接把柱子在平卧的状态下，从底模上吊起，不需翻身，也不用铁扁担；其次，柱身起吊后呈倾斜状态，吊索在柱子宽面的一侧，它对起重杆要求较小，起重钩可低于柱顶，当柱身较长，起重杆长度不足时，可用此法绑扎。但因起吊后柱身与杯底不垂直，就位时对正底线比较困难，如图4-21所示。

采用斜吊绑扎法时，为简化施工操作，降低劳动强度，可用专用吊具"柱销"。这种吊具的用法是：在柱上吊点处预留孔洞，洞内埋设薄壁钢管，管壁厚2～4mm。绑扎时，将柱销插入预留孔中，反面用一个垫圈、一个插销将柱销拴紧，即可起吊。脱销时，将吊钩放松，在地面先将插销拉脱，再利用拉绳或吊杆旋转将柱销拉出，如图4-22所示。

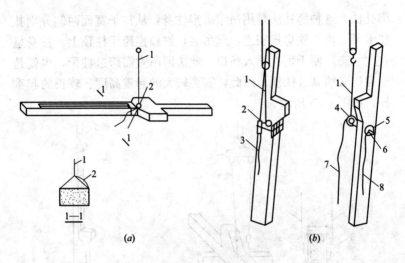

图 4-21　一点绑扎斜吊法

(a)采用活络卡环；(b)采用柱销

1—吊索；2—活络卡环；3—卡环插销绳；4—柱销；

5—垫圈；6—插销；7—柱销拉绳；8—插销拉绳

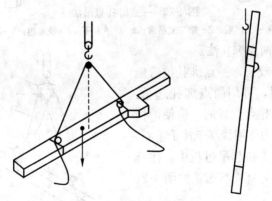

图 4-22　两点绑扎斜吊法

（2）直吊绑扎法。

柱子的宽面抗弯强度不足时，吊装前必须将预制柱翻身后窄面向上，以增大刚度，再经绑扎进行起吊，这时，就要采取直吊绑扎法。这种绑扎法是用吊索绑牢柱身，从柱子宽面两侧分别扎住卡环，再与铁扁担相连，起吊后，铁扁担跨于柱顶上，柱身呈直立状态，便于垂直插入杯口。此法因吊索需跨过柱顶，也就是铁扁担必须高过柱顶。因此，需要较大的起重高度、较长的起重杆，如图4-23所示。

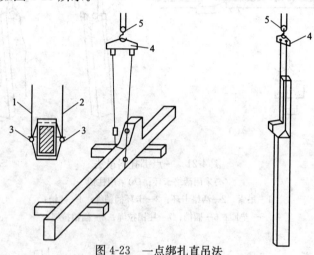

图4-23　一点绑扎直吊法

1—第一支吊索；2—第二支吊索；3—活络卡环；4—铁扁担；5—滑车

（3）两点绑扎法。

柱身较长，一点绑扎抗弯能力不足时，可用两点绑扎起吊。在确定绑扎点位置时，应使两根吊索的合力作用线高于柱子重心，这样，柱子在起吊过程中，柱身可自行转为直立状态，如图4-24所示。

（4）三面牛腿柱子绑扎法。

当柱子有三面牛腿时，采用直吊法，用两根吊索分别沿柱角吊起，如图4-25所示。

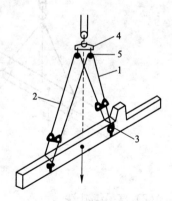

图4-24　两点绑扎直吊法

1—第一支吊索；2—第二支吊索；
3—活络卡环；4—铁扁担；5—滑车

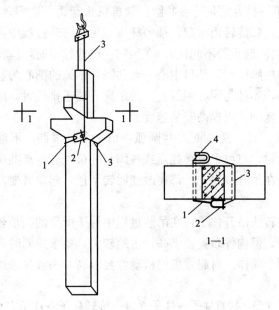

图 4-25　三面牛腿绑扎法

1—短吊索；2—活络卡环；3—长吊索；4—普通卡环

2. 柱的起吊

柱的起吊方法，按柱在起吊过程中柱身运动的特点分为旋转法和滑行法；按采用起重机的数量，有单机起吊和双机起吊之分。单机起吊的工艺如下：

（1）旋转法。

采用旋转法吊装柱子时，柱的平面布置宜使柱脚靠近基础，柱的绑扎点、柱脚中心与基础中心三点宜位于起重机的同一起重半径的圆弧上，起重机边起钩、边旋转，使住身绕柱腿旋转而逐渐吊起的方法，要点是保持柱脚位置不动，并使柱的吊点、柱脚中心和杯口中心三点共圆。

柱子的吊升方法，根据柱子的重量、长度、起重机的性能和现场条件而定。重型柱子有时需用两台起重机抬吊。

采用单机吊装时，一般有两种吊升方法：

1) 第一种方法是三点共圆：起重机边起钩、边回转起重臂，使柱子绕柱脚旋转而吊起，插入杯口。为在吊升过程中保持一定的回转半径（起重臂不起伏），在预制或堆放柱子时，应使柱子的绑扎点、柱脚中心和杯口中心三点共圆，该圆的圆心为起重机的回转中心，半径为圆心到绑扎点的距离。柱子排放时，应尽量使柱脚靠近基础，以提高安装速度。

2) 第二种方法是两点共圆弧：由于条件限制，不能布置成三点共圆时，也可采取绑扎点或柱脚与杯口中心两点共圆弧，这种布置法在吊升过程中，都要改变回转半径，起重臂要起伏，工效较低，且不够安全。

用旋转法吊升柱子，在吊装过程中柱子所受的振动较小，生产率较高，但构件布置要求高，占地较大，要求能同时进行起升与回转两个动作。对起重机的机动性要求高，一般常采用自行式起重机。

工序过程：扶直柱子→柱子立直→旋转柱子→柱子立直固定→起重机移位（图 4-26）。

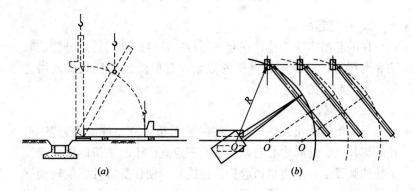

图 4-26 旋转法吊装过程
(a)旋转过程；(b)平面布置

（2）滑行法。

柱子起吊时，起重杆不转动，起重机只升吊钩，使柱顶随起

182

重钩的上升而上升，柱脚沿地面滑行逐渐直立，直至柱子直立后，吊离地面，然后插入杯口。采用此法吊升时，柱子的绑扎点应布置在杯口旁，并与杯口中心位于起重机的同一工作半径的圆弧上，以便将柱子吊离地面后，稍转动吊杆，即可就位，构件布置方便、占地小，如图 4-27(a)所示。为减少滑行时柱脚与地面的摩阻力，需在柱脚下设置托木、滚筒并铺设滑行道，如图 4-27(b)所示。采用滑行法吊升柱子，与旋转法相比，缺点较多，主要是滑行过程中柱身受振动，耗费一定的滑行用料。滑行法一般用于柱子较重、较长，起重机在安全荷载下的回转半径不够时，现场狭窄，柱子无法按旋转法排放时，对起重机性能要求较低，通常在起重机及场地受限时才采用此法，这种方法也可用桅杆式起重机吊装。

工序过程：柱子翻身→柱子扶直→旋转柱子→柱子就位→固定柱子→起重机移位。

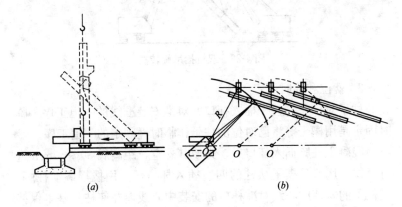

(a)　　　　　　　　　　(b)

图 4-27　滑行法吊装柱子过程

(a)旋转过程；(b)平面布置

(3) 双机抬吊。

单机作业起重量不够时，可采用双机，用两台吊车配合，同时起钩来完成安装任务的方法。采用双机抬吊滑行法时，用滑行道防振动，如图 4-28 所示。采用旋转法时，有主机、副机之分，主机把柱基本垂直时，副机即可松钩，如图 4-29 所示。

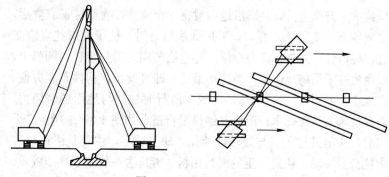

图 4-28 双机抬吊滑行法

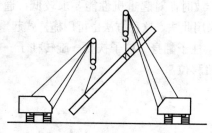

图 4-29 双机抬吊旋转法

3. 就位和临时固定

柱子对位是将柱子插入杯口并对准安装准线的一道工序。临时固定是用楔子等将已对位的柱子作临时性固定的一道工序。

混凝土柱脚插入杯口后，先使其悬空，距离底 30～50mm 进行就位，用八只楔子从柱的四边插入杯口，并用撬棍撬动柱脚，使柱子的安装中心线对准杯口的安装中心线，并使柱身基本保持垂直，然后将柱四周八只楔子打紧以临时固定，即可落钩，将柱脚放到杯底，并复查对线。随后，由两人面对面打紧四周楔子，并用坚硬石块将柱脚卡住，特别注意在柱子宽面范围卡紧，以防发生柱子倾倒事故。柱身与杯口之间空隙太大时，应增加楔块厚度，不得将几个楔块叠合使用(图 4-30)。

吊装重型柱子时，起重机的起重杆仰角很大，有时达到 80°以上，一般机后还增加配重，起重机卸钩后，前轻后重，容易发

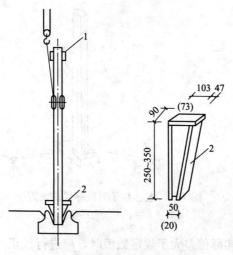

图 4-30 柱的对位与临时固定

1—安装缆风绳；2—钢楔

生机身倾倒事故。因此，起重机吊重柱时，应先落起重杆，再落吊钩，以保持机身的稳定。吊装高大重型柱子和细长柱时，除采用以上措施进行临时固定外，还应设置缆风绳拉锚。

4. 柱的校正

柱子校正是对已临时固定的柱子进行全面检查（平面位置、标高、垂直度等）及校正的一道工序。柱子是厂房建筑的重要构件，安装质量的好坏，影响与其他构件（吊车梁、柱间支撑、屋架等）的连接及整个厂房质量，因此，必须重视和认真做好柱子的校正工作。混凝土柱标高则在柱吊装前调整基础杯底的标高予以控制，在施工验收规范允许的范围以内进行校正。

柱子的校正，有平面位置的校正和垂直度的校正。前者在临时固定时已对准安装中心线，校正时如发现走动，可用敲打楔块的方法（一侧放松，一侧打紧，另外两侧必须卡牢）进行校正，为便于校正时使柱脚移动，插柱前可在杯底放入少量粗砂。柱子垂直度校正的方法是：先用两架经纬仪从柱子相邻两面观测柱子中心线是否垂直（图 4-31）。

185

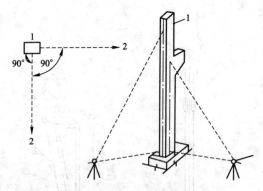

图 4-31　校正柱子时经纬仪的设置

1—柱子；2—经纬仪

　　测出的实际偏差大于规定数值时，应进行校正。校正方法很多，如敲打楔块法：柱脚绕柱底转动（10t 以下的柱）；敲打钢钎法：柱脚绕楔转动（25t 以下的柱）；撑杆校正法：用钢管校正器（10t 以下的柱）；千斤顶斜顶法、千斤顶平顶法（30t 以内的柱）等。工地上采用较多的是撑杆校正法，校正器用钢管做成，两端装有螺杆，其螺纹方向相反，转动钢管时，撑杆可伸长或缩短。撑杆下端铰接在一块底板上，底板与地面接触的一面有折线凸出的钢板条，以增加与地面的摩阻力，其上还开有孔洞，可打下钢钎加以固定，撑竿的上端铰接一块头部摩擦板，与柱身接触的一面设有齿槽，以防滑动，摩擦板上带有一铁环，可用一根钢丝绳和一只卡环将头部摩擦板固定在柱身的一定位置上，装置情况见图 4-32 所示。

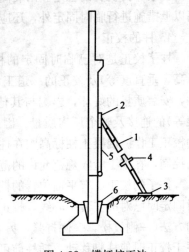

图 4-32　撑杆校正法

1—钢管撑杆画龙点睛器；2—头部摩擦板；
3—底板；4—转动手柄；5—钢丝绳；6—楔子

186

使用撑杆校正器时，按观测的结果，将校正器分别放在柱子倾斜的两边(柱子一般斜向倾斜)，转动钢管，将柱子顶正。先校正偏差大的一边，再校正偏差小的一边，如此反复进行，直到柱身完全垂直为止。校正过程中，要不断打紧和放松楔块，以配合校正器工作；但不得将楔块取出，以防发生事故。

撑杆校正器适用于 10t 以内较细长的柱子，柱子较重时，最好用螺旋千斤顶校正(图 4-33)。

此外，由于阳光照射对柱子产生的温差影响在校正时也要考虑：柱身受阳光照射后，阳面温度比阴面高，致使阳面柱身伸长，柱顶产生水平位移，其数值与温差、柱长及柱厚有关，一般为 3～10mm，特别细长的柱子可达 40mm 左右。一般情况下，长度小于 10m 的柱子，校正时可不考虑温差影响；细长的柱子，最好在早晨或阴天进行校正。

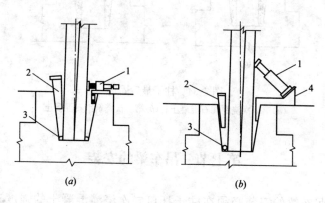

图 4-33　柱的对位与临时固定
(a)螺旋千斤顶平顶法；(b)千斤顶斜顶法
1—千斤顶；2—楔子；3—石块；4—千斤顶支座

5. 柱子最后固定

校正完成后应及时固定。钢筋混凝土柱校正完毕即在柱脚与杯口的空隙内，浇灌细石混凝土作最后固定。为防止柱子校正后刮风或楔块走动产生新偏差，灌缝工作应在校正后立即进行。灌缝前，应将杯口空隙内的木屑等垃圾清除干净，用水湿润柱身和杯壁，浇捣混凝土时，不得碰动楔块；如柱脚与杯底有较大空隙时，应先灌一层砂浆坐实。所用细石混凝土其强度等级应比原构件的混凝土强度等级提高一级。细石混凝土浇筑分两次进行，捣固密实，使柱的底脚完全嵌固在基础内。第一次先浇至楔块下端；当所浇混凝土强度达到 25％设计强度时，即可拔去楔块，浇筑第二次混凝土，将杯口灌满混凝。浇灌过程中，还应对柱子的垂置度进行观测，发现偏差，要及时纠正(图 4-34)。

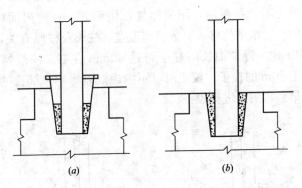

图 4-34　柱子最后固定
(a)第一次浇灌细石混凝土；(b)第二次浇筑细石混凝土

第七节　吊车梁的安装

吊车梁的安装必须在柱子杯口二次浇灌混凝土的强度达到75％以后进行。其安装程序为：绑扎、起吊、就位、临时固定、校正和最后固定。

一、吊车梁绑扎、吊装

为便于安装，吊车梁用两点绑扎，两根吊索等长，绑扎点对称设置，吊钩对准梁的重心，以便起吊后梁身基本保持水平。梁的两端设拉绳(溜绳)控制，避免悬空时碰撞柱子。就位时应缓慢落钩，便于对线；在纵轴方向不宜用撬棍撬动吊车梁，因柱子在纵轴方向

188

刚度较差，过分撬动，会使柱身弯曲，产生偏差。吊车梁就位时，仅用垫铁垫平即可，一般不需采取临时固定措施，但当梁高与梁宽之比大于4时，要用钢丝将梁捆在柱上，以防倾倒(图4-35)。

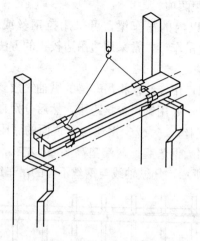

图 4-35　吊车梁的吊装

二、校正、最后固定

吊车梁的校正工作，要在车间或一个伸缩缝区段内全部结构安装完毕，并经最后固定后进行。因为在安装屋架、支撑等其他构件时，可能引起柱子变位，影响吊车梁的准确位置。比较重的吊车梁，脱钩就位后撬动比较困难，可在吊装吊车梁时借助于起重机，也可采取边吊边校正的方法。吊车梁直线度的检查校正方法有通线法、平移轴线法、边吊边校法等。

吊车梁校正的内容，包括标高校正、垂直度校正和平面位置校正等。主要是垂直度与平面位置校正。平面位置的校正主要包括直线度和两吊车梁之间的跨距。吊车梁的标高，主要取决于柱子牛腿的标高。在柱子吊装前已进行过一次调整(用砂浆调整杯底标高)，如仍有微小的误差，可在铺轨前抹一层砂浆解决。吊车梁的垂直度和平面位置的校正，应同时进行。

吊车梁垂直度的偏差应在 5mm 以内。T 形吊车梁测两端，鱼腹式吊车梁可在跨中两侧检查。垂直度的测量可用靠尺线锤。经检查超过规定时，用钢片垫平。

吊车梁平面位置的校正，包括纵轴线（各梁的纵轴线位于同一直线上）和跨距两项。

6m长、5t以内的吊车梁，可采用拉钢丝或仪器放线法校正；12m长的重吊车梁，常采用边吊边校正的方法。

1. 拉钢丝法

根据施工图，用经纬仪将吊车梁的纵轴线放到两个端跨四角的吊车梁顶面上，并用钢尺校核跨距，然后分别在两条轴线上拉一根16～18号钢丝，为减少钢丝与梁顶面的摩阻力，钢丝中段每隔一定距离用圆钢垫起；两端垫高20cm左右，并悬挂重物拉紧，如图4-36所示，凡纵轴线与钢丝不合的吊车梁，均应拨正。

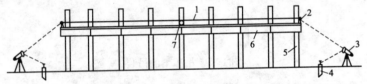

图 4-36　通线法校正吊车梁示意图

1—钢丝通线；2—支架；3—经纬仪仗；4—木桩；5—柱子；6—吊车梁；7—圆钢

2. 仪器放线法

当吊车梁数量较多，钢丝太长不易拉紧时，可采用仪器放线法。这种方是用经纬仪在柱内侧引一条与柱轴线平行的视线，该视线与上柱侧面校正基准线的距离为 a；在一根木尺上弹出经纬仪视线、校正基准线两条线；放线时，将木尺依次紧贴柱侧，观测人员指挥另一人移动木尺，当尺上的标记与视线重合时，即可在柱侧按尺上的标记弹出校正基准线。如此逐柱进行，在每一根柱的上柱侧面均弹出校正基准线。校正吊车梁时，依次在柱侧量距，凡吊车梁纵轴线至校正基准线的距离不等于 a 时，即用撬棍拨正。仪器放线法，如图4-37所示。

3. 边吊边校法

较重的吊车梁，脱钩后校正比较困难，一般采取边吊边校法。

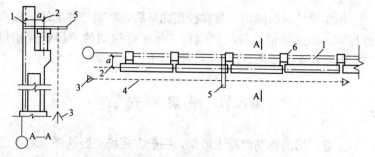

图 4-37　仪器放线法校正吊车梁的平面位置

1—校正基准线；2—吊车梁中线；3—经纬仪；4—经纬仪视线；5—直尺；6—柱子

此法与仪器放线法相似。先在厂房跨度一端距吊车梁纵轴线约 $40\sim60$cm（能通视即可）的地面上架设经纬仪，使经纬仪的视线与吊车梁的纵轴线平行；在一根木尺上弹两条短线 A、B，两线的间距等于视线与吊车梁纵轴的距离。吊装时，将木尺的 A 线与吊车梁中线重合，用经纬仪观测木尺上的 B 线，同时，指挥拨动吊车梁，使尺上的 B 线与望远镜内的纵丝重合为止，如图 4-38 所示。

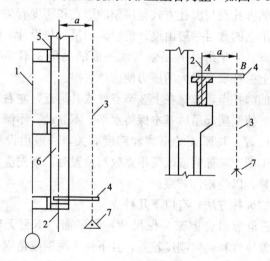

图 4-38　重型吊车梁的校法

1—柱轴线；2—吊车梁中线；3—经纬仪视线；4—直尺；

5—已校正的吊车梁；6—正校正的吊车梁；7—经纬仪

吊车梁的最后固定，是在校正完毕后，将梁与柱上的预埋铁件焊牢，用连接钢板等与柱侧面、吊车梁顶端的预埋铁件相焊接，并在接头处支模，浇灌细石混凝土。

第八节 屋架的安装

工业厂房的钢筋混凝土屋架，一般在现场平卧迭浇。对平卧叠浇预制的屋架，吊装前先要翻身扶直，然后起吊移至预定地点堆放。扶直时的绑扎点一般设在屋架上弦的节点位置上，最好是起吊、就位时的吊点。安装的施工顺序是：绑扎、翻身、就位、吊升、对位、临时固定、校正和最后固定。

其他形式的桁架结构在吊装中都应考虑绑扎点及吊索与水平面的夹角，以防桁架弦杆在受力平面外的破坏。必要时，还应在桁架两侧用型钢、圆木作临时加固。

一、屋架绑扎

屋架的绑扎点与绑扎方式与屋架的形式和跨度有关，其绑扎的位置及吊点的数目一般由设计确定。如吊点与设计不符，应进行吊装验算。屋架绑扎时吊索与水平面的夹角 α 不宜小于 $45°$，以免屋架上弦杆承受过大的压力使构件受损。

屋架的绑扎点，应选在上弦节点处或其附近，左右对称于屋架的重心。使屋架起吊后基本保持水平，不晃动、不倾翻。吊点的数目及位置，与屋架的形式和跨度有关，一般由设计部门确定。如施工图上未标明或改变吊点数和位置时，事先应对安装应力进行核算，以免构件开裂。

屋架的绑扎方法，有以下几种。

(1) 三角形组合屋架，保尺寸，同平面，不裂无弯，连接好。由于整体性和侧向刚度较差，且下弦为圆钢或角钢，用绑扎木杆等加固。大于 18m 跨度的钢筋混凝土屋架，也要采取一定的加固措施，以增加屋架的侧向刚度。拼装形式有：大件立拼，如屋架梁、桁架，托架梁。小件平拼，如天窗架拼装。

（2）钢屋架的侧向刚度很差，在翻身扶直与安装时，均应绑扎几道木杆，作为临时加固措施，如图 4-39 所示。

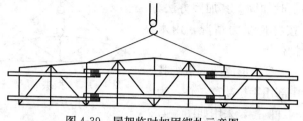

图 4-39　屋架临时加固绑扎示意图

（3）屋架绑扎时，吊索与水平面的夹角 α 不宜小于 45°，以免屋架上弦杆承受过大的横向压力。通常跨度小于 18m 的屋架可采用两点绑扎法，大于 18m 的屋架可采用三点或四点绑扎法，如屋架跨度很大或因加大 α 角，使吊索过长，起重机的起重高度不够时或屋架跨度超过 30m 时，可采用横吊梁，以减小吊索高度。图 4-40 为屋架绑扎方式示意图。

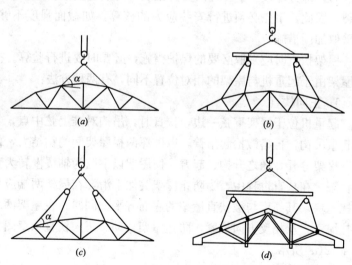

图 4-40　屋架的绑扎

（a）屋架跨度小于或等于 18m 时；（b）屋架跨度大于 18m 时；

（c）屋架跨度等于或大于 30m 时；（d）三角形组合屋架

（4）吊装时，与使用时的受力状态不同，需作吊装内力验算并临时加固。其加固方法，一般是按杆件受力情况，用木杆绑在构件上。

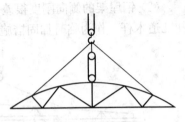

图 4-41　大型拱形屋架三点绑扎方式示意图

（5）大型拱形屋架三点绑扎方式，中部用手拉葫芦拉住，为了避免构件侧翻，采用如图 4-41 所示的绑扎方法。

二、屋架的扶直就位

由于屋架在现场平卧预制，一般靠柱边斜放，或以 3～5 榀为一组平行于柱边排放，排放范围在布置构件平面图时应加以确定，在安装前，先要翻身扶直，并将其吊运至预定地点就位。屋架是一个平面受力构件，扶直时，在自重作用下，屋架承受出平面外力，部分地改变了杆件的受力性质，特别是上弦杆极易挠曲开裂，因此，事先必须进行安装应力的核算，如截面强度不够，要采取加固措施。

屋架扶直时应采取必要的保护措施，必要时要进行验算。扶直屋架由于起重机与屋架的相对位置不同，有两种方法：

1. 正向扶直

起重机位于屋架下弦一边，扶直时，吊钩对准上弦中点，收紧起重吊钩，再略微抬起吊臂，以破坏两榀屋架间的粘结力，使上下榀架分开，随之升钩、起臂，使屋架以下弦为轴缓慢转为直立状态。在扶直过程中，为防止屋架突然下滑，在屋架两端应架起枕木垛，其高度与被扶直屋架的底面齐平，同时，在屋架两端绑扎绳索，从相反方向拉紧，防止屋架移动。正向扶直示意图如图 4-42(a) 所示。

2. 反向扶直

起重机位于屋架上弦一边，吊钩对准上弦中点，收紧吊钩，随之升钩、降臂，使屋架绕下弦转动而直立，如图 4-42(b) 所示。

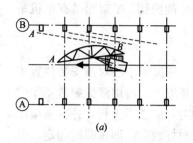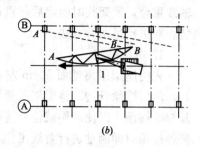

图 4-42　屋架的扶直
(a)正向扶直；(b)反向扶直

两种扶直方法的不同点，即在扶直过程中，一升臂、一降臂，以保持吊钩始终在上弦中点的垂直上方。升臂比降臂易于操作，也较安全，应尽可能采用正向扶直。屋架扶直时，为使各根吊索受力均匀，要用滑车把吊索串通。

屋架扶直后，立即进行就位。一般靠柱边斜向排放，或以3~5榀为一组平行于柱边纵向排放。就位的位置与起重机的性能和安装方法有关，应少占场地，便于吊装，且应考虑屋架的安装顺序、两头朝向等问题。一般靠柱边斜放，就位范围在布置预制构件平面图时应加确定。就位位置与屋架预制位置在起重机开行路线同一侧时，为同侧就位；就位位置与屋架预制位置分别在开行路线各一侧时，为异侧就位。采用哪种就位方法，应视现场具体情况而定。

三、屋架的吊装

屋架起吊前，应在屋架上弦自中央向两边分别弹出天窗架、屋面板的安装位置线和在屋架下弦两端弹出屋架中线。同时，在柱顶上弹出屋架安装中线，屋架安装中线应按厂房的纵横轴线投上去。其具体做法，既可以每个柱都用经纬仪投，也可以用经纬仪只将一跨四角柱的纵横轴线投好，然后拉钢丝弹纵横线，用钢尺量间距弹横轴线。如横轴线与柱顶截面中线差过大，则应逐间调整。

在屋架吊升至柱顶后，使屋架的两端两个方向的轴线与柱顶轴线重合，屋架临时固定后起重机才能脱钩。屋架起吊有单机吊装和双机抬吊两种方法。

1. 单机吊装

先将屋架吊离地面50cm左右，使屋架中心对准安装位置中心，然后徐徐升钩，将屋架吊至柱顶以上，再用溜绳旋转屋架使其对准柱顶，以便落钩就位；落钩时，应缓慢进行，并在屋架刚接触柱顶时即制动进行对线工作，对好线后，即做临时固定，并同时进行垂直度校正和最后固定工作。

2. 双机抬吊

双机抬吊时，屋架立于跨中，一台起重机停在前面，另一台起重机停在后面，共同起吊屋架。当两机同时起钩将屋架吊离地面约1.5m时，后机将屋架端头从吊杆一侧转向另一侧（调档，前机配合），然后两机同时升钩将屋架吊到高空。最后，前机旋转吊杆，后机则高空吊重行驶，递送屋架于安装位置，如图4-43所示。

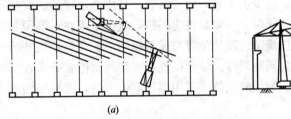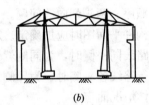

(a) (b)

图 4-43　双机抬吊安装屋架
(a)平面；(b)剖面

3. 双机抬吊层架时应注意的问题

(1) 可使用不同类型的起重机，但必须对两机进行统一指挥，使两者互相配合，动作协调。在整个吊装过程中，两台起重机的吊钩滑车组，都应基本保持垂直状态。

(2) 起吊时，必须指挥两机升钩将各自钩挂的吊索都拉紧后，方可拆除稳定屋架的支撑。

（3）后机行驶道路必须平整坚实，必要时，横排道木或垫路基箱，以保安全。

（4）双机抬吊屋架时，如果两机不是同时将屋架吊离地面或落钩向柱顶就位，则两机的实际荷载与理想的荷载分配就有很大的出入。

四、屋架就位与临时固定

屋架构件一般高度大、宽度小，受力平面外刚度很小，就位后易倾倒。因此，屋架就位关键是使其端头两个方向的轴线与柱顶轴线重合后，应及时进行临时固定。

屋架吊起后，应基本保持水平。将屋架吊离地面约 300mm，吊索与水平夹角∢60°，将屋架转至安装位置下方，再将屋架吊升至柱顶上方约 300mm 后，吊至柱顶以上，用两端拉绳旋转屋架，使其基本对准安装轴线，随之缓慢落钩，在屋架刚接触柱顶时，即制动进行对位，使屋架的端头轴线与柱顶轴线重合；对好线后，缓缓放至柱顶就位。即可做临时固定，屋架固定稳妥，起重机才能脱钩。

第一榀屋架的临时固定必须十分可靠，因为它是单片结构，无处依托，侧向稳定性很差；同时，它还是第二榀屋架的支撑，所以必须做好临时固定。做法一般采用四根缆风绳系于上弦，从两边把屋架拉牢或与抗风柱连接。

第二榀以后屋架的临时固定，是用工具式支撑（校正器）与前一榀屋架连接，撑牢在前一榀屋架上（图 4-44）。以后各榀屋架的临时固定，也都是用工具式及支撑撑在前一榀屋架上。工具式支撑由 $\phi50$ 的钢管做成，两端各有两只撑脚，撑脚上有可调节的螺栓。使用时，旋紧撑脚上的螺栓，即可将屋架可靠地固定。撑脚上的一对螺栓，既可夹紧屋架上弦杆，也能使屋架移动，因此，它也是校正机具。每榀屋架至少用两个支撑。当屋架经校正、最后固定并安装了若干大型屋面板后，方可将支撑取下。工具式支撑的构造如图 4-45 所示。

（1）当屋架的间距为 9m 或 12m 时，由于钢管支撑的重量大，操作不便，可用缆风绳或轻质支撑来临时固定屋架。

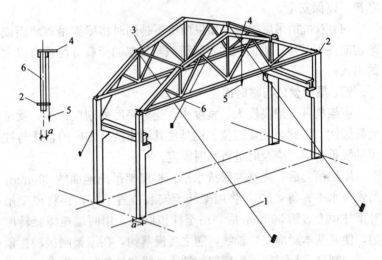

图 4-44　屋架的临时固定
1—缆风绳；2，4—挂线木尺；3—屋架校正器；5—线锤；6—屋架

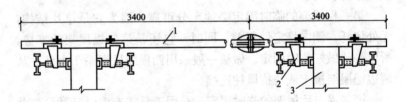

图 4-45　工具式支撑的构造
1—钢管；2—撑脚；3—屋架上弦

（2）用经纬仪校正屋架，如图 4-46 所示。

（3）用线坠校正屋架，如图 4-46 所示。

五、屋架的校正及最后固定

屋架经对位、临时固定后，主要校正垂直度偏差。检查时可用垂球或经纬仪。用经纬仪检查，在屋架上弦安装三个直尺，一个安装在屋架上弦中点附近，另两个安装在屋架两端。使三点直尺的标志记在同一垂直面内，将仪器安置在被检查屋架的跨外，

198

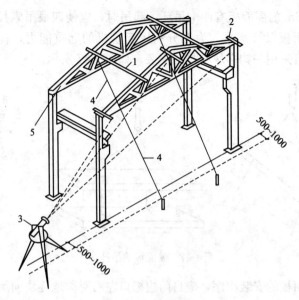

图 4-46　屋架的临时固定与校正
1—工具式支撑；2—屋架校正直尺；3—经纬仪；
4—缆风绳；5—前一榀屋架

距柱的横轴线 500～1000mm，然后，观测屋架中间垂直杆上的中心线（事先已弹好），如偏差超出规定数值，转动工具式支撑（校正器）上的螺栓加以纠正，并在屋架端部支承面垫入斜垫铁。校正无误后，立即用电焊焊牢，应两侧同时施焊，避免受热向先焊的一侧倾斜。

六、天窗架的吊装

天窗架常采用单独吊装，也可与屋架拼装成整体同时吊装。天窗架单独吊装时，应待两侧屋面板安装后进行，最后固定的方法是用电焊将天窗架底脚焊牢于屋架上弦的预埋件上。

第九节　屋面板的安装

屋面板一般埋有吊环，用带钩的吊索勾住吊环即可安装。

1.5m×6m 的屋面板有四个吊环，起吊时，应使四根吊索拉力相等，屋面板保持水平。为充分利用起重机的起重能力，提高功效，也可采用一钩多块叠吊法安装，如图 4-47 所示。

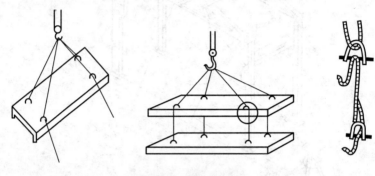

图 4-47　屋面板的吊挂

屋面板的安装次序，应自两边檐口左右对称地逐块向屋脊铺行，避免屋架承受半边荷载。屋面板对位后，立即进行电焊固定，每块屋面板可焊三点，最后一块只能焊两点。

第五章　多层装配式框架结构安装

装配式钢筋混凝土框架结构已经广泛用于多层、高层民用建筑和多层工业厂房中。这种结构的全部构件，在工厂或者现场预制后进行安装。

多层装配式框架结构可分为全装配式框架结构和装配整体式框架结构。全装配式框架是指柱、梁、板均由装配式构件组成，装配整体式框架结构又称半装配框架体系，其主要特点是柱子现浇，梁、板等预制。装配式框架柱的长度可按一层一节，亦可按二层、三层或四层一节，柱子长度主要取决于起重机械的起重能力。条件允许时尽量加大柱子长度，以减少柱子接头数量，提高安装效率。

装配式框架结构的形式，主要分为梁板结构和无梁结构两种。梁板式结构由柱、主梁、次梁、楼板组成。主梁大多沿横向框架方向布置，而次梁沿纵向布置。有的采用梁柱整体构件。柱与柱的接头设在弯矩较小的地方，或者梁柱节点处。

无梁式结构由柱、柱帽、柱间板和跨间板组成。跨间板搁在柱间板上，柱间板搁在柱帽的凹缘上，柱帽支承在有四面牛腿的柱子上，无梁式结构近年来做成升板结构进行升板施工。按其主要传力方向的特点可分为横向承重框架结构和纵向承重框架结构两种。装配整体式框架的施工有以下三种方法：

（1）先现浇每层柱，拆模后再安装预制梁、板，逐层施工。

（2）先支柱模和安装预制梁，浇筑柱子混凝土及梁柱节点处的混凝土，然后安装预制楼板。

（3）先支柱模，安装预制梁和预制板后浇筑柱子混凝土及梁柱节点和梁板节点的混凝土。

第一节　多层装配式结构安装方案

装配式框架结构施工主导工程是结构安装工程。施工前要根据建筑物的结构形式，构件的安装高度、构件的重量、吊装工程量、工期、机械设备条件及现场环境等因素，制定合理方案。

一、起重机械的选择

多层装配式框架结构吊装机械常采用塔式起重机、履带式起重机、汽车式起重机、轮胎式起重机等。装配式框架结构吊装时，起重机械的选择要根据建筑物的结构形式、平面尺寸、构件最大安装高度、结构类型、构件的大小、构件重量、吊装工程量、现场条件和现有机械设备等条件确定。

五层以下的房屋结构及高度在 18m 以下的工业厂房，可选用履带式起重机或轮胎式起重机，通常跨内开行。一般多层工业厂房和 10 层以下民用建筑多采用轨道式塔式起重机；高层建筑(10 层以上)可采用爬升式塔式起重机或者附着式塔式起重机。

选择起重机，主要是看起重机的工作参数。起重机的工作参数有：起重量 Q(t)、起重半径 R(m)和起重高度 H(m)。根据这些参数，使得选用的起重机的性能必须满足构件吊装的要求。

起重机的起重能力也有用起重力矩 M 来表示的。$M = QR$(kN·m)。选择起重机的型号时，首先计算出最高一层的各主要构件的重量 Q，以及需要达到的起重半径 R，然后根据所需要的最大起重力矩 M 和最大起重高度 H 来选择起重机的类型。

二、起重机的平面布置

起重机的平面布置方案主要根据房屋形状及平面尺寸、现场环境条件、选用的塔式起重机性能及构件质量等因素来确定。一般情况下，起重机布置在建筑物外侧，有单侧布置及双侧(或环形)布置两种方案(图 5-1)。

202

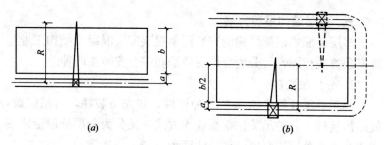

图 5-1　塔式起重机在建筑物外侧布置

(a) 单侧布置；(b) 双侧(或环形)布置

1. 单侧布置

房屋宽度较小，构件也较轻时，塔式起重机可单侧布置（图 5-1）。此时，起重半径应满足：

$$R \geqslant b + a$$

式中　R——塔式起重机起吊最远构件时的起重半径(m)；

　　　b——房屋宽度(m)；

　　　a——房屋外侧至塔式起重机轨道中心线的距离，一般约为 3m。

2. 双侧布置(或环形布置)

房屋宽度较大或构件较重时，单侧布置起重力矩不能满足最远的构件的吊装要求，起重机可双侧布置。双侧布置时起重半径应满足：

$$R \geqslant b/2 + a$$

其布置方式有跨内单行布置及跨内环形布置两种（图 5-2）。

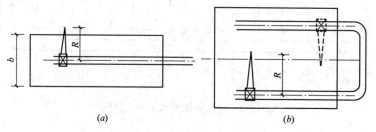

图 5-2　塔式起重机在跨内布置

(a) 跨内单行布置；　(b) 跨内环形布置

三、多层结构吊装方法

多层装配式框架结构的安装同单层装配式混凝土结构工业厂房安装方法相同，可分为分件安装法和综合安装法两种。

1. 分件吊装法

起重机每开行一次吊装一种构件，如先吊装柱，再吊装梁，最后吊装板。分件吊装法根据流水方式，又分为分层分段流水安装作业法及分层流水安装作业法两种。

选择分层分段流水安装法，还是分层流水安装法要根据工地现场的具体情况来定，如施工现场场地的情况、各安装构件的装备情况等。

（1）分层分段流水吊装法。

一般是一个楼层（或一个柱节）为一个施工层，如柱子一节为二个层高，则以两个楼层为一个施工层，然后再将每一个施工层再划分为若干个施工段，进行构件起吊、校正、定位、焊接、接头灌浆等工序的流水作业。采用轨道塔式起重机分层分段流水吊装法吊装，一般可分四个施工段，图 5-3 中给出了一个施工段构件安装顺序。

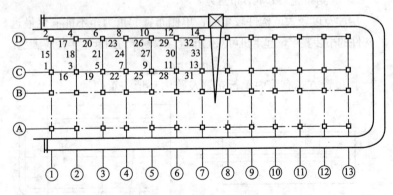

图 5-3　分层分段流水吊装示意图

（2）分层流水吊装法。

分层流水安装和分层分段流水安装法不同之处在于，分层流水安装法的每个施工层不再划分施工段，而是按照一个楼层组织各工序的流水作业。

2. 综合吊装法

采用综合吊装法吊装构件时，一般以一个节间或几个节间为一个施工段，以房屋的全高为一个施工层来组织各工序的施工，起重机把一个施工段的所有构件按设计要求安装至房屋的全高后，再转入下一施工段施工。常用于自行式起重机在跨内开行。

以一个节间或若干个节间为一个施工段，以房屋的全高为一个施工层来组织各工序的流水，起重机把一个施工段的构件吊装至房屋的全高，然后转移到下一个施工段。采用此法吊装时，起重机布置在跨内，采取边吊边退的行车路线。一般是采用履带式起重机跨内开行以综合吊装法吊装两层框架结构。图 5-4 中给出了一个节间构件安装顺序。

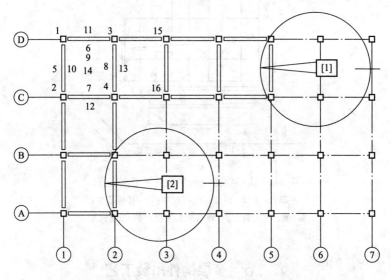

图 5-4　综合吊装法吊装两层框架结构图

四、构件的平面布置与排放

多层装配式框架结构的柱子较重，一般在施工现场预制。相对于塔式起重机的轨道，柱子预制阶段的平面布置有平行布置、垂直布置、斜向布置等几种方式。其布置原则与单层工业厂房构件的布置原则基本相同。

（1）预制构件应尽量布置在起重机的回转半径之内，避免二次搬运。

（2）重型构件应尽量布置在起重机附近，中小型构件可布置在外侧。

（3）构件布置地点及朝向应与构件吊装到建筑物上的位置相配合，以便在吊装时减少起重机的变幅及构件在空中调头。

使用爬升式塔式起重机跨内吊装高层框架结构的构件平面布置如图 5-5 所示。

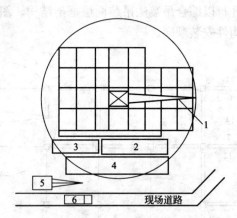

图 5-5　高层框架结构的构件平面布置图

1—爬升式起重机；2—墙板堆放；3—楼板堆放；
4—梁、柱堆放；5—履带式起重机；6—载重汽车

第二节　多层构件吊装工艺

多层装配式框架结构的结构形式有梁板式结构和无梁楼盖结构两类。

梁板式结构是由柱、主梁、次梁、楼板组成。主梁（框架梁）沿房屋横向布置，与柱形成框架；次梁（纵梁）沿房屋纵向布置，在施工时起纵向稳定作用。

一、多层框架柱吊装

1. 柱脚外伸钢筋保护

多层装配式框架结构柱一般为方形或矩形截面。柱子的吊装可分为绑扎、吊升、就位、柱的临时固定、校正、最后固定、柱接头施工等几个程序。

柱子起吊过程中一定要保护好柱子底部的外伸钢筋。绑扎起吊前，为防止钢筋碰弯。给下面安装接头钢筋的对正带来麻烦，常用的外伸钢筋的保护方法有：用钢管保护柱脚外伸钢筋，或用垫木保护外伸钢筋等方法以达到保护外伸钢筋的目的。用钢管保护柱脚外伸钢筋如图 5-6(a)所示，用垫木保护柱脚外伸钢筋如图 5-6(b)所示。

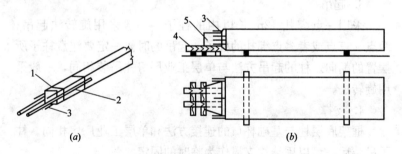

(a) 　　　　　　　　　　(b)

图 5-6　柱脚外伸钢筋保护方法

1—短吊索；2—钢管；3—外伸钢筋；4—垫木；5—柱子榫头

2. 绑扎

普通单根柱、12m 长以内的柱子多采用一点绑扎；12～20m 长的柱子，则需要采用两点绑扎；对于重量较大和更长的柱子可采用三点或者多点绑扎。采用多点绑扎要注意，一定要进行吊装验算，以防止构件在吊装过程中受力不均而产生裂缝，甚至断裂。"十"字形柱绑扎时，要使柱起吊后保持垂直，如图 5-7(a)

207

所示。T形柱的绑扎方法与"十"字形柱基本相同。H形构件绑扎方法如图5-7(b)所示。H形构件也可用铁扁担和钢销进行绑扎起吊，如图5-7(c)所示。

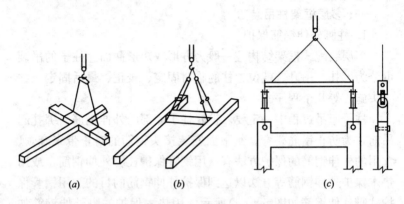

(a)　　　　　　(b)　　　　　　(c)

图 5-7　框架柱起吊时绑扎方法

3. 起吊

采用一点绑扎 12m 长以内的柱子，一般采用旋转法起吊；两点、三点或者多点绑扎的柱子，起吊的时候一定要注意柱子所摆置的朝向。柱的起吊方法与单层工业厂房柱吊装相同，一般采用旋转法。

4. 支撑

框架底层柱与基础杯口的连接方法和单层工业厂房相同。柱子吊装后，可以用管式支撑作为临时的固定。

临时固定后需要对柱子进行校正。一般校正需要 2～3 次。首次校正在脱钩后电焊前进行，保证柱子摆放在已经放样定位的位置上。第二、第三次校正，主要纠正电焊钢筋受热收缩不均而引起的偏差，确保梁和楼板能够没有偏差地吊装。

柱子的垂直度校正，首先要保证下节柱子垂直度校正准确，以避免误差积累。一般可以用经纬仪观测进行垂直度校正。

5. 柱的临时固定及校正

(1)上节柱吊装在下节柱的柱头上时，视柱的重量不同，采用不同的临时固定和校正方法。

框架结构的内柱，四面均用方木临时固定和校正，如图 5-8(a) 所示。

框架边柱两面用方木，另一面用方木加钢管支撑做临时固定和校正，如图 5-8(b) 所示。

框架的角柱两面均用方木加钢管支撑临时固定和校正，如图 5-8(c) 所示。

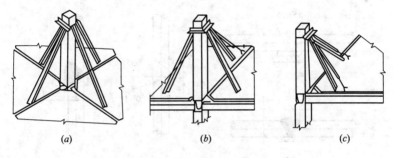

图 5-8 柱临时固定及校正

（2）柱的临时固定与校正，可用管式支撑进行（图 5-9）。

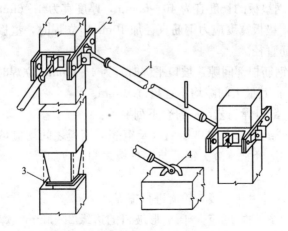

图 5-9 管式支撑临时固定柱简图

1—管式支撑；2—夹箍；3—预埋钢板及电焊；4—预埋件

209

6. 柱接头钢筋剖口焊

上柱和下柱的外露钢筋的受力筋用剖口焊焊接。

(1) 施焊前的准备工作，应符合下列要求：

1) 钢筋坡口面应平顺，切口边缘不得有裂纹、钝边和缺棱。

2) 钢筋坡口平焊时，V形坡口角度宜为 55°～65°，如图 5-10(a)所示；坡口立焊时，坡口角度宜为 40°～55°，其中下钢筋为 0°～10°，上钢筋为 35°～45°，如图 5-10(b)所示。

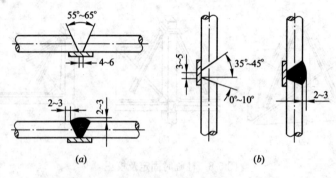

图 5-10　钢筋坡口接头

3) 钢垫板的长度宜为 40～60mm，厚度宜为 4～6mm；坡口平焊时，垫板宽度应为钢筋直径加 10mm；立焊时，垫板宽度宜等于钢筋直径。

4) 钢筋根部间隙，坡口平焊时宜为 4～6mm；立焊时，宜为 3～5mm；其最大间隙均不宜超过 10mm。

(2) 剖口焊工艺，应符合下列要求：

1) 焊缝根部、坡口端面以及钢筋与钢板之间均应熔合。焊接过程中应经常清渣。钢筋与钢垫板之间，应加焊 2～3 层侧面焊缝。

2) 宜采用几个接头轮流进行施焊。

3) 焊缝的宽度应大于 V 形坡口的边缘 2～3mm，焊缝余高不得大于 3mm，并宜平缓过渡至钢筋表面。

4) 当发现接头中有弧坑、气孔及咬边等缺陷时，应立即补焊。HRB400级钢筋接头冷却后补焊时，应采用氧乙炔火焰预热。再按设计增加箍筋，最后浇筑接头混凝土以形成整体。待接头混凝土达到了70％的设计强度后，再吊装上层构件。

7．柱的接头形式

柱子接头形式有榫式接头、插入式接头和浆锚接头三种（图5-11）。

（1）榫式接头。

将上节柱的下端混凝土做成榫头状，承受施工荷载（图5-11a）。

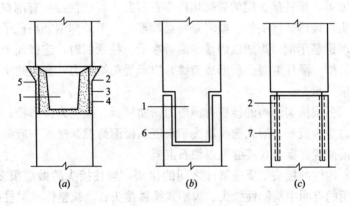

图 5-11　柱接头形式

(a) 榫式接头；(b) 插入式接头；(c) 浆浇式接头

1—榫头；2—上柱外伸钢筋；3—剖口焊；4—下柱外伸钢筋；

5—后浇接头混凝土；6—下柱杯口；7—下柱预留孔

（2）插入式接头。

插入式接头是将上柱做成榫头，下柱顶部做成杯口，上柱插入杯口，外露的受力钢筋用剖口焊焊接后，配置一定数量的箍筋，最后用水泥砂浆或细石混凝土灌注填实以形成整体（图5-11b）。接头处灌浆的方法有压力灌浆和自重挤浆两种工艺。

（3）浆锚式接头。

浆锚式接头是将上柱伸出的钢筋插入下柱的预留孔中，然后浇筑混凝土（图5-11c）。用水泥配制1∶1水泥砂浆，或用

52.5MPa 水泥配制不低于 M30 的水泥砂浆灌缝锚固，使上下柱形成一个整体。浆锚接头有后灌浆或压浆两种工艺。

二、框架结构梁板吊装

框架结构的梁，有一次预制成的普通梁和叠合梁两种。叠合梁的上部留有 120～150mm 的现浇叠合层，能增强结构的整体性。

梁与柱的接头形式取决于结构受力情况，有简支和刚接。简支接头不受弯矩，用贴焊的角钢或钢板与梁柱上的预埋件焊接起来即可，梁柱接头间的缝隙填以细石混凝土。刚性接头有剖口焊接头、齿槽式接头等。前者是将梁端部上、下外伸钢筋与柱子的预埋钢筋用剖口焊加以焊接。后者在梁、柱预制时，连接面上留有齿槽，灌注混凝土后形成齿榫，以承受梁端剪力，弯矩则由接头钢筋承受。

多层框架结构的楼板有预应力密肋楼板、预应力槽形板、预应力空心板等，形式选择取决于跨度和楼面荷载。楼板一般都是直接搁置在梁上，接缝灌以细石混凝土。

构件的接头主要是梁柱之间的接头，梁柱接头的做法很多，常用的有明牛腿刚性接头、齿槽式梁柱接头、浇筑整体式梁柱接头、钢筋混凝土暗牛腿梁柱接头、型钢暗牛腿梁柱接头等，如图 5-12所示。

（1）明牛腿刚性接头，在梁安装时，首先将梁端预埋钢板和柱子牛腿上埋件焊接，然后将起重机脱钩，最后进行梁与柱子的钢筋焊接。明牛腿刚性接头安装方便，节点刚度大，受力可靠，但明牛腿占去了一部分空间。

（2）齿槽式接头，是利用梁柱接头处设的齿槽来传递梁端剪力，以代替牛腿。梁柱接头处设置角钢作为临时牛腿，用来支撑梁。起重机脱钩时，须将梁一端的上部接头钢筋焊接好，因为角钢支承面积小，安全性小。

（3）浇筑整体式梁柱接头，制作的过程为：柱子以每一层为一节，将梁搁置在柱子上，梁底钢筋按锚固长度的要求上弯或者

212

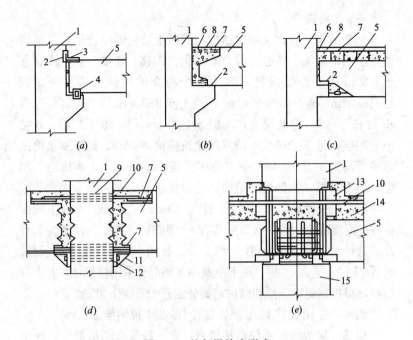

图 5-12　柱与梁接头形式

（a）、（b）明牛腿式梁柱接头；（c）暗牛腿式梁柱接头；

（d）柱与梁齿槽式接头；（e）整体式梁柱接头

1—柱；2—预埋铁板；3—贴焊角钢；4—贴焊钢板；5—梁；6—柱的预埋钢筋；

7—梁的外伸钢筋；8—剖口焊；9—预留孔；10—负筋；11—临时牛腿；

12—固定螺栓；13—钢支座；14—叠合层；15—下柱

焊接，配上箍筋后，浇筑混凝土到楼面板。待强度达到了设计的
要求时，可以安装和制作上节柱子，依此类推。

第三节　高层钢结构的安装

　　高层钢结构工程主要特点是钢结构吊装量大、焊接作业量
大、高空作业量大三大特点，对操作工人的素质要求较高。

　　本文以某工程的高层钢结构工程为例，对高层钢结构的安装
方法进行叙述。

213

一、工程简介

某钢结构工程，采用钢结构与混凝土结构的组合形式，结构体系采用钢框架—核心筒剪力墙结构。A楼、B楼、空中连廊在±0.00m以上设抗震缝，分为三个独立的单体。总建筑面积81616.08m²（地下18635.61m²，地上62980.47m²），建筑基底面积5145.17m²。建筑层数：A楼地上二十一层，地下二层；B楼地上四层，地下二层。A楼屋顶建筑标高80.6m，B楼屋顶梁面建筑标高为+24.6m，地下室地坪标高-8.6m。空中连廊地上四层，地下一层，为钢桁架结构，结构高度20.4m。

钢柱，采用箱形和钢管形钢柱，400mm×400mm及以上截面的柱内灌混凝土。地下室部分共有88根钢柱。其中，A楼为箱形柱，共计53根，每段钢柱重约7.5t、长约10m。B楼为箱形柱，共计25根，连廊10根。地下室及停车场部分采用箱形柱。其上部钢柱，将根据运输条件和结构需要分为若干节制作和安装。

钢梁，采用焊接H型钢，总计有5811根钢梁。

现场一级焊缝的部位与构件有：梁、柱节点刚接部位、柱子拼接部位；除一级焊缝以外的所有焊缝，均为二级焊缝。现场焊接应严格按照工艺条件中规定的焊接方法、工艺参数、施焊顺序进行。

结构构件的连接形式：钢柱与钢柱对接，采用刚性连接；钢柱与钢梁连接，采用栓、焊刚性连接；主框梁与次梁连接，基本上均采用高强度螺栓铰接；钢梁与混凝土体预埋铁件连接，采用高强螺栓铰接形式。连接构件的接触面的抗滑移系数不小于0.45，并须按规范规定抽验和复验。扭剪型高强度螺栓10.9级。

二、安装准备

1. 起重设备的确定

在安装高层钢结构时，土建单位应用的塔吊要同钢结构安装单位共同确定。塔吊的安装位置及吊臂覆盖范围，考虑起重量、塔吊回转半径距最远构件的距离、重量最大的钢柱的分段重量来确定。一般工程分为主楼及裙楼，如，某工程采用TC7052—

台、TC7035 一台，两台塔吊分工：TC7052 主要承担 A 楼和连廊部位的安装任务。TC7052 塔吊载荷特性：70m 幅度起重量为 5.2t，50m 幅度之内起重量＞8t。TC7035 主要承担 B 楼部位的安装任务。TC7035 塔吊载荷特性：70m 幅度起重量为 3.5t，35m 幅度之内起重量＞7.9t。钢柱每段长 10m，重约 7.5t，在这个幅度范围内满足钢柱的起重要求。

2. 吊装前的准备工作

（1）进场构件必须具备的资料：

1）原材质量证明书。

2）钢构件产品质量合格证。

3）焊接工艺评定报告。

4）焊缝外观检查及焊缝无损检测报告。

5）摩擦面抗滑移系数检测报告。

6）高强度螺栓力学性能试验报告等。

（2）构件进场和卸车：

1）构件应根据现场安装进度，有计划、顺序地进入现场。不能发生构件在现场长时间堆放的现象。

2）卸车时构件要放在适当的支架上或枕木上，注意不要使构件变形和扭曲。要求准备两副卸货用吊索、挂钩等辅助用具周转使用，以节省卸货时间。并且定期检查辅助用具、消除事故隐患。安装与卸车用具必须分别配置，禁止混用。

3）运送构件时，轻拿轻放，不可拖拉，以避免将表面划伤。

4）构件放在地面时，不允许在构件上面走动。

5）卸货作业必须由工地有资质的人员负责。对构件在运输过程中发生的变形，应与有关人员协商，采取措施，在安装前加以修复。

6）卸货时，应设置维护栏，防止构件从车上落下，伤害他人。

（3）进场构件的验收要点：

1）检查构件出厂合格证、材料试验报告记录、焊缝无损检测报告记录、钢材质量证明等随车资料。

2) 检查进场构件外观：主要内容有构件挠曲变形、总长度、连接位置、方向、规格、节点板表面破损与变形、焊缝外观质量、钢柱内是否清洁无异物等。若有问题，应立即通知加工厂，并会同有关部门决定处理方案。

3) 检查高强度螺栓出厂的合格证和性能试验报告，送试件检验抗滑移系数。

(4) 构件现场堆放管理：

需在各塔吊两侧设置临时堆放场地。面积满足分批进场要求。

1) 构件分批进场。钢柱沿安装就位位置放置或顺着塔吊大臂方向放置。柱脚底板(下口)靠近柱所对应的锚栓或对着塔吊方向放置。钢柱、钢梁下须加垫木，并且须注意预留穿吊索的空间。梁、板等较宽构件应垫成坡度，以避免积水，保持空气流通、排水通畅。

2) 小件及零配件、螺栓、焊条等应集中保管于仓库，做到随用随领，如有剩余，应在下班前作退库处理。仓库保管员对小件及零配件应严格做好发放领用记录及退库记录。

(5) 试验准备工作：

进入现场的扭剪型高强度螺栓连接副，使用前进行复验紧固轴力平均值和变异系数。检验数量为每批抽取 8 套连接副进行复验，检验结果应符合设计要求。同时做高强螺栓摩擦面抗滑移系数试验，应满足不小于 0.45 的设计要求。2000t 为一个批次，每批三组试件。

(6) 柱身弹线：

钢柱吊装前，必须对钢柱的定位轴线，基础轴线和标高，地脚螺栓直径和伸出长度等进行全面的检查，并对钢柱的编号、外形尺寸、螺孔位置及直径、连接板的方位等，进行全面复核。确认符合设计施工图要求后，在钢柱的上下两端画出安装中心线和柱下端 1m 标高线，以便于安装就位。

（7）钢柱安装的辅助准备工作：

钢柱起吊前，将吊索具、操作平台、爬梯、溜绳以及防坠器等固定在钢柱上，便于工人操作和确保施工安全。利用钢柱上端连接耳板与吊板进行起吊，由塔吊起吊就位。

三、钢柱安装

1. 钢柱重量及塔吊起重量的确定

高层钢柱安装，土建安塔吊时要考虑钢结构安装的起重能力，根据构件最大重量，确定塔吊数量、塔吊起重能力及分布情况。如果局部塔吊头部吊装区域，起重量小于钢柱重量时，可考虑分段制作和吊装，以确保吊装安全。如某工程⑧～⑩轴为两台塔吊的吊装交叉区，也是塔吊的头部吊装区域，吊装重量最大为5t，而钢柱计划段重量为7.5t，此区域14根钢柱已超出起重量，对这些柱按计划段再进行分断制作达到起重要求。

2. 首层钢柱的安装

（1）钢柱按场地安装顺序，使柱基本就位，焊接牛腿，完成一根柱的牛腿组装后即可吊装，绳索用卡环同钢柱的顶部吊耳连接，翻身直立，起升后旋转安装方位，进行递送达到安装部位，缓慢落钩（图5-13）。

图5-13　首层柱吊装

（2）钢柱就位。

钢柱就位时，首先利用基础上的轴线确定好钢柱的位置。此时可令塔吊将 30%～40%荷载落在下部结构上(图 5-14)。

图 5-14　钢柱就位

（3）标高调整。

在复测柱顶标高前在钢柱两侧挂上磁力线锤，初步确定柱体垂直度后，再测量标高。测标高时可利用柱底上 1m 处的标高十字线标记进行校核。

首层钢柱的标高主要依赖于基础埋件标高的准确。钢柱标高主要依赖于安装前要严格测量柱底，因该细部结构施工时钢柱底板与一次浇筑基础混凝土有 50～100mm 厚的后浇，所以基础搁置标高控制设在数颗锚栓上，调整固定锚栓下螺母的上标高，提前用钢板调整到要求高度，用地脚螺栓调整标高（图 5-15）。钢柱安装时以水准仪测视柱身 1m 处标高，使其与设计的柱底板标高一致后拧紧紧固螺母。无误后拴好缆风绳，即可指令吊车落钩。

（4）钢柱垂直度校正。

采用缆风校正法，用两台经纬仪从柱的纵横两个轴向同时观测钢柱的垂直度。

向外调整采取在柱底依靠千斤顶进行调整，向内调整采取在柱顶部依靠缆风绳上手拉葫芦调整柱顶部，无误后固定柱脚。在校正过程中，不断调整柱底板下螺母，直至校正完毕，将柱底板

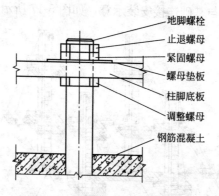

图 5-15　柱基础标高调整示意图

上面的两个螺母拧上，缆风绳放松一些达到不受力程度，使柱身呈自由状态，再用经纬仪复核，如有小偏差，调整下螺母，垂直度符合要求后，将上螺母拧紧，并牢固栓紧缆风绳（图 5-16）。

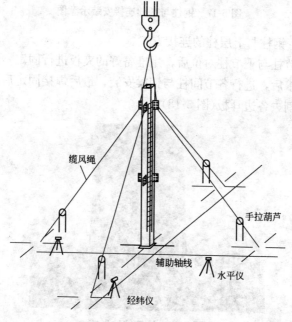

图 5-16　缆风校正法示意图

（5）钢柱与基础连接安装示意，如图 5-17 所示。

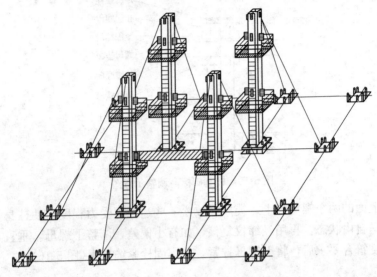

图 5-17　钢柱与基础连接安装示意图

（6）钢柱与上层柱的连接方式。

上节柱与下节柱对位后，用准备好的夹板进行固定，经调整满足要求后，进行各节间柱与钢梁安装，最后焊接固定后，卸掉夹板，割去各边耳板（图 5-18）。

图 5-18　柱接柱的形式

四、钢梁安装

（1）起吊钢梁之前，要清除摩擦面上的浮锈和污物。

（2）在钢梁上装上安全绳，钢梁与钢柱连接后，将安全绳固定在钢柱上。

（3）梁与柱连接用的安装螺栓，按所需规格和数量装入帆布袋内，挂在梁两端，与梁同时起吊。

（4）钢梁吊装可采用一吊多根的方法。每吊几根梁，根据实际情况确定。由于高层塔吊一升一降会浪费很多时间，所以采用一吊多根，提高起重机械效率。吊装前检查柱梁的几何尺寸、节点板位置与方向及安装前后顺序（图 5-19）。

图 5-19　钢梁的一钩多吊安装

五、钢柱与钢梁综合安装

1. 各节钢柱吊装施工顺序

本工程按设计钢柱分节顺序进行吊装，其施工顺序是：第一节钢柱（含钢梁）→第二节钢柱（含钢梁）→第三节钢柱（含钢梁）→第 n 节钢柱（含钢梁）。

上节柱的安装，须待下节柱内的混凝土强度达到 80% 以上才能进行。

2. 各节间钢柱与钢梁的安装顺序

第一节间钢柱的安装顺序：第一根钢柱就位→第二根钢柱就

位→第三根钢柱就位→第四根钢柱就位→下层梁安装→上层梁安装。

　　第一节间安装完成后，依次安装第二节间、第三节间，如图5-20所示。前三个节间安装完毕形成稳固的空间刚度单元后，进行钢柱、钢梁整体复测，各相关尺寸无误后，进行最终连接（图5-21）。

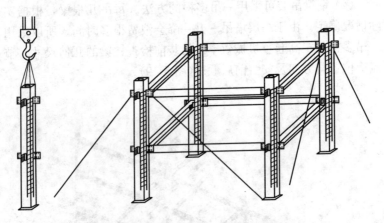

图 5-20　钢结构节间安装示意图

图 5-21　上层柱安装实例

六、高强度螺栓

1. 螺栓等级

刚架连接采用扭剪型高强度螺栓，其等级为 10.9 级。所有连接构件的接触面采用抛丸处理，摩擦面的抗滑系数 Q345 钢材不小于 0.45。

2. 高强度螺栓紧固轴力

紧固轴力的目标范围下限为设计螺栓张力，上限为标准螺栓张力加 10%。10.9 级扭剪型高强度螺栓连接副紧固轴力的平均值及标准偏差（变异系数）应符合表 5-1 所列数值的要求。

扭剪型高强度螺栓连接副紧固轴力的标准偏差（kN） 表 5-1

螺栓直径 d(mm)		16	20	(22)	24
每批紧固轴力的平均值	标准	109	170	211	245
	最大	120	186	231	270
	最小	99	154	191	222
紧固轴力标准偏差 $\delta\leqslant$		1.01	1.57	1.95	2.27

3. 施工扭矩值的确定

（1）扭剪型高强度螺栓的紧固分为初拧和终拧。大型节点分为初拧、复拧、终拧。初拧采用能控制扭矩的电动扳手进行紧固，初拧扭矩值见表 5-2 所示。复拧扭矩值等于初拧扭矩值。施工终拧采用定值电动扭矩扳手，尾部梅花头拧掉即标志达到终拧扭矩值。

高强度螺栓扭矩值 表 5-2

螺栓直径 d(mm)	16	20	(22)	24	27
初拧扭矩(N·m)	115	220	300	390	790
终拧扭矩(N·m)	230	440	600	780	1120

$$扭矩\ T_C=KP_Cd$$

式中　K——扭矩系数(0.11~0.15)取 0.13；

　　　P_C——预拉力标准值(kN)；

223

d——螺栓公称直径（mm）。

（2）初拧采用的初拧扳手，应按不相同的规格调整初拧值。

（3）节点螺栓紧固顺序为：在同一平面内，从中间向两端依次紧固（图 5-22）。

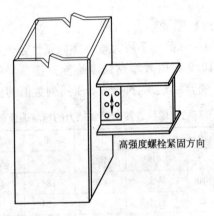

高强度螺栓紧固方向

图 5-22　高强螺栓紧固方向

4. 高强度螺栓施工顺序

（1）高强度螺栓的穿入方向，设计有要求的按设计要求方向穿入；设计无要求的，应以便于施工操作为准，框架周围的螺栓穿向结构内侧，框架内侧的螺栓，同一节点的高强度螺栓的穿入方向应当一致。

（2）各楼层的高强度螺栓竖直方向拧紧顺序为，先上层梁，后下层梁。待三个节间（①、②、③）全部终拧完成后，方可进行焊接，如图 5-23 所示。

5. 高强度螺栓施工的主要影响因素

（1）钢构件摩擦面经表面处理后，产生浮锈。经验表明，浮锈产生 20d 后，摩擦系数将逐渐下降，不能满足设计要求。因此，安装前应用破布将浮锈擦拭干净。

（2）初拧值。每天班前必须对扭矩扳手的预设初拧值进行复验测定，以严防超拧。施工中，采用响声控制扳手操作，并在高

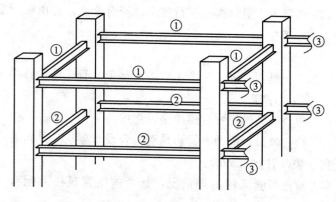

图 5-23　楼层螺栓拧紧顺序

强度螺栓上严格做好初拧标记，严防漏拧。

（3）摩擦面的处理。施工前摩擦面必须清理干净，保证摩擦面工作的摩擦系数。高强度螺栓连接摩擦面如在运输中变形或表面擦伤，安装前必须在矫正变形的同时，用同样的处理方法重新处理摩擦面。

（4）螺栓孔的偏差。高强度螺栓的连接孔由于制作和安装造成的偏差，允许用电动铰刀修整，严禁气割或锥杆锤击扩孔。铰孔前应先将其四周的螺栓全拧紧，使板叠密贴紧后进行，防止铁屑落入缝中。扩孔后的孔径不应超过 1.2d，扩孔数量不应超过同节点孔总数的 1/5，如有超出需征得设计同意。

七、钢结构焊接

1. 焊前准备

（1）将电焊机安置在施焊区域，放置平稳。接通主电源，连接焊机及烘箱电源，做接地并调试。焊接电缆线从焊机至焊钳的长度宜在 30～50m，如因施工需要加长时，应考虑焊接电流的衰减。

（2）焊条应按产品说明书要求进行烘焙，烘烤温度 300℃，恒温至 100℃保温。使用时，放在焊条保温筒内。

（3）准备焊接用脚手架、焊工个人工具及劳保安全用品。

（4）由技术人员对焊工进行技术及安全交底，并由被交底人在交底书上签字。

2. 焊前检查

（1）检查是否接到上一个工序的交接单。有工序交接单，方可进行下道工序施工。

（2）检查安装的高强度螺栓是否终拧。

（3）检查坡口、间隙、钝边是否符合设计要求。是否有严重的错边现象（错边≤2mm）。

（4）检查焊缝区域清理情况，是否按梁宽在柱上配有工艺垫板。

3. 焊接顺序

（1）构件接头的现场焊接，应符合下列要求：

1）安装流水区段内的主要构件的安装、校正、固定（包括预留焊接收缩量）已完成。

2）确定构件接头的焊接顺序，绘制构件焊接顺序图。

3）按规定顺序进行现场焊接。

（2）接头的焊接顺序，平面上应从中部对称地向四周扩展，如图5-24中①、②、③、④为钢梁的焊接顺序，先焊接钢梁的下翼

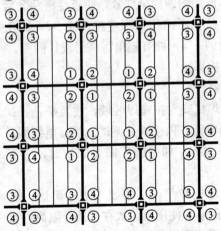

图5-24 钢梁平面焊接顺序

缘，再焊接钢梁的上翼缘，钢梁两端不能同时施焊，宜两名焊工在梁的两侧同时对称施焊。竖向可采取有利于工序协调、方便施工、保证焊接质量的顺序。

（3）多层梁焊接应遵守先焊顶层梁、后焊底层梁，再焊次顶层梁、次底层梁；柱对接焊缝可先焊，亦可后焊，如图5-25中①、②、③、④为柱与钢梁的焊接顺序。

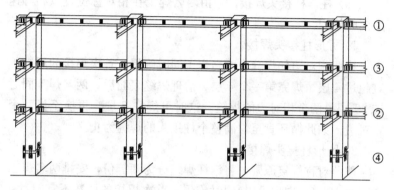

图5-25 柱及梁焊接顺序

（4）梁和柱焊接应安排两名焊工在柱的两侧对称焊接，电焊工应严格按照分配的焊接顺序施焊，不得自行变更。

4.焊接

（1）现场焊接接头形式为：箱形柱单面V形坡口带垫板横焊全熔透横焊缝；柱与梁单面V形坡口带垫板平焊全熔透平焊缝；梁与梁单面V形坡口带垫板平焊全熔透焊缝。

（2）柱与梁连接角焊缝、对接平焊缝加设的引、收弧板，采用工艺垫板，每边加长60mm。引、收弧在垫板上进行，如图5-26所示。焊缝探伤合格后，气割切除引弧板。然后用角向磨光机将气割留下的5～10mm引弧板打磨平整。同时做好防火工作。

（3）焊接工艺参数具体操作时应按焊接作业指导书进行。

（4）梁和柱接头的焊缝，宜先焊梁的下翼缘板，再焊其上翼缘板。先焊梁的一端，待其焊缝冷却至常温后，再焊梁的另一端，不宜对一根梁的两端同时施焊。

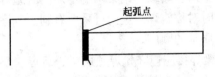

图 5-26　引弧板设置

（5）柱与柱接头焊接，应由两名焊工在相对称位置以相等速度同时施焊。

1）方形柱接头焊接。

柱两相对边的焊缝由两名焊工同时施焊，首次焊接的层数不宜超过 4 层。焊完第一个 4 层，清理焊缝表面后，两名焊工同时转 90°焊另两个相对边的焊缝。这时可焊完 8 层，再换至另两个相对边，如此循环直至焊满整个柱接头的焊缝为止。

2）圆形柱接头焊接。

按照对称焊接原则，将钢柱焊缝分为两等份，安排两名焊工按图示方向（反向也可以）同时施焊。首次焊接的层数不宜超过 4 层。焊完第一个 4 层，清理焊缝表面后，再焊第二个 4 层，如此循环直至焊满整个柱接头的焊缝为止（图 5-27）。

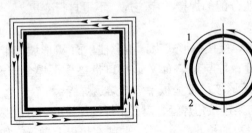

图 5-27　柱对接焊接顺序

（6）柱与柱、梁与柱接头焊接试验完毕后，应将焊接工艺全过程记录下来，测量出焊缝的收缩值。

（7）当风速大于 5m/s，应采取防风措施方能施焊。

（8）焊接工作完成后，焊工应在焊缝附近打上（或用记号笔写上）自己的代号钢印。焊工自检和质量检查员所作的焊缝外观检查以及超声波检查，均应有书面记录。

5. 焊接检验

(1) 焊缝的外观检查：

1) 焊缝质量的外观检查，应按设计文件规定的标准在焊缝冷却后进行。梁柱构件以及厚板焊接件，应在完成焊接工作 24h 后，对焊缝及热影响区是否存在裂缝进行复查。

2) 焊缝表面应均匀、平滑，无折皱、间断和未满焊，并与基本金属平缓连接，严禁有裂纹、夹渣、焊瘤、烧穿、弧坑、针状气孔和熔合性飞溅等缺陷。

3) 所有焊缝均应进行外观检查，当发现有裂纹疑点时，可用磁粉探伤或着色渗透探伤进行复查。

4) 对焊缝上出现的间断、凹坑、尺寸不足、弧坑、咬边等缺陷，应予补焊。补焊焊条直径不宜大于 4mm。

5) 修补后的焊缝应用砂轮进行修磨，并按要求重新进行检查。

(2) 焊缝的超声波探伤检查应按下列要求进行：

1) 图纸和技术文件要求全熔透的焊缝，应进行超声波探伤检查。

2) 超声波探伤检查，应在焊缝外观检查合格后进行。焊缝表面不规则及有关部位不清洁的程度，应不妨碍探伤的进行和缺陷的辨认。不满足上述要求时，事前应对需探伤的焊缝区域进行铲磨和修整。

3) 全熔透焊缝的超声波探伤检查数量，应按现行国家标准的规定执行。当发现有超过标准的缺陷时，应全部进行超声波检查。

4) 超声波探伤检查方法及检查等级应根据现行国家规范规定的标准进行。

5) 超声波检查应做好详细记录，并写出检查报告。

6) 经检查发现的焊缝不合格部位，必须进行返修，并应按同样的焊接工艺进行补焊，再用同样的方法进行质量检查。

7) 当焊缝有裂纹、未焊透和超标准的夹渣、气孔时，必须将缺陷清除后重焊。清除，用碳弧气刨或气割进行。

8）焊缝出现裂纹时，应由焊接技术负责人主持进行原因分析，制定出措施后方可返修。当裂纹界限清楚时，应从裂纹两端加长 50mm 处开始，沿裂纹全长进行清除后再焊接。

9）低合金结构钢焊缝返修，在同一处返修次数不得超过 2 次。对经过 2 次返修仍不合格的焊缝，或要更换母材，或按照由责任工程师会同设计和专业质量检验部门协商的意见处理。

6. 焊接变形

钢梁施焊后，焊缝横向收缩变形对钢柱垂直度影响很大，由于钢柱焊缝较厚，所以累计误差的影响比较大。为确保工程质量，结合本工程的具体情况，采取以下效措施。

（1）校正时外侧柱柱顶向外侧倾斜 3mm。采取预留收缩余量的措施。

（2）焊接时在柱两侧呈 90°挂磁力线锤，测定焊接过程中的轴线变化，并作相应焊接顺序调整。

（3）采用小热输入量、小焊道、多道多层焊接方法以减小收缩量。

八、影响钢柱垂直度的其他因素

1. 日照温差影响

日照温差引起的偏差与柱子的细长比、温度差成正比。一年四季的温度变化，会使钢结构产生较大的变形，尤其是夏季。在太阳光照射下，向阳面的膨胀量较大，故钢柱便向背向阳光的一面倾斜。通过监测发现，夏天日照对钢柱偏差的影响最大，冬天最小；上午 9～10 时和下午 2～3 时较大，晚间较小。校正工作宜在早晨 6～8 点，下午 4～6 点进行。

2. 缆风绳松紧不当

缆风绳松紧不当，将影响钢柱的垂直度。严禁利用缆风绳强行改变柱子的垂偏值。

九、钢构件吊装安全注意事项

（1）第一节钢柱在地下室 −8.6m 标高平面上进行吊装，随着安装进程，作业面将逐步升高，施工人员较多，大量的高空作业和塔吊的频繁旋转运行，给安全施工带来了许多问题。所以，必须切实加强安全管理，有专人专职负责安全管理，做好各关键部位的安全措施，严查违章作业，做到预防为主，加强安全教育，提高职工的自我保护意识和自我保护能力。

（2）进场使用的一切机械、防坠器、索具等都要经过严格的检查，不能使用有变形及裂纹的连接索具，不能使用带毛刺及断丝的钢丝绳，不能使用失效的防坠器，所有器具的安全系数必须达到安全规程规定的要求。

（3）吊装时应设立安全警戒线和明显的警示标志，设专人负责监护，防止闲人进入安全警戒区及受力索具区域内，以避免他人受到易外伤害。

（4）塔吊运行，应由有指挥经验的起重工持证上岗，负责指挥。

（5）现场使用的焊机龙头线及地线一定要合理布设，不能与吊装钢丝绳相碰，以免烧坏钢丝绳。一切电器设施都要有防雨防潮设施。施工用电由专职维护电工负责电器的接线、送电、关闸。

（6）搭设各柱上操作平台，必须安全可靠。钢构件吊装过程中，必须安全可靠。

（7）螺栓操作者所用的螺栓应装入布袋，用一个拿一个，扭掉的螺栓梅花头，收入口袋，禁止随意扔掉。

（8）螺栓枪、撬棍、扳手、定位销等均有安全绳，并加以固定。

（9）施焊场地周围应清除易燃、易爆物品或进行遮盖，隔离围护。作业现场及焊机摆放处应配放有效的灭火器具。

（10）所有焊工作业均应有焊条筒，焊条与焊条头均装入筒内，焊筒挂放牢固。

（11）工作结束，应切断电焊机电源，并检查操作地点，确认无起火危险后，方可离去。

第六章　起重安装知识的应用实例

第一节　C型单主梁门式起重机的安装

某钢结构厂成品堆放场地，需要增加安装一台大型C型单主梁门式起重机，该起重机跨度30m；吊梁本体长30m＋7m＋7m＝42m；梁重30t，梁尺寸：2.28m×1.5m×42m；梁体上皮安装标高12m；下段腿重10t、上段腿重7t、行走台车重11t。

1. 起重机的选择

根据现场实际情况：采用130t汽车式起重机，起重臂长25.42m，半径12m，起重量 $Q=25.0t$；65t吊车，起重臂长15.05m，半径9m，起重量 $Q=15.5t$。

2. 构件布置

金属结构部分主要由桥架（主梁、栏杆、爬梯、走台、电缆滚筒、小车轨道）、司机室、操作室、配电柜、和小跑车架组成。构件进场，每侧支腿构件，存放在轨道两侧，横吊梁存放在轨道尽头垂直方向对准腿上部连接位置，便于吊起就位。

3. 门式起重机主梁吊点的确定

每台吊车在梁两端部，里侧用130t汽车起重机操作，因为里侧吊车距构件远，起重半径大。外侧可站在路边，距构件近，用65t汽车起重机操作。门式起重机主梁重量分配计算如下，（图6-1）。

两吊点相距27m，将梁看作绕转轴转动物体的平衡，重物 G 在匀质梁长 L 中部 O 点，以 B 点为转动中心，应用平衡条件可得：

$$\sum M = M_G + Ma = 0$$

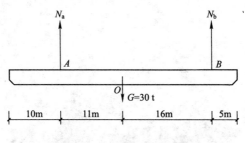

图 6-1 吊点位置示意图

即 $\qquad -G \times 16 + N_a \times (11+16) = 0$

所以 $\qquad N_a = 30 \times 16/27 = 17.8(t)$

$$N_b = 30 - 17.8 = 12.2(t)$$

验算: $\qquad 17.8 + 12.2 = 30(t)$

两台吊车共同抬吊一个物件要考虑不平衡因素,按起重量的 80% 计算

130t 汽车吊起重量为 25.0t,$25 \times 80\% = 20t > 17.8t$

64t 汽车吊起重量为 15.5t,$15.5 \times 80\% = 12.4t > 12.2t$

以上两台吊车共同工作满足起重要求。

4. 施工方法

由一台吊车做准备及腿部安装。

首先,安装由一台吊车组装吊车的上腿部和下腿部,吊起门式起重机腿下部后,吊至轨道上,然后上紧夹轨器,两侧再用方木支撑牢固。松钩后,先在上腿的上部向下 1.6m 处设置临时脚手板,固定在起重机腿上,为安装梁与腿部螺栓操作用。两点起吊,在上部两侧预先绑上 4 根缆风绳,吊车吊起上部腿部后,不松构,使其上腿就位在下腿上,当上腿部与下腿部用螺栓连接组装完毕后,用绳风绳在轨道两侧拉紧,缆风绳尽量对称,找正、固定后,即可松构。移动起重机,进行另一侧腿部安装(图 6-2)。

安装支腿时必须等所有的螺栓紧固好,所有的缆风绳拉设好

233

图 6-2　安装脚部及腿部

才能脱钩，测量员使用经纬仪找正两支腿的垂直度。待两边的门式起重机腿部安装完后，进场两台吊车，进行门式起重机主梁安装。

采用双机抬吊法，用两台吊车，同时进行梁部安装。梁部安装绑扎采用捆绑方式，由两台吊车同时进行。进场吊车为一台130t汽车吊车，一台65t汽车吊车，由于里侧吊车距离门式起重机的构件远，起重半径增加。所以130t汽车吊车布置在里侧，外侧边上采用65t汽车吊安装。起吊前要复核两台吊车的工作位置和作业半径。两部吊机应协调动作，保持同步。先起吊约20cm高，静止观察5分钟，察看两台吊车的力矩显示器，复核门式起重机的主梁的重量和两台吊车的承载率，重新试验两台吊车制动系统，制动是否可靠。检查没有异常问题后，复核合格，两台吊车可以同步起升，指挥人员要密切观察，尽量使整个主梁保持水平起升。在整个起升过程中，两台吊车的起吊绳索要始终保持竖直。

吊起后，达到操作室的高度时，停止起升；先安装配电柜和电阻箱，然后安装操作室。把事先布置到位的配电柜、电阻箱和操作室安装到门式起重机主梁下部。安装完操作室后，进行起吊。否则，配电柜、电阻箱和操作室将无法安装。

经统一指挥，两台起重机的起吊速度基本保持相同。达到安装位置，缓慢落钩，安装人员站在临时操作平台上，调正孔距，安装螺栓，紧固后即可松钩(图6-3)。

图6-3 双机抬吊门式吊梁就位

最后，由外侧的一台65t汽车起重机安装小跑车架及其他构件。采用34.3m臂杆，9m半径，起重量 $Q=14.5t$，大于小车重11t，满足要求。

门式起重机结构安装完后，对起重机进行全面清扫，清除其上污垢。拧紧起重机上所有连接螺栓和紧固螺栓。并对以下内容重点检查试车：

（1）制动器上的螺母、开口销、定位板是否齐全、松动，杠杆及弹簧有无裂纹，制动轮上的销钉、螺栓及缓冲垫圈是否松动、齐全；制动器是否制动可靠。制动器打开时制动瓦块的开度应小于1.0mm，且与制动轮的两边距离间隙应相等，各轴销不得有卡阻的现象。

（2）各机构运转平稳，制动器灵敏可靠，全程范围内无三条腿现象，无啃轨现象，各限位关能可靠工作。

（3）卷筒和滑轮上的钢丝绳缠绕是否正常，有无脱槽、串槽、打结、扭曲等现象，钢丝绳压板螺栓是否紧固，是否有双螺母防松装置。

235

（4）起升机构的联轴器密封盖上的紧固螺钉是否松动、短缺。

（5）各机构的传动是否正常，有无异常响声。

（6）所有润滑部位的润滑状况是否良好。

（7）小车跑轨道是否产生卡轨现象。

（8）安全保护开关和限位开关是否定位准确、工作灵活可靠，特别是上升限位是否可靠。

5. 完成情况

经以上措施对门式起重机的安装，操作合理，主梁无变形，组装牢固。达到安全使用标准，圆满地完成了这项任务。

第二节　双拔杆滑移法吊装塔形构件

某化工厂氮项目中需安装两台塔形设备（以下简称"塔"）。一台气塔，一台分流塔。气塔高 56m，重 110t，底直径 4m。分流塔重 187t，每台基础由 30 根地脚螺栓固定。

1. 确定方案

塔形构件是直立圆柱形的化工设备，它的特点是：外形简单，长细比大，重量大。因此，选择好吊装方案是极为重要的一项工作。根据现场情况及塔的重量、高度，确定采用双拔杆滑移法进行安装塔形设备，该方法是在塔基础两侧竖立两根拔杆，将起重提升系统挂在水平搁置塔的上部，塔底部在提升过程中不断向塔基础方向滑移，直至塔体完全吊装至直立悬空，最后直立地搁置在基础上。选用拔杆吊装机具，并进行核算，确定拔杆的起重量，确保吊装性能满足起重的安全要求。最后确定使用：拔杆起重量为 $100t \times 2 = 200t$，高 50m，满足起重要求。两台拔杆上部用缆风绳固定。两台拔杆布置在分流塔（气塔）基础两侧，对称起吊。塔形构件安装主要内容是把塔体安全、准确的吊放在基础上，并对塔体进行找平、找正、紧固螺栓等。

2. 吊装准备

（1）起重作业的劳动组织。合理的配备劳动力，组织工作要严密，指挥要统一，认真做好吊装作业中的配合协调工作。

（2）现场平面布置。布置塔构件的运输路线、停放地点、卷扬机摆放位置。塔形构件起吊滑行路线要土质坚实。要清除一切妨碍起吊操作的障碍物，做到场地干净、整洁，视野广阔。复核基础强度和外形尺寸，做好清理、放线和垫铁敷设工作。

（3）拔杆起重机的组立。应根据吊装方案准备好满足起重性能的拔杆、绳索、锚桩和卷扬机等，并布置在合理的位置上，在塔基础两侧，竖立拔杆前，应将起重滑轮组和绳索、缆风绳等系结好，并要进行仔细检查，防止发生混乱和松脱等现象。桅杆竖立后，用卷扬机拉紧桅杆绳索，并使桅杆向后稍倾，以免增加绳索上的受力。

（4）拔杆缆风绳的设置、数量、角度，避开障碍物。在双拔杆抬吊塔设备时，每根拔杆的缆风绳数目设置 7 根，尽可能使缆风绳均匀分布，每根缆风绳的长度尽量一致。锚桩的尺寸和埋入深度，要按绳索最大拉力选择，埋设后，做抗拔拉力试验满足要求。

（5）检查基础的螺杆是否弯曲，螺纹是否损坏，以及所用材质是否符合要求等。

（6）塔形构件布置就位后，平卧时要进行塔形构件立起后的方向对正。当塔体方位有偏差时，可借助千斤顶使塔体绕其自身转动。具体操作方法，在塔体两端分别焊上支脚，作为千斤顶的着力点，两台千斤顶应以相同速度进行顶进，还可以用钢丝绳绕在塔体外面，从切线方向用力拉，使塔体转动，对正塔体方向。

3. 吊装方法

采用双拔杆滑行法吊装塔体时，吊装动力由卷扬机进行起吊。拔杆中心与基础中心应在一条线上，以便塔体就位时，其中心线与基础中心线重合。两拔杆中心与基础中心距离应相等。两拔杆间距离要小，以使受力良好。起吊前，设备的中心线应尽可能与拔杆中心线相垂直，使拔杆受力均衡。上部在拔杆处，下部，塔形构件安放在滑车上，便于滑行，减少阻力，在设备尾部设置滚杠运输架，系上牵引及溜放滑车组。此方法可减少一台大型履带吊车递送，节省造价。设备底座处应加制动用牵引滑轮组，避免吊装时塔体与基础相碰。

底铺采用100mm厚的木板按气塔就位方向顺铺，做一个运输架，类似爬犁，并配备一台卷扬机牵引，使构件起升时能向前移动。为了减少摩擦力，在下部用钢管作为滚动工具，当后边滚出后及时向前补充，用滑轮改变卷扬机拉力方向(图6-4)。

图6-4　滑轮改变拉力方向

塔的捆扎，对于外形简单的塔体，捆扎位置(吊点)大约在塔全高的三分之二处或以上。本工程吊点设在塔上部向下11.5m处，同时不允许捆扎在塔体的进、出口接管等薄弱点。捆绑用绳索直径和根数由计算确定。捆绑绳索和塔之间应垫上方木，以免擦伤塔壳体，并防止起吊时绳索滑脱。要注意防止设备吊装时变形，必要时增加内部支撑。

(1) 试吊

1) 在塔正式吊装前，应进行试吊，试吊的目的是检查整个起重吊装系统各部分机具、索具的工作是否正常，各项准备工作的可靠性，指挥人员和操作人员的联系是否正常，相互配合是否熟练，如发现不妥之处，在正式起吊前，要处理好，不留隐患，以便有把握地进行正式吊装。

2）试吊时，逐台开动卷扬机，主吊和拖拉、溜放滑车组的钢丝绳拉紧为止，然后检查吊索连接是否牢靠，检查导向滑轮的位置及各台卷扬机的方向，检查设备的两吊耳是否处于同一水平面，以及各绑扎点索具所有受力情况。

3）一切正常后，再次开动卷扬机，把塔体前部吊起，当距地面约 0.5m 左右时，停止卷扬机，进行全面检查：检查缆风绳的受力情况，尤其是主缆风绳的受力是否均匀。检查索具连接是否可靠，检查起钩、落钩、制动、钩头是否灵活牢固。检查拔杆受力后，拔杆头部的移动情况，不允许向内倾斜，两拔杆受力后向内收拢除外。检查卷扬机受力后方向是否有变动，检查各地锚受力后是否发生严重走动。检查塔体有无变形或其他不良情况，还要多次提升与下降，将设备提升到基轴线与地面成 20°～30°角，检查各滑车组的工作情况，检查拖拉、溜放滑车组及尾部临时运输架的操作情况。检查卷扬机制动是否可靠。检验指挥联络是否畅通。在试吊过程中发现问题，放下设备复原，进行处理。然后再进行试吊，在正式吊装前，要对吊装的各项准备工作，进行认真、仔细的检查，直到完全符合要求为止。

（2）正式起吊

1）起吊时，将起重索具固定于塔身上，两桅杆上的吊具由两台卷扬机同时牵引，动作要协调，速度保持一致，塔体底座的制动滑轮组也要用卷扬机拉住，防止与基础相碰。

2）吊起塔前部。这时塔处于"抬头"状态，继续提升，塔体移动时，可用牵引滑车组，以辅助塔体移动。并随时调整牵引与溜放滑车组，使提升滑车组始终处于两拔杆轴线所在的平面内。起吊过程中保持塔体平稳上升，不得产生跳动、摇摆及滑轮卡阻、钢丝绳扭转等现象。起吊过程见图 6-5。

图 6-5　底部牵引爬犁在滚杠上向前移动

3）为防止塔体摇摆，可在顶端拴上绳索加以控制。起吊过程中，要检查桅杆、绳索和锚桩的受力情况，严防松动，同时还要检查桅杆底部转向滑轮，不能因起重钢丝绳水平拉力作用而牵动底部向前移动。

4）整个吊装过程中，要设专人负责统一指挥。操作人员必须按指挥人员的各种信号进行作业，指挥人员用旗语配合口哨，发出信号要鲜明，吊装中不要间断或将塔体悬吊在空中，以免发生问题。

（3）吊装就位

当塔体逐渐升高竖直时，要防止绳索相碰。当塔尾部的运输架滑行接近基础时，拉紧溜放滑车组，使塔尾部离开尾部运输架，继续提升，同时放松溜放滑车组，使设备处于垂直状态。当吊升到稍高于地脚螺栓时，即停止吊升，准备就位，塔被吊成垂直时，要控制住不要碰撞到塔底的地脚螺栓。应由专人复查就位方向，就位时，利用拖拉、调整、溜放和牵引滑车组，平拉或转动塔体，用撬棍拨正，使底座上的地脚螺栓孔对准基础上的地脚螺栓。松放主吊滑车组，将塔平稳地下降到贴近地脚螺栓端面的位置，尽量利用地脚螺栓的导向杆以保护螺栓，放下主吊滑车组，使塔就位。随即临时固定螺栓，将螺栓与地脚固定好（图 6-6）。

图 6-6　塔类构件将要吊起竖立

（4）调整找正：

塔类设备安装就位后，要进行找正调整，拔杆未拆除前，应对塔体的标高和垂直度进行复检。用水平仪校对标高，然后用两台经纬仪从纵横两个方向对中心线，塔体垂直度超差可用垫铁进行调整。当水平垂直和标高偏差都符合允许偏差值时，应对称均匀的拧紧固定地脚螺栓，按设计要求的连接方法进行固定和二次浇灌混凝土。最后进行内部构件的安装。

4. 完成情况

经以上施工方法，圆满地完成了这项任务，达到了预期效果。

第三节　用提升支架倒装法起吊罐体

某机务段因发展需要，内燃油库内要增设两座 2000m³ 地上立式拱顶钢油罐。该油罐直径 15.62m，高 12.733m，共七节（圈）罐壁。钢材采用 Q235B。每节罐壁板高 1.6m，周长 49.053m。底圈板厚 $\delta=8$mm、重 4.906t；二圈板厚 $\delta=6$mm、重 3.679t；三圈～顶圈 δ＝5mm，每圈重，3.066t。一道抗风圈梁角钢 100×63×10，重 0.485t。罐顶由扇形顶板、中心顶板及径向、环向肋板，包边角钢组成，重 7.891t。罐底板厚度：外圈边板 δ＝8mm，中幅板 δ＝6mm，垫板 δ＝5mm，罐底重 9.612t。罐底重量不计入起重范畴内。计入起重范畴内的每个罐钢材用量：罐顶，7.696t；罐壁：24.40t；盘梯及栏杆：1.512t；电焊条：0.660t，总计重：34.268t。

施工方案：

经多方案论证，采用提升支架起吊安装方案比较可行，经济合理。吊运钢板，安装罐顶拱板由 8t 汽车起重机配合作业。

1. 临时环形杠杠布置

临时环形杠的作用：保证环向焊缝强制防变形，环形杠每提升一圈壁板加强支撑后，进行围焊，起到控制焊接变形。

环形杠制作采用工字钢加工制作，采用 I20b（200mm×102mm）热轧普通工字钢，煨制成形。每层环形杠用三角托板架起，间距 1000mm 设一块，采用－10×250×200 钢板制成。环形杠分四节制作，用千斤顶撑紧。罐壁内临时环形杠布置及形状如图 6-7 所示。

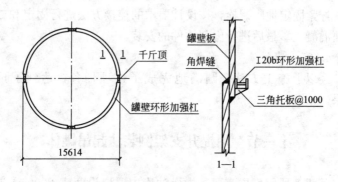

图 6-7　罐壁内临时环形杠布置图

2. 提升支架布置

提升支架制作：材料采用 Q235B 钢材。支架立柱采用 φ273

242

钢管，$L=2600\text{mm}$，加肋板—$12\times300\times150$ 钢板；支架底座槽钢 $[20@800$；吊点连接板 $\delta=12$ 厚钢板。罐壁内提升支架布置如图 6-8 所示。

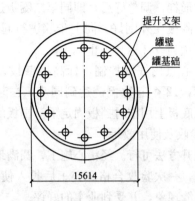

图 6-8 罐内壁提升支架布置图

3. 起吊方法

安装采用倒升法，在罐内壁板均匀分布设置提升支架 12 个，每个支架配备一个捯链，每个起重捯链 5t，起重量 $12\times5\text{t}=60\text{t}$，大于罐体重(不计罐底)34.268t，满足起重要求(图 6-9)。

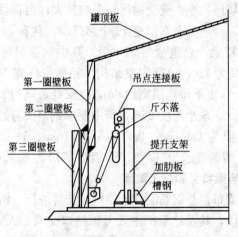

图 6-9 罐提升方法示意图

243

首先完成罐底板施工，而后制作罐顶，第一圈外围板在罐底上焊好后，把罐顶同第一圈搭接焊好，第二圈板在第一圈外圈焊好后，之后采用提升支架起升第一圈壁板，达到下板与上板搭接高度后，安装环形杠，调整好后，即同第二圈板进行围焊，第二圈焊好后，第三圈板在外围好，同上步骤进行起升第二圈罐壁，以此类推，直到达到设计标高为止。

提升过程中心点用线锤控制，标高用壁板调整控制。起升时，要统一指挥，12个起重捯链达到同步，在起升过程中调整水平及位置，在底板上用临时挡板固定下节围板的位置。

4. 油罐的验收及使用效果

经验证此提升方法可行。经精心施工，圆满地完成了2台钢油罐的安装任务，一次验收合格。交工后投入使用，结构稳定，没有发现渗透裂缝现象，并受到业主的好评。

第四节　钢箱桥梁的安装

一、工程概况

该工程位于某市二环线某标段，地处繁华闹市区主干道上，高架桥施工场区狭小，受交通运输影响较大，钢箱桥梁安装在混凝土支墩上，分散分布在沿途12个路口段，共有12联钢箱梁及两个匝道钢箱梁，总重量约22000t。其中钢箱梁标准段桥宽为26m，箱梁高为2m，单箱四室结构，箱梁主体宽18m，两侧的挑梁各宽4m，上下桥匝道宽约8m，立交处最宽约32.9m，墩距最大跨度57m、最小跨度26m，跨中要求钢箱梁有起拱。钢箱梁箱体材质主要为Q345qc，板厚以$\delta=14mm$、$\delta=24mm$和$\delta=8mm$为主，焊缝要求为一、二级，除锈等级为Sa3。

二、钢箱梁特点和施工难点

钢箱桥梁布置与钢筋混凝土箱桥梁交替进行，钢箱桥梁分布在交叉路口段，其设计意图主要考虑路口交通、人流纵横交叉，钢箱梁因施工场地阻碍小，施工进度快，可以缓解交通阻碍。

现有道路路宽与高架桥宽度基本一致，因此钢箱桥梁整体安装时受道路交通影响较大，必须采取非常规安装方法，如钢箱桥梁的主体与两侧的挑梁分开安装，先安装主体箱梁，再安装挑梁；主体箱梁安装时采取纵向剖分的方式，以增加临时支架间的间距，利于车辆从支架间通行，减少交通的影响。钢箱桥梁分段吊装尽量在车流量小的时段进行。

钢箱梁是全焊接结构，内部有大量的对接接头、熔透或角接接头等多种接头形式及各种不同焊接位置，且焊缝要求级别高，同时钢板厚度与刚度较小，焊缝密集，特别是支座处结构复杂，受力集中，因此保证焊接质量，控制焊接残余应力与焊接变形是钢箱梁安装的最大难点。

为减少现场的吊装量，减少焊接应力，必须尽量增加分段的尺寸与重量，因此钢箱梁的分段原则是尽可能地增加长度和宽度，考虑运输因素，制作车间吊车的起重能力，安装现场的各种条件限制和选用起重机的起重能力，分段重量定在50t左右，因此超宽、超长、超重将是分段的最大特点之一，其制作、运输和现安装均存在一定难度。

由于钢箱梁两支墩之间的距离较大，钢箱梁有起拱要求，跨度越大，起拱量越大，且设计中桥梁沿横向及纵向均有坡度要求，因此，在加工、安装时各分段的制作精度、安装精度都较高，而且在制作过程中要整体制作、多节预拼装方能满足要求。势必对道路的交通造成很大的影响，因此安装现场的交通秩序的管理是重点之一，各安装点必须安排专人协管交通，做好施工围挡，交通疏导信号的管理，确保车辆、行人的安全和顺畅通行。

三、钢箱梁安装准备

钢箱梁制作在工厂进行，钢箱梁零部件、板单元分段制造。钢箱桥梁制作完成并经各方质量检查验收合格后，按安装现场需要运输钢箱桥梁节段运至安装现场。在安装前5天，联系好运输车辆，并确定钢箱梁装运顺序及每段钢箱梁装车时的朝向位置。

钢箱梁节段运至安装现场前，先将临时支架搭设好，由于安装现场施工范围小，考虑高架桥下车辆通行情况，钢箱梁节段安装采用运输构件车辆随到随安的方法。

1. 安装准备阶段

钢箱梁到达安装现场前，应准备好各种工具、机具、吊装设备、交通疏导设施等，为钢箱梁吊装做好充分准备工作。与钢箱梁安装无关的其他专业施工的机具等应清除出钢箱梁施工区域。临时用水用电点设置在每联长钢箱梁中间部位。施工现场布置需整洁、有序，同时做好施工防噪措施。

安装开始前做好人力配备，精心挑选各工种人员，并进行施工前安装技术、安全交底、交通保障等工作，并做好记录，同时贯彻落实工程质量与安全目标。安装过程中，各工序相互交接时应有工序交接记录。

2. 制作安装辅助工装

预拼装下胎前，桥断面、端面，设固定卡具，钢箱梁吊装用吊耳。定位卡具和吊耳，由制造厂制造好（图 6-10）。

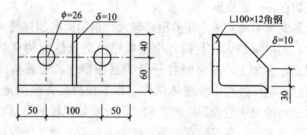

图 6-10　固定卡具

（1）固定卡的距离设置。

纵、横端口固定块设在横隔板上方（间距以每节段钢箱梁横隔板间距为准），且两端固定块距边缘距离为 200mm。

（2）吊耳。

每节段四件吊耳，卸扣型号为 DW 型 S-DW55-21，材质为Q235（图 6-11）。

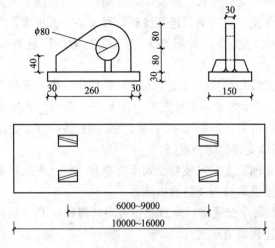

图 6-11 吊耳及安装位置图示

安装吊耳应在纵横格板处设置,以保证强度,如遇中心不对称时可适当调整,但不允许设置于下底加劲处。

由于钢箱梁安装地处繁华的交通路口,周边障碍物较多,路况比较差,安装工程开始前,必须实地考察现场,对道路凹凸不平而需要搭救设临时支墩的地方要事先进行平整和加铺钢板,根据节段的划分,用经纬仪或全站仪确定临时支架的位置,搭设临时支架,临时支架的构造如图 6-12 所示。

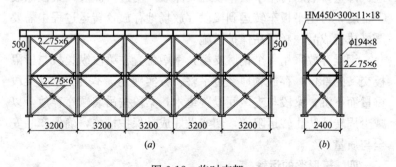

图 6-12 临时支架

(a) 正视图;(b) 侧视图

根据钢箱梁分段长度搭设临时支架后，工程技术人员应对所有的桥梁支座。支座钢板进行检查，看安装是否正确，并对所有的支墩、临时支架进行标高复核，检查其高程是否满足设计要求。

由于桥段卸载后临时支架方能周转使用，故考虑每个施工点制作 20 组临时支架，临时支架连接节点全部采用螺栓连接，以便安装及拆解方便。制作完的临时支架刷底漆一度，面漆一度。

3. 辅助支架的防撞设施

为防止辅助支架安装后受到来自垂直通行及左向转弯的车辆撞击，必须采取管理及防撞措施：

（1）在每个交通路口垂直通行方向，离路口 15m 处设置限高支架。防止超高货车通行。

（2）在每个交通路口垂直通行方向，设置减速带，并限速 20公里/小时通行。

（3）在每组临时支架的两侧设置防撞装置，避免车辆直接撞击支架。

除上述临时支架外，考虑安装过程中桥下车辆可以正常进行，还需准备贝雷架和脚手架等支架。

4. 钢箱梁转运

钢箱梁制作预拼完工后，用平板车转运到厂房外梁段存放场进行修整，然后再用平板车转运到涂装厂房进行涂装，梁段涂装完工后，再用平板车转运到梁段存放场地存放，转运过程中需要严格执行成品、半成品保护措施。

钢梁存放采用 4 个钢墩支撑，钢墩位置在梁段纵腹板与横隔板交叉的部位，存放场地经过平整、夯实硬化，不会因承受梁段重量而下沉，梁段与支墩间设置垫木，梁段按吊装顺序存放，以减少周转，防止转运阻塞，切实做好成品保护措施，确保产品安全与质量。

四、箱形梁的运输

根据工地组装顺序要求发运钢箱梁节段，钢箱梁运输构件长为 10~16m。在钢箱梁分段运输前 5 天制订可靠的运输计划，做好运输车辆的调度安装，考虑雨天等不利因素，提前做好进场准备工作，保证分段按时到达临时堆场及施工现场。钢箱梁运输分为：制造厂→临时堆场→安装现场三个阶段。

钢箱梁分段制作完毕、检验合格后，应及时贴上标志；按编号顺序分开堆放，并垫上木条，钢箱梁分段运输时绑扎必须牢固，防止松动，钢构件在运输车上的支点、两端伸出的长度及绑扎方法均能保证构件不产生变形，不损伤涂层且保证运输安全，箱体两侧的支撑点应对称一致，用钢丝绝将箱体牢固地绑扎在平板车上，防止其倾斜(图 6-13)。

图 6-13　运输示意图

大长钢箱梁构件选用的液压伸缩拖车长 18.5m，小短钢箱梁拼装构件采用普通长板运输车，能满足运输要求(图 6-14)。

图 6-14　短钢箱梁拼装构件采用普通长板运输车

249

运输注意事项：

（1）钢箱梁分段属于超宽构件，运输前应办理运输许可证，构件宽度方向两侧应挂红色警示灯、警示红旗等。

（2）装车前检查钢箱梁的编号是否与吊装要求编号一致，箱体装车时，必须严格按照箱体吊装的方向及汽车行走的路线确定箱体的装车方向，严禁随意装车。

（3）每辆运输车运输时，安排一辆引导车疏导交通，以及处理沿途可能发生的各种不利状况。严格控制车速，轻启动，慢制动，缓转弯，保持车体平稳和安全。

（4）运输车进入市内道路后，不能马上进入吊装路段，以免引起道路堵塞，而应停留距离施工地点较近且不影响交通的其他路段待命，待前一车箱体吊起后才能开进吊装地点。

五、钢箱桥梁安装

1. 吊装前的准备工作

（1）钢箱梁的安装，视土建施工条件合理组织机具、人员、材料及构件，按要求进场。

（2）按构件制作情况及安装顺序所需，进行运输车辆的安排，大型吊机的组织，行走路线的确定。

（3）向有关部门提出开工报告

（4）大型起重机进场组装场地的规划，并向有关部门请示报批。

（5）接通施工电源，使用负荷应能满足要求。

（6）夜间施工采取相应措施，尽量保证交通通畅，不扰民。

（7）接到土建的通知后，进行支墩标高的复查，放定位轴线。

（8）起重吊机根据吊装时间安排，提前进场组装、试车，保证安装需要。

（9）路基板及倒运车辆准备到位，以供吊装及行车需要。

（10）辅助支架倒运，安装到位，并复测好钢箱梁安装所需标高、轴线。

2. 钢箱梁安装工艺

在钢箱梁安装过程中，必须确保路口交通的基本畅通，基于对路口车辆有效分流，保证路口车辆横向通过高架桥路口段的考虑，对钢箱梁采取纵向分段，以增加临时支架间距离，方便车辆从支架间通行的方案。沿高架桥道路中心线方向，以道路中心线为中点两边各占 13m 设置临时围挡，围挡设置分段进行，将施工道口交通影响程度降至最低。吊装时，构件运输车停靠一侧临时围挡设置在构件运输车外侧，吊车就位在两个桥墩之间未架梁的区域。

根据道路承载能力及吊装操作空间要求的考虑，钢箱梁分块的单块重量在 40～50t，标准桥段桥宽 26m，横向每段分 4 块，宽度 4.5m 左右，挑梁部分单独分块最后安装。箱梁分块长度最短位于支座处，长约 8m 左右，最长分块约 17m，位于每个联长的中部，同时为满足钢结构桥梁受力安全要求，钢梁节段划分时各分段点(线)不宜设在桥梁结构受力最不利的跨中(包括跨)及桥梁墩(台)支座中心线附近。

3. 起重机的选用

各路口段安装主吊机采用 220t 汽车吊，臂杆长 31.09m，$R=12$m，$Q=51$t；$R=14$m，$Q=43$t；$R=16$m，$Q=36.5$。

220 汽车吊，主要负责钢箱桥梁各路口段独立单机作业，满足要求。

4. 钢丝绳的选用

钢箱梁单块最重约 50t，选用 $6\times37+1$ 钢丝绳，$\phi44$mm，1700MPa 级，单根绳允许拉力 16t，满足要求。钢丝绳吊装时，与箱梁中心夹角$\geqslant60°$。

钢箱梁安装采用临时支架，系钢管柱加横梁，柱腿由支撑稳定，待每个支架上的箱梁焊接后，卸载拆除支架，移至另一段施工(临时支架由设计计算确定)。

5. 钢箱梁安装流程

安装临时围挡→复查固定支墩标高、轴线→安装警示标志→

施工机具进场→接电源线、布置照明→临时支架固定安装→确定
轴线位置→垫好路基板→吊车就位→运输车辆按顺序运到指定位
置→按顺序安装箱梁→定位卡螺栓→找正、点焊→当第二段找正
完后，开始焊接→先焊横隔板、再焊纵腹板、之后焊底板、顶
板→焊后24h进行焊缝检验→横缝合格后安装U形肋嵌补段→
全部焊接检验合格后支架卸载→悬挑部分安装、装焊剪力钉、桥
中装防撞护栏→悬挑焊接检验合格后、安装防撞护栏→安装伸缩
缝尺条→箱梁补漆、涂漆→联长段交工。

6. 钢箱梁顺吊安装

从一个联长的一端向另一端连续安装，一个节段的若干个分
块吊装、找正、调整完后吊装下一个节段，直至一个联长3～4
跨的若干节段依次安装完。每个节段吊装时，吊车从道路一侧向
另一侧横向顺吊，根据节段的长度、位置不同，吊车就位在吊装
段或下一节段内吊装（支墩处的分块，吊车站在相邻的节段空
当里吊装，其他节段吊车可以站在本节段内吊装），构件运输车
顺路向停于吊车前方，当构件吊起后，回转180°起吊，靠近所定
位置，将构件缓慢摆放在临时支架上，调整节段里程及高程，直
至满足设计要求（图6-15）。

图6-15 现场吊装实例

以此类推，吊装和调整下一个相邻分块，并调整好相邻
部分块纵向焊缝及横向焊缝的临时卡具。然后进行找正、定

位，并用测量仪器校核标高、轴线，如有下沉，用两台千斤顶架在辅助支架梁墩上顶起、垫板，直至达到要求，进行固定、点焊。

一个支架距最后一块箱梁为调整段，当前几段箱梁安装调整定准后，实测由支座横轴线至已安装完箱梁之间距离，定好尺寸后，切割调整段箱梁，并打好坡口，此项处理内容应在构件堆放场地处理完毕，以免占现场时间。

一个支架段安装完后，进行下一个支架段吊装，直至整个联长段安装完。

7. 挑梁的安装

主箱梁吊装焊接完后，进行两侧挑梁的安装，挑梁暂定 10m 一段，重量 8t 左右，挑梁安装先以挑梁卡具固定，再找正后点焊，由于道路宽度受限，标准段的钢箱梁挑梁安装时吊车可以站在道路一侧吊装，道路要临时封闭。

挑梁部分安装选用 25t 轮胎式吊车，站在地面安装，臂杆长＝17.1，$R=8m$，$Q=9.3t$。主要负责钢箱边梁安装。

安装用脚手架采用活动推行架，以免固定点占道影响交通。

变宽截面的钢箱梁路段，吊车只能站在钢箱梁上面吊装，如图 6-16 所示。

8. 现场安装交通保障

为保证现场安装钢箱桥梁时路口各方向的车辆能畅通，安全行驶，必须采取专项交通保障措施。

施工期间，成立专门的安全值班人员，全天巡视，协助交通管理部门疏导管制区域的交通，随时与交通管理部门保持联系，及时将道路交通状况和施工进程向交通管理部门通报。按国家的有关法律规范规定，在施工区域内设置各种交通指示牌、警示牌及夜间警示牌等。

六、钢箱桥梁的焊接

（1）钢箱桥梁材质为 Q345qc，所使用的焊接材料应与其相

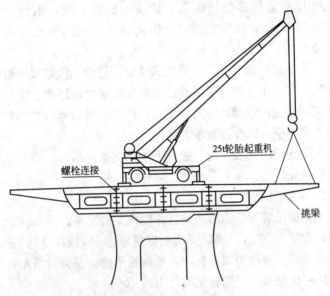

图 6-16　挑梁现场吊装示意图

匹配。

(2) 埋弧自动焊采用 H10Mn2 焊丝，配 SJ101 焊剂。

(3) 焊条电弧焊采用 E5015 或 E5016 焊条。

(4) CO_2 气体保护焊，CO_2 气体纯度≥99.99%。焊丝选用 ER50-6 等焊丝，在施焊过程中，为了保证焊道飞溅少，焊接效果好，最好补充氩气，所占比例 70% 左右。

(5) 箱梁顶板板厚 14mm，支座处接板厚 24mm，顶板对接焊缝采用 "V" 形坡口，下衬陶质衬垫，用 CO_2 气体保护焊打底，埋弧自动焊盖面。

(6) 箱桥梁底板情况同顶板，对接焊缝采用 "V" 形坡口，下衬陶质衬垫，用 CO_2 气保焊施焊，单面焊双面成形。

(7) 横隔板、纵腹板的对接缝，角焊缝主要用 CO_2 气体保护焊施焊。不好处理的部位，用焊条电弧焊施焊。

(8) 所有的焊接工艺，均应按照已批准的合格焊接工艺评定要求进行。

（9）焊工必须熟悉工艺要求，明确焊接工艺参数，施焊前由焊接工程师对焊工进行技术交底，严格参照焊接工艺方案执行。

（10）定位焊应与正式焊缝一样质量要求。

（11）低合金高强度结构钢厚度为 25mm 以上时，焊接时应进行预热，温度为 80～120℃，预热范围为焊缝的 50～80mm。

七、钢箱梁无损检测

（1）无损检测依据：无损检测方法，探伤比例、要求及合格标准均按《铁路钢桥制造规范》TB 1012—2009；《钢焊缝手工超声波探伤方法和探伤结果分级》GB/T 1135；《焊缝磁粉检验方法和缺陷磁痕的分级》JB/T 6061—2007 等有关标准、规程及图纸的技术要求实施。

（2）无损检测人员要求：无损检测人员应经过考核，取得资格证书，方能承担与资格证书种类和技术等级相应的无损检测工作，质量等级评定、报告签发应由Ⅱ级以上级别的检测人员承担。

（3）低合金结构钢 Q345qC、Q370qD 应在焊接 24 小时后进行 100% 的外观检查、超声波检测、射线检测及磁粉检测。

（4）焊缝超声波探伤范围和检验等组应符合表 6-1 的规定；距离-波幅曲线灵敏度及缺陷等级评定应符合表 6-2 规定；其他要

焊缝超声波探伤范围和检验等级（mm）　　　　　　表 6-1

焊缝质量级别	探伤比例	探伤部位	板厚	检验等级
Ⅰ级对接焊缝	100%	全长	10～46	B
			>46～56	B(双面双侧)
Ⅱ级对接焊缝	100%	焊缝两端各 1000	10～46	B
			>46～56	B(双面双侧)
Ⅱ级角焊缝	100%	两端螺栓孔部位并延长 500，板梁、主梁及纵横梁跨中加探 1000	10～46	B
			>46～56	B(双面双侧)

求应符合现行国家标准《钢焊缝手工超声波探伤方法和探伤结果分级》GB 11345 的规定。

超声波探伤距离-波幅曲线灵敏度　　　　表 6-2

焊缝质量等级	板厚(mm)	判废线	定量线	评定线
对接焊缝 Ⅰ、Ⅱ级	10~46	$\Phi3\times40-6dB$	$\Phi3\times40-14dB$	$\Phi3\times40-20dB$
	>46~56	$\Phi3\times40-2dB$	$\Phi3\times40-10dB$	$\Phi3\times40-16dB$
角焊缝Ⅱ级	10~25	$\Phi1\times2$	$\Phi1\times2-6dB$	$\Phi1\times2-12dB$
	>25~56	$\Phi1\times2-4dB$	$\Phi1\times2-4dB$	$\Phi1\times2-10dB$

注：角焊缝超声波探伤采用铁路钢桥制造专用柱孔标准试块或与其校准过的其他孔形试块。

（5）超声波探伤缺陷等级评定应符合表 6-3 的规定；判定为裂纹、未熔合、未焊透（对接焊缝）等危害性缺陷者，应判为不合格。

超声波探伤缺陷等级评定(mm)　　　　表 6-3

评定等级	板厚	单个缺陷指示长度	多个缺陷的累积指示长度
对接焊缝Ⅰ级	10~56	$t/4$，最小可为 8	在任意 $9t$ 焊缝长度范围不超过 t
对接焊缝Ⅱ级	10~56	$t/2$，最小可为 10	在任意 $4.5t$ 焊缝长度范围不超过 t
角焊缝Ⅱ级	10~56	$t/2$，最小可为 10	

注：1. 母材板厚不同时，可按薄板评定；

　　2. 缺陷指示长度小于 8mm 时，可按 5mm 计。

（6）受拉横向对接焊缝应按接头数量的 10％（不少于一个焊接接头）进行射线探伤。探伤范围为焊缝两端各 250~300mm 焊缝长度大于 1200mm 时，中部加探 250~300mm。

（7）进行局部超声波探伤的焊缝，当发现裂纹或较多其他缺陷时，应扩大该条焊缝探伤范围，必要时可延至全长；进行射线探伤的焊缝，当发现超标缺陷时应加倍检验。

（8）用射线和超声波两种方法检验的焊缝，必须达到各自的质量要求，该焊缝方可认为合格。

（9）焊缝质量分级见表 6-4。

焊缝质量分级表　　表 6-4

焊缝部位	质量等级	探伤方法	检测比例	执行标准
桥顶(底)板纵横向对接	Ⅰ级	超声波	100%	TB 10212—2009；GB/T 11345—1989 GB/T 3323—2005 GB/T 6061—2007
		X射线	10%	
工地横桥向对接焊缝	Ⅰ级	超声波	100%	
		X射线	10%	
横隔板与腹板的熔透角焊缝	Ⅱ级	超声波	100%	
腹板与顶板间熔透焊缝	Ⅱ级	超声波	100%	
横隔板长度对接焊缝	Ⅱ级	超声波	100%	GB/T 11345—1989
横隔板宽度对接焊缝	Ⅱ级	超声波	100%	
纵腹板长度对接焊缝	Ⅱ级	超声波	100%	
纵腹板宽度对接焊缝	Ⅱ级	超声波	100%	
腹板与底板间熔透坡口角焊缝	Ⅱ级	超声波	100%	TB 10212—2009 JB/T 6061—2007
横隔板、纵腹板与顶(底)板坡口角焊缝	Ⅱ级	超声波	100%	
		磁粉	100%	
横隔板与腹板坡口角焊缝	Ⅱ级	磁粉	100%	JB/T 6061—2007
横隔板、纵腹板与顶(底)板角焊缝	Ⅱ级	磁粉	100%	
顶、底板U肋坡口角焊缝	Ⅱ级	磁粉	100%	
U形肋嵌补段对接焊缝	Ⅱ级	磁粉	100%	

（10）焊缝无损检验等级验证标准见表 6-5。

焊缝无损检验等级表　　表 6-5

焊缝质量级别	探伤方法	检验等级	验收标准
Ⅰ级对接焊缝	超声波	B级	GB 11345—1989 Ⅰ级
	X射线	AB级	GB 3323—2005 Ⅱ级
Ⅱ级对接焊缝	超声波	B级	GB 11345—1989 Ⅱ级
	X射线	AB级	GB 3323—2005 Ⅲ级
熔透角接焊缝	超声波	A级	GB 11345—1989 Ⅱ级
	磁粉(板厚≥30mm)		JB/T 6061—2007 Ⅱ级
根部部分熔透坡口角焊缝	超声波	A级	TB 1022—2009 Ⅱ级
贴角焊缝	磁粉		JB/T 6061—2007 Ⅱ级

八、钢箱梁安装质量控制

（1）安装施工人员进场前，要认真熟悉图纸及相关施工规范、标准，项目部要向施工人员进行施工技术义底，做好记录归档。

（2）相关人员认真做好产品的验收，并检查所配备资料是否完善。

（3）上道工序施工后，要审核资料、测量定位点，并按要求复查。

（4）现场施焊人员，必须有焊工操作证，并能熟练掌握埋弧焊机，气体保护焊机的使用。

（5）测量人员对每个联长段落箱梁布置特点，按测量方案放好定位点，以保证安装精度，安装后进行复测，以保证箱梁竖曲率、起拱、斜度等要求。

（6）安装顺序为每一支架距，由一端固定支座向另一端按顺序安装，每支架距最后一段为调整段，预留100mm长度，待由支座点实量间距尺寸，进行切割，打坡口处理完后，再安装。

（7）钢箱梁安装后，允许偏差见表6-6。

钢箱梁安装允许偏差值　　　　　　　表6-6

项目			允许偏差(mm)
轴线偏位	钢梁中线		10
	两孔相邻横梁中线相对偏差		5
梁底标高	墩台处梁底		±10
	支座纵、横线扭转		1
支座偏位	固定支座顺桥向偏差	连续梁或60m上简支梁	20
		60m以下简支梁	10
	活动支座按设计气温定位前偏差		3
	支座底板四角相对高差		2
连接	对接焊缝的对接尺寸、气孔率		符合规范要求

（8）钢箱梁材质为Q345qc，焊接材料应选用与其母材相匹配的材料(按照焊接工艺评定确定)。

第五节 钻孔桩钢筋笼的起重吊装

一、工程概况

某桥梁工程，桥梁全长 547.1m，全桥按两幅桥布置，桥面全宽为 30m，桥梁面积为 16413m²。基础采用钻孔旋挖桩、钻孔灌注桩共计 244 棵，主要工程数量如下：

D1.2m 钻孔灌注桩 32 棵；（桩长 25m＋伸入承台 1.1m）每棵重：2.7t；

D1.2m 钻孔灌注桩 176 棵；（桩长 35m＋伸入承台 1.1m）每棵重：3.7t；

D1.8m 钻孔灌注桩 12 棵；（桩长 46m＋伸入承台 1.5m）每棵重：15.4t；

D1.8m 钻孔灌注桩 12 棵；（桩长 48m＋伸入承台 1.5m）每棵重：16.0t；

D2.0m 钻孔灌注桩 12 棵；（桩长 46m＋伸入承台 1.5m）每棵重：16.9t。

本工程引桥处桩径 $D=1.2$m，桩基钢筋笼按一机两钩吊装方法，主桥桩径 $D=1.8\sim2.0$m，桩基钢筋笼按双机抬吊递送吊装方法。

二、桩径 $D=1.2$m 钢筋笼吊装方法

桩径 $D=1.2$m；总长度分为 26.1m 和 36.1m，施工时 26.1m 长钢筋笼采用整段制作吊装，钢筋主筋 $\varPhi$22，每根重 2.73t。36.1m 长钢筋笼需分两节制作，末端相邻钢筋接头错开不少于 35 倍钢筋直径长度，钢筋主筋 $\varPhi$25，两节钢筋笼采用直螺纹接头连接，加强圈每 2m 一个。按竖向主筋减半处分节，上节钢筋笼长 17.1m，重约 2.1t，下节钢筋笼长 19m，竖向钢筋减半，重约 1.63t，上下两节钢筋笼采用直螺纹接头连接。

桩径 $D=1.2$m；按桩长 26.1m，重 2.73t 考虑吊装方案。其他桩径 $D=1.2$m 分节进行的钢筋笼吊装，起吊过程方法相同。

1. 起重机配置参数

直径 1.2m 的桩基钢筋笼，采用 QY25C-25t 汽车起重机进行吊装，臂长 33.5m。起重机距桩基孔位回转半径 9m，起升高度 32.5m，起重量为 5.6t。距钢筋笼就位吊点处回转半径 13m，起升高度 30.9m，起重量 4.2t。起重参数核算如下：

（1）直径 1.2m 钢筋笼起重高度计算

当钢筋笼直立时，起重机的起重高度计算。

$$H = h_1 + h_2 + h_3 = 0.5 + 26.1 + 1.8 = 28.4 \text{m}$$

式中　H——起重机的起重高度；

h_1——起吊时钢筋笼距地面高度；

h_2——钢筋笼长度；

h_3——钢筋笼顶至吊钩的距离（包括横吊梁）。

起重滑轮组定滑轮到吊钩中心距离（吊钩到臂杆顶）b 取 1.5m

则，吊物总高度 $= H + b = 28.4 + 1.5 = 29.9 \text{m} < 32.5 \text{m}$。

根据 QY25C 汽车起重机起重性能，幅度 13m，起升高度 30.9m。幅度 9m，起升高度 32.5m。符合要求。

（2）直径 1.2m 钢筋笼起重量计算

直径 1.2m 钢筋笼：长 26.1m，整节制作吊放，单桩钢筋笼重量约 2.73t。长 36.1m 钢筋笼，分两节制作吊放，单桩钢筋笼重量约 3.73t。

1）第一种工况：钢筋笼整节吊放，主、副钩的实际起重量：则钢筋笼总重为 2.73t + 0.6t（钢丝绳、横吊梁、卸扣重量）= 3.33t，吊钩重量包括在额定起重量内。25t 起重机臂杆 33.5m，工作幅度 13m，起重量为 4.2t。满足要求。

2）第二种工况：是两节钢筋笼拼装，第一步，下节钢筋笼翻转竖直后，起重机回转到桩基处，下放下节钢筋笼，第二步，同第一步一样，起吊下放上节钢筋笼，当进行上节钢筋笼同下节钢筋笼拼接完成后，25t 起重机下放钢筋笼直至设计标高，此时钢筋笼拼接好后的重量 3.73t，则主钩起重量为 3.73t + 0.6t（钢丝绳、横吊梁及滑轮、卸扣重量)＝4.33t，这时起重机起重半径到桩基孔处9m。即最大吊装重量为5.6t，则4.33t＜5.6t。满足要求。

（3）钢丝绳受力及强度计算

吊装钢筋笼的钢丝绳，使用6×37的钢丝绳，单根长15m，主钩两根，副钩1根，共3根，钢丝绳直径19.5mm，钢丝绳抗拉强度为1550MPa。

受力最大的时候是钢筋笼上下对接完成后，两根钢丝绳连接一起后，滑轮两边吊点各承受3.7t/2＝1.85t钢筋笼的重量，

钢丝绳允许拉力按下列公式计算

$$[F_g] = a \times F_g/K$$

式中　$[F_g]$——钢丝绳允许拉力(kN)；

　　　F_g——钢丝绳的钢丝破断拉力总和(218.5kN)；

　　　a——换算系数，$a=0.85$；

　　　K——钢丝绳的安全系数，$K=6$。

$[F_g] = a \times F_g/K = 0.85 \times 218.5/6 = 30.95$kN

因为3.09t＞1.85t，所以选用的钢丝绳满足要求。

2. 钢筋笼就位

在现场加工地点，用起重机把钢筋笼吊运到桩基处就位，用横吊梁下的两个滑轮穿过两根钢丝绳交叉布置，平行起吊，回转臂杆，运到就位处，上部对准桩基孔位置布置(图6-17)。

图6-17　钢筋笼就位

起重机重新就位，起重机幅度尽量接近桩基孔位，便于钢筋笼翻身竖直后扬起臂杆减小工作半径，增加起重量。

3. 吊点加固

采用一机两钩吊装法，主钩吊钢筋笼上部，副钩吊下部递送。钢筋笼纵向吊点设置 6 点。分别在吊点位置的主筋与环筋加强焊接，采取 U 形环筋 Φ25 圆钢来加强吊点的受力作用，在卸扣与其拴接时，可以把卸扣拴接在加固 U 形筋和加劲箍上，充分保证吊点承受外力作用的能力。

4. 吊点位置

主钩挂接横吊梁，横吊梁下部两头用滑轮旋转，两根钢丝绳吊索相应穿过各自一侧的滑轮，钢筋笼两侧各用两个卸扣固定在钢筋笼上下两吊点。主钩承担部分的钢筋笼吊点距笼底 16～22m 处，四吊点位于吊笼两侧对称布置。副钩承担下部的钢筋笼递送，两吊点分别距笼底 6～12m 处，两吊点相对主吊钩使用的吊点的正上方，一根钢丝绳吊索两点用卸扣固定(图 6-18)。

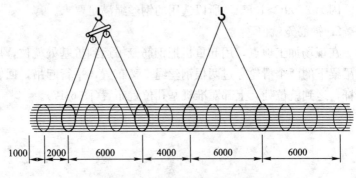

图 6-18　一机两钩吊装法吊点位置

该吊点布置为不平衡吊装，主钩起吊便形成上升角度，直到钢筋笼竖起直立。副钩只配合递送和起到不使钢筋笼弯曲变形的作用，不承担主要重量。

5. 起吊准备

钢筋笼经验收合格后，起重司索工和起重指挥人员必须做好吊装作业前的准备：包括作业前的技术准备，明确和掌握作业内容及作业安全技术要求，听取技术与安全交底，掌握吊装钢筋笼的吊点位置和钢筋笼的捆绑方法；认真检查并落实作业所需工具、索具的规格、件数及完好程度。吊车停放位置地面平整坚硬，吊车支腿下面采取垫钢板和方木的方式增大支点的受力面积，确保起吊作业过程中吊车的稳定。

6. 起吊下放钢筋笼

主钩先起吊，当钢筋笼抬起头后，副钩配合升钩，不使钢筋笼弯曲，空中翻转，扬起臂杆，使起重臂幅度达到 9m 半径，提高起重高度。钢筋笼吊起垂直后，副钩便可放松吊钩，吊车旋转到位，便可下放钢筋笼(图 6-19)。

图 6-19　起吊下放钢筋笼

当下到副钩使用的卸扣处，停止下放，用 20 号工字钢插入已焊接牢固的加强圈下，临时把钢筋笼固定在护筒口两侧的枕木上，取下卸扣。之后撤出工字钢，继续下放钢筋笼。

当下到主钩下边的卸扣时，同样用工字钢横插钢筋笼加强圈下，临时固定，卸掉卸扣，再把这两个卸扣相连接扣在一起，继续起钩，使这两根钢丝绳吊索扣在一起后形成一根，拉紧后，取下工字钢，直接把钢筋笼下放到位。再次固定，便可松钩（图6-20）。

图6-20　两根吊索用
卸扣连接一起

如分节制作的钢筋笼，先进行下节钢筋笼吊装，再进行上节钢筋笼吊装，过程方法同上述。吊到上节下部与下节顶部接头处对接，进行直螺纹紧固，及注浆管接口压紧后继续下放钢筋笼。最后到最上部吊点卸扣处，把钢筋笼用工字钢固定在护筒口两侧的枕木上。取下卸扣，两人同时登高把卸扣卸下，分别扣在两个吊筋的底部，起重机起钩卸扣顺着吊筋达到顶部吊筋环处卡住，这时就可落钩，使钢筋笼下放到位，最后用两根工字钢分别穿插过两根吊筋环固定，起重机松钩，即可进行下道工序。

三、桩径 $D=1.8\sim2.0m$ 钢筋笼吊装方法

主桥桩基 $D=1.8m$，取钢筋笼最长的为 $49.5m$，重 $16.0t$。$D=2.0m$，钢筋笼长为 $47.5m$，重 $16.9t$。钢筋笼吊装施工时钢筋笼分两节制作，分段部位按竖向主筋减半处分节，上下节末端相邻钢筋接头错开不少于 35 倍钢筋直径长度，钢筋主筋 $\Phi32$，两节钢筋笼采用直螺纹接头连接，加强圈每 $1m$ 一个。

1. 吊机配置参数

直径 $1.8\sim2.0m$ 桩基钢筋笼，采用两台起重机，主机 QY70K-70t 汽车起重机，副机 QY50C-50t 两台吊车配合吊装。

主机就位方向，车后对着桩基，侧向起吊，转向桩基。臂长 $31.8m$。主机距桩基孔位幅度 $8m$，起重为 $17.5t$。幅度 $7.5m$，起重量 $18.0t$。起升高度 $31.5m$。

副机配合吊装，主机吊钢筋笼上部，副机吊下部递送。副机

就位在钢筋笼下半部，臂长 27m，9m 半径，起重高度 25.5m，起重量 10t。

起重参数核算如下：

(1) 直径 1.8m 钢筋笼起重高度计算

取最长的 $D1.8m$ 钻孔灌注桩钢筋笼的计算高度。当钢筋笼直立起，钢筋笼长 49.5m，每根重 16.0t；按竖向主筋减半处分节，上节长 25.5m，重 10.9t；下节长 24m，重 5.1t。

$$H = h_1 + h_2 + h_3 + h_4 = 0.5 + 25.5 + 1.8 + 1.2 = 29.0m$$

式中　H——起重机的起重高度；

　　　h_1——起吊时钢筋笼距地面高度，取 0.5；

　　　h_2——分节后钢筋笼长度；

　　　h_3——钢筋笼顶至吊钩的距离（包括横吊梁），取 1.8；

　　　h_4——上节同下节接头预留长度，取 1.2m。

起重滑轮组定滑轮到吊钩中心距离（吊钩到臂杆顶）b 取 1.5m。

则，吊物总高度＝$H+b$＝29.0＋1.5＝30.5m＜31.5m

根据起重性能 QY70K 汽车起重机，31.8m 臂杆，8m 半径以内起升高度大于 31.5m，起重量 17.5t。符合要求。

(2) 直径 2.0m 钢筋笼起重量计算

取最重的 $D2.0m$ 钻孔灌注桩钢筋笼的计算起重量。直径 2m 钢筋笼，长 47.5m，分两节制作吊放。单桩钢筋笼重量为 16.9t，上节重 11.5t，下节重 5.4t。按上节钢筋笼长 24.5m，重 11.5t 考虑吊装方案。当钢筋笼同时平吊时，则钢筋笼总重为 11.5t＋0.6t（钢丝绳、横吊梁及滑轮、卸扣重量）＝12.1t，吊钩重量包括在额定起重量内，臂杆 31.8m，幅度 8m，起重量 17.5t；幅度 7.5m，起重量 18.0t。

50t 起重机配合吊装，70t 主机吊钢筋笼上部，50t 副机吊下部递送。副机就位钢筋笼下半部，臂长 27m 臂长，9m 半径，起重高度 25.5m，起重量 10t。

当钢筋笼翻转竖直后，70t 起重机回转到桩基处，下放下节

265

钢筋笼，当进行上节钢筋笼同下节钢筋笼拼接完成后，70t起重机下放钢筋笼承担整根钢筋笼的全部重量，此时钢筋笼拼接好后的重量为16.9t，则70t主机起重量为16.9t+0.6t(钢丝绳、横吊梁、卸扣重量)＝17.5t，这时起重机起重半径到桩基孔处7.5m。即最大吊装重量为18.0t，则17.5t＜18.0t。满足要求。

2. 钢丝绳受力及强度计算

吊装钢筋笼的钢丝绳，使用6×37的钢丝绳，单根长15m，上下两边各两道，共4根，钢丝绳直径32.5mm，单根钢丝绳公称抗拉强度为1700MPa。

受力最大的时候是钢筋笼上下对接完成后的重量16.9t，两根钢丝绳连接一起后，滑轮两边吊点各承受8.45t钢筋笼的重量，如图6-21所示。

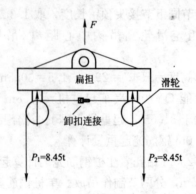

图6-21 钢丝绳受力情况

钢丝绳允许拉力按下列公式计算：
$$[F_g]=a×F_g/K$$
式中 $[F_g]$——钢丝绳允许拉力(kN)；

$\quad\quad F_g$——钢丝绳的钢丝破断拉力总和(666.5kN)；

$\quad\quad a$——换算系数，0.82；

$\quad\quad K$——钢丝绳的安全系数，6。

$\quad\quad [F_g]=a×F_g/K=0.82×666.5/6=91.1$kN

因为9.1t＞8.45t，所以选用的钢丝绳满足要求。

266

3. 钢筋笼就位

在现场加工地点，用主机把钢筋笼吊运到桩基处就位，用横吊梁下的两个滑轮穿过两根钢丝绳同向布置，平行起吊，回转臂杆，运到就位处，上部对准基孔位置，下部距基孔最远处布置。

4. 吊点加固

钢筋笼吊点有 8 个，在吊点位置焊接 U 形环以加强吊点的受力作用。U 形环圆钢采用 Φ32，加固方法同上述。

5. 吊点位置

采用双机抬吊递送法吊装，主机吊钢筋笼上部，副机吊下部递送。主机、副机都采用横吊梁，吊梁下部两头用滑轮旋转，双机各自两根钢丝绳吊索相应穿过各自的滑轮，每台起重机用 4 个卡环固定在钢筋笼的吊点上。主机吊点距笼底 15～22m 处，副机四吊点分别距笼底 2～8m 处，各起重机的吊索四吊点位于吊笼两侧对称布置(图 6-22)。

图 6-22　双机抬吊钢筋笼

6. 钢筋笼本体加固

为了加强钢筋笼起吊时的强度，每 1m 加强箍处内部增设十字撑，以加强吊点的受力作用，用钢筋笼主筋相同 Φ32 的钢筋焊接。以保证钢筋笼在吊起时不变形。吊起进桩时，每下 1m 停止，工字钢插入已焊接牢固的加强圈下，临时把钢筋笼固定在护筒口两侧的枕木上，割掉十字撑。

7. 起吊下放钢筋笼

钢筋笼起吊前，必须按规范和设计要求制作钢筋笼。质检工程师与安全员对钢筋笼直螺纹连接是否紧满丝扣，焊接质量是否有漏焊、虚焊现象进行检查。保证定位，加固筋，吊环筋的焊接质量，双面焊焊接长度不小于5d，单面焊接长度不小于10d。

吊具安全性能以及钢丝绳与吊环、吊点连接情况检查合格后，方可起吊。起吊作业中，起重机所有动作由指挥人员统一安排和指挥。钢筋笼就位好后，起重机重新就位，主机、车后部对准桩基位置，侧面起吊钢筋笼，在指挥人员的指挥下，主、副吊机同时缓缓起吊，起重机吊起钢筋笼时，吊离地面0.3～0.5m后，应停止起吊，以检验焊接质量。注意观察是否有异常现象发生，应检查钢筋笼是否平稳，同时，由安全员再次检查吊环、吊点处与卸扣、钢丝绳的连接是否完好，钢筋笼的是否存在变形过大的问题。

经检验无误后，由指挥人员统一指挥主机、副机将钢筋笼缓缓提升吊起，起吊时，吊钩、钢丝绳应保持垂直。两台起重机共同工作，必须随时掌握各起重机起升的同步性。在起吊过程中，副机不需过大提升臂杆，只需将钢筋笼尾部控制在离地面0.5～1m的距离即可；主机应缓缓起钩提升，副机进行配合递送，保持钢筋笼距地面距离，根据钢筋笼尾部距地面距离，随时指挥副吊配合升钩。直至钢筋笼由水平状态转换为竖直状态。当主机把钢筋笼吊直后，直立在地面上，起重工爬上钢筋笼卸下卸扣，使副机吊点的吊索脱开钢筋笼，这时副机便可收车，然后远离起吊作业范围(图6-23)。

主机承担起全部吊放任务，主机回转臂杆至桩基位置，便可下放钢筋笼，钢筋笼入孔时，应匀速慢速入孔，严禁起重臂摆动而使钢筋笼产生横向摆动，造成孔壁坍塌。下放时如不能顺利入孔，遇到钢筋笼卡孔，应该重新吊出，检查孔位情况，查明原因后再吊放，不能强行冲击入孔。指挥起重机吊笼入

图 6-23　起吊下放钢筋笼

孔、定位，吊机旋转应平稳，在钢筋笼上拉牵引绳。不得强行入孔。当钢筋笼继续往桩基下放至每一米加强圈十字支撑处，暂停下放，并且插入 30a 工字钢，把钢筋笼临时固定在护筒顶两侧的方木上，然后气割下十字撑钢筋。继续下放钢筋笼。反复进行，一直使下节钢筋笼下放到位。用工字钢临时将钢筋笼支撑在孔口。再进行起吊上节笼至孔口，用直螺纹套筒连接上、下节钢筋笼。经验收合格后，方可继续上节钢筋笼匀速吊放。直至整个钢筋笼吊装完成。

　　上节钢筋笼下到孔口位置时，用水准仪测此时护筒顶标高，根据钢筋笼顶标高，算出吊筋长度，焊接两根吊筋在钢筋笼主筋上，然后将吊钩挂在吊筋上，缓缓下至设计位置，在钢筋笼的吊筋顶圈插口内各自插两根平行的 20 号工字钢，工字钢横放在护筒顶端两侧的枕木上，将整个笼体吊挂在工字钢上，护筒周围夯实，以防护筒、枕木下沉。确保钢筋笼位置、高度准确。

四、钢筋笼起吊安全技术要求

（1）吊装作业时，吊装现场设专人监护，非施工人员禁止入内。

（2）钢筋笼吊装需要有专人统一指挥，动作应配合协调；无关人员严禁进入钢筋笼吊装影响区域内。

（3）起重机司机和指挥信号工必须经过培训考核合格，取得相关专业操作证后，方可上岗从事起重作业。

（4）吊装作业人员必须戴好安全帽。吊装作业中，夜间应有足够的照明，室外作业遇到暴雨、大雾及六级以上大风时，应停止作业。

（5）吊装作业前，应对起重吊装设备、钢丝绳、吊钩等各种机具进行检查，必须保证安全可靠。工作前，应注意在起重机起重臂回转范围内无障碍物。

（6）吊装前，要对钢筋笼进行仔细检查，清理钢筋笼上的工具及杂物，以防起吊时坠落伤人。

（7）吊装时吊钩与钢筋笼的连接要安全可靠。

（8）检查并确认起重机的稳定性、制动器可靠性和绑扎牢固后，才能继续起吊。

（9）起吊过程不得碰挂电缆和其他杂物、设备。

（10）钢筋笼起吊旋转时，速度要均匀平稳，以免钢筋笼在空中摆动发生危险。

（11）当起重机运行时，禁止人员上下、从事检修工作或用手触摸钢丝绳和滑轮等部位。

（12）禁止在起吊钢筋笼上站人或从钢筋笼底下钻过，禁止钢筋笼长时间停在空中。

第七章　起重机械

结构安装工程中常用的起重机械有：拔杆式起重机、履带式起重机、汽车式起重机、轮胎式起重机和塔式起重机等类型。

第一节　拔杆式起重机

拔杆式起重机也简称为抱杆、桅杆，是一种常用的起吊工具，它配合卷扬机、滑轮组和绳索等进行起吊作业。这种机具由于结构比较简单，安装和拆除方便，能在比较狭窄的现场上使用，对安装地点要求不高，适应性强，起重量也较大，并且不受电源的限制，无电源的地方，可用人工绞磨或(柴油)机动绞磨机起吊。它还能安装在其他起重机械不能安装的特殊工程和重大构筑物。在设备和大型构件安装中，广泛使用。

起重拔杆为立柱式，用绳索(缆风绳)绷紧立于地面。绷紧一端固定在起重桅杆的顶部，另一端固定在地面锚桩上。拉索一般不少于3根，通常用4～6根。每根拉索初拉力约为10～20kN，拉索与地面成30°～45°，各拉索在水平投影夹角不得大于120°。起重拔杆可直立地面，也可倾斜地面(一般不大于10°)。起重拔杆下部设导向滑轮至卷扬机。

一、拔杆的种类

起重拔杆按其材质不同，可分为木拔杆和金属拔杆。木拔杆起重高度一般在15m以内，起重量在20t以下。金属拔杆可分为钢管式和格构式。钢管式拔杆起重高度在25m以内，起重量在20t以下。格构式拔杆高度可达70m，起重量可达100t以上。

（1）拔杆式起重机制作简单，装拆方便，起重量大，受地形限制小，能用于其他起重机械不能安装的一些特殊结构设备。但其服务半径小，移动困难，需要拉设较多的缆风绳。一般只适用于安装工程量比较集中的工程。

（2）拔杆式起重机按其构造不同，可分为独脚拔杆、悬臂拔杆、人字拔杆、三角式拔杆、牵缆式拔杆和格构式拔杆等。

二、各种拔杆的应用知识

1. 独脚拔杆

由拔杆、起重滑轮组、卷扬机、缆风绳和锚碇等组成(图 7-1)。使用时，拔杆应保持不大于 $10°$ 的倾角，以便吊装的构件不致碰撞拔杆，底部要设置拖子以便移动。拔杆的稳定主要依靠缆风绳，绳的一端固定在桅杆顶端，另一端固定在锚碇上，松紧缆风绳可以改变起吊物件的水平位置。缆风绳数量一般为 6～12 根，与地面夹角为 $30°～45°$，角度过大则对拔杆产生较大的压力。拔杆起重能力应按实际情况加以验算，木独脚拔杆常用圆木制作，圆木梢径 20～32cm，起重高度为 15m 以内，起重量 10t 以下；钢管独脚拔杆，常用钢管直径 200～400mm，一般起重高度在 30m 以内，起重量 30t；格构式独脚拔杆起重高度可达 70～80m，起重量可达 100t 以上。格构式独脚拔杆一般用四个角钢做主肢，并由横向和斜向缀条联系而成，截面多呈正方形，常用截面为 450mm×450mm～1200mm×1200mm 不等，整个拔杆由多段拼成。图 7-2 为格构式拔杆的接长形式，可采用对接或搭接，钢管拔杆或格构式拔杆的接长采用法兰或钢销连接。

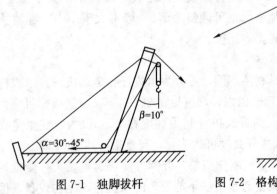

图 7-1　独脚拔杆　　　　图 7-2　格构式桅杆独脚拔杆

独脚拔杆一般用于柱、梁和桁架等构件的就地垂直起吊、就位或运送多孔板等，吊完一处再移至下一位置使用。主要部件包括拔杆、起重绳索、滑车、吊钩和缆风绳等，起重采用卷扬机或人力绞磨。

2. 悬臂拔杆

用钢管或圆木制成。通常有两种使用形式，一是在独脚拔杆上装一根悬臂杆，二是在井架、脚手架或结构物上装悬臂杆。后者多用来垂直运输模板、钢筋、屋面板等。这种拔杆优点是能以较短的悬臂获得较高的吊装高度，能左右摇摆 90°～180°。如，某发电厂工程，设计为 180m 高的钢筋混凝土烟筒，吊运钢筋和金属爬梯、信号平台等构件就是采用悬臂拔杆来完成的。拔杆安装在操作平台井架上，井架全高为 8.9m，座于鼓形圈上，立杆用 $\phi 80$ 钢管，水平杆及斜杆用 $\phi 48$ 钢管用螺栓连接而成。拔杆长 11m，起伏夹角相对固定，即随筒壁的增高，烟筒直径缩小，按高度将起伏夹角随之缩小，以便于钢筋等构件的垂直运输，拔杆设置方向应考虑到避开钢爬梯所在的位置。用 1 台起重为 1.5t、速度 40m/min 卷扬机，每次吊运重量控制在 350kg 以下，烟囱施工中应用拔杆吊运轻型物质，简单、方便、节约造价(图 7-3)。

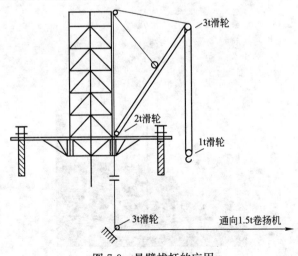

图 7-3 悬臂拔杆的应用

3. 人字拔杆

人字拔杆又称两木搭。人字拔杆由两根圆木或两根钢管或格构式截面的独脚拔杆在顶部相交成 20°～30°，可垂直使用，也可倾斜使用，以钢丝绳绑扎或铁件铰接而成（图 7-4），下悬起重滑轮组，底部设有拉杆或拉绳，以平衡拔杆本身的水平推力。拔杆下端两脚距离为高度的 1/2～1/3。人字拔杆的优点是比独脚拔杆的侧向稳定性好，架立方便。缆风绳较少；缺点是构件起吊后活动范围小，移动麻烦。一般作为辅助设备以吊装厂房屋盖体系上轻型构件。多用于搬运重物的起吊，起重采用卷扬机或人力绞磨。吊轻物也可采用人字拔杆挂捯链的办法。如：

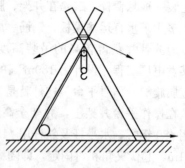

图 7-4　人字拔杆

人字拔杆打井操作，用两根钢管、两根缆风绳固定，用滑轮组吊钻杆，人力来回转动，水冲向下扩孔，完成打井作业（图 7-5）。

图 7-5　人字拔杆打井操作

4. 牵缆式拔杆

牵缆式拔杆是在独脚拔杆的下端装上一根可以回转和起伏的起重臂而组成（图7-6）。整个机身可作360°回转，具有较大的起重半径和起重量，并有较好的灵活性。该起重机的起重量一般为15～60t，起重高度可达80m，多用于构件多，重量大且集中的结构安装工程。其缺点是缆风绳用量较多。

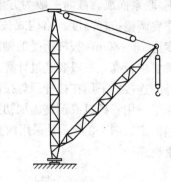

图7-6 牵缆式拔杆

5. 三角式拔杆

三角式拔杆又称三木搭，是用三根杆件（圆木或钢管）、滑轮或捯链组成。

如基础工程打降水井操作中，使用三角式拔杆起吊护筒，使用三根钢管、滑轮组用绞磨拖动（图7-7）。

图7-7 三角式拔杆起吊护筒

6. 格构式独脚拔杆

格构式独脚拔杆是由四根角钢和横向、斜向缀条（角钢或扁钢)联系而成。截面一般为方形，整根拔杆由多段拼成，可根据需要调整拔杆高度。格构式拔杆起重量可达 100t 以上，起重高度达 70~80m，拔杆所受的轴向力往往很大，因此，对支座及地基要求较高，一般要经过计算。这种拔杆的缆风绳、滑车组与拔杆的连接，采用在拔杆顶焊接吊环，并用卡环连接。一般要穿滑车组，用卷扬机或捯链施加初拉力，缆风绳的另一端均用水平地锚固定。图 7-8 所示是采用两台拔杆安装塔类构件，一台履带起重机递送。

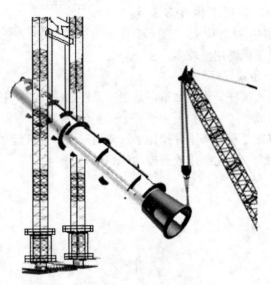

图 7-8 两台拔杆安装塔类构件

在电力铁塔安装工程中，由于现场条件限制，常在山上、淤泥等地安装，由于大型设备进不了施工现场，常采用拔杆来完成这项任务，如 220kV 线路铁塔安装，总重 110t，62m 高的电力铁塔，就是采用 24m 长格构式独脚拔杆分件安装的，用缆风绳固定在铁塔中部，配套设施有滑轮、手扳葫芦(捯链)、地锚、柴油机动绞磨机、钢丝绳等。每个组件重量控制在最大 2t 以内。起升构件用机动绞磨提升，为起吊主构件时，铁塔四边构件每边构件 6 米一节，起吊时，必须保证系统安全稳定，在地面试吊调平后，方可进行正式起吊，并在吊点处下边设置一道钢丝绳作为反向平衡拉绳。拔杆反向平衡拉绳必须打紧，对地夹角不得大于45°，当起重绳起吊时，同时在地锚处拖放拉绳，使构件直立上升。在起吊件基本就位之后方可登高作业，并站在铁塔里侧，先就位低侧，后就位高侧，达到安装位置，构件就位后紧固接头螺栓。固定后，即可放松吊钩，撤去临时拉绳。之后拆除起吊索具进行下次吊装（图 7-9）。

(a)　　　　　　　　　　(b)

图 7-9　电力铁塔的安装

(a)拔杆在地面时起吊示意；(b)拔杆升空时起吊示意

当安装成一定高度后，用各方向滑轮组，还是以机动绞磨为动力起吊拔杆，拔杆与塔身以及拔杆与起吊滑车的连接必须牢固，每隔一段时间检查一次，以防发生事故。提升拔杆时，拉绳必须均匀受力，拉力控制适度，拔杆垂直提升。达到要求高度后，用钢丝绳在安装好的四角边固定，重新调整吊钩，进行上节的安装。

三、拔杆使用安全注意事项

（1）拔杆应根据施工条件、吊物重量、起重高度等具体情况合理选用，严禁超载使用。

（2）使用木拔杆，要检查木质有无开裂、腐朽、多疖等现象，严重时不准使用。

（3）木拔杆在捆吊索处要垫好。

（4）捆扎人字拔杆时，下脚要对齐，吊重要对准中心。

（5）各种拔杆底脚要稳固，必要时应垫木排，确保安全地承受最大负荷。

（6）拔杆拼装后，要求检查其接头牢固程度及弯曲程度，不符合施工安全的不准使用。

（7）拔杆缆风绳数量应根据起重量并经计算确定，一般不少于5根，移动式拔杆不少于8根，分布要合理，松紧要均匀，缆风绳与地面夹角以 30°～40°为宜。禁止设多层缆风绳。

（8）缆风绳与地锚连接后，应用绳夹扎牢。

（9）缆风绳与高压线之间应有可靠的安全距离。如必需跨过高压线时，应采取停电、搭设防护架等安全措施。

（10）拔杆移动时其倾斜幅度：当采用间歇法移动时，不宜超过拔杆高度的 1/5，当采用连续法移动时，应为拔杆高度的1/20～1/15。相邻缆风绳要交错移位和调整。

（11）竖立拔杆时应由专人指挥。竖立后先初步稳定，然后再调整缆风绳使其均匀受力。同时校正拔杆的垂直度。

（12）拔杆使用前应做负荷试验，试验合格后方可使用。

（13）拆卸拔杆时，先用起重设备将拔杆吊起，后松缆风绳。

第二节　履带式起重机

一、履带式起重机基本知识

1. 履带式起重机概述

履带式起重机因其自行的履带而命名。履带式起重机构造由动力装置、传动装置、回转机构、行走机构、卷扬机、操作系统、起重杆、滑车组等组成，履带式起重机的动力装置一般采用内燃机驱动，在回转底盘上装有起重臂、动力装置、卷扬机和操纵室，尾部装有平衡重，回转低盘能作 360°全回转。履带式起重机的起重量一般较大，起重量由以前的百吨以下达到千吨以上。如徐工 XGC88000 履带起重机，该机最大起重量超过 3600t，最大起重力矩超过 88000t·m；具有主臂工况、塔臂工况、专用副臂工况以及单滑轮工况等，最长臂达到 216m。主要应用于国家石油化工、煤化工及核电建设领域。将有效支持重大技术发展的施工大型化进程。履带式起重机是目前结构安装工程中常用的主要起重机械。

2. 履带式起重机特点

1）车身能 360°回转，操作灵活，使用方便。

2）履带式起重机可在一般平整坚实的路面上作业与行驶。履带式起重机是结构安装工程中的主要起重机械。

3）履带式起重机的起重量大。

4）对地面承压要求较低，并且可以载荷行驶，越野性能好。

5）履带式起重机适用一般工业厂房吊装。

6）它的稳定性和机动性较差，行驶速度慢，自重大，对道路破坏较大。

7）在施工现场长距离转移时，履带起重机要用平板拖车来搬运或用火车运输。

8）起重臂拆接烦琐，工人劳动强度高。

3. 履带式起重机的型号分类

履带式起重机按传动方式不同可分为机械式、液压式和电动式三种。电动式不适用于需要经常转移作业的建筑施工。

4. 稳定性验算

履带式起重机在进行超负荷吊装或接长吊杆时，必须进行稳定性验算，根据验算结果，采取增加配重等措施后先行试吊，才能进行吊装。以保证起重机在吊装中不会发生倾覆事故。

履带式起重机稳定性最不利的情况，假定起重机倾覆时，以履带的轨链板中心点 A 为倾覆中心，为保证机身的稳定，必须使稳定力矩大于倾覆力矩。

不考虑附加荷载（风荷载、制动惯性力等）时，要求满足：

$$K = 稳定力矩/倾覆力矩 \geqslant 1.4$$

考虑附加荷载时，$K \geqslant 1.15$。

为简化计算，验算起重机稳定性时，一般不考虑附加荷载，由（图 7-10）可得：

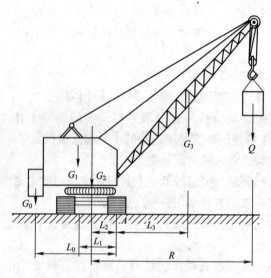

图 7-10　履带式起重机受力简图

$$K = [G_1 L_1 + G_2 L_2 + G_0 L_0 - G_3 L_3]/[Q(R - L_2)] \geqslant 1.4$$

式中　　　G_0——原机身平衡重；

　　　　　G_1——起重机机身可转动部分的重量；

　　　　　G_2——起重机机身不转动部分的重量；

　　　　　G_3——起重杆重量（约为起重机重的 $4\% \sim 7\%$）；

L_0、L_1、L_2、L_3——以上各部分的重心至倾覆中心 A 点的相应

　　　　　　　　　距离；

　　　　　R——回转半径；

　　　　　Q——起重量。

280

验算时，如不满足上式，则应采取增加配重措施。

[例 7-1]　某工地，拟采用一台最大起重量 15t 履带式起重机，吊装厂房钢筋混凝土柱，每根柱重(包括吊具)17.5t。试验算起重机的稳定性。

[解]　实测起重机部件重量

$G_1 = 20.2t$；$G_2 = 14.4t$；$G_0 = 3.0t$；$G_3 = 4.35t$(13m 杆长重量)；履带架宽度 $M = 3.2m$；履带板宽度 $N = 0.675$。$R = 4.5m$；

$$L_2 = M/2 - N/2 = 3.2/2 - 0.675/2 = 1.26m$$

$$L_1 = 2.63m(实测)；\quad L_0 = 4.59m；\quad R = 4.5m$$

$$\therefore \quad L_3 = R - (L_2 + 13 \cdot \cos75°/2) = 1.56m$$

$$Q = 17.5t$$

$$K = [20.2 \times 2.63 + 14.4 \times 1.26 + 3.0 \times 4.59 - 4.35$$
$$\times 1.56]/[17.5(4.5 - 1.26)]$$
$$= 78.25/56.7 = 1.33 < 1.4$$

说明机身的稳定性不够，采取在车棚尾部增加配重，所需增加的重量 G_0' 可按下式计算：

$$78.25 + G_0'L_0 \geqslant 1.4 \times 56.7$$

即：
$$G_0' \geqslant (79.38 - 78.25)/4.59 = 0.25t$$

因此，增加配重的重量不低于 0.25t。

5. 起重机启动前重点检查项目

(1) 起重机运到现场组装起重臂杆时，必须将臂杆放置在枕木架上进行螺栓连接和穿绕钢丝绳作业。

(2) 起重机应按照相关标准、规程和起重机说明书的规定安装幅度指示器、超高限位器、力矩限制器等安全装置。

(3) 各安全防护装置及各指示仪表齐全完好。

(4) 钢丝绳及连接部位符合规定。

(5) 燃油、润滑油、液压油、冷却水等是否加足。

(6) 各连接件无松动。

(7) 起重机发动机启动前应分开离合器，并将各操纵杆放在空挡位置上，并应按照规定，同机操作人员应互相联系好后方可启动内燃机。

（8）内燃机启动后，应检查各仪表指示值。

（9）起重机工作前应先空载运行检查，并检查各安全装置的灵敏可靠性。起吊重物时应离地面 200～300mm 停机进行试吊检验，确认符合要求时，方可继续作业。

（10）起重机变幅应缓慢平稳，严禁在起重臂未停稳前变换挡位；起重机载荷达到额定起重量的 90% 及以上时，升臂动作应慢速进行，并严禁同时进行两种及以上动作、严禁下降起重臂。

6. 履带式起重机安装操作注意事项

（1）在起吊重物时，应先稍离地面试吊，当确认重物已挂牢，起重机的稳定性和制动器的可靠性均良好，再继续起吊。在重物升起过程中，操作人员应把脚放在制动踏板上，密切注意起升重物，防止吊钩冒顶。当起重机停止运转而重物仍悬在空中时。即使制动踏板被固定，仍应脚踩在制动踏板上。

（2）当起重机起重时，应避免起重臂杆与履带呈垂直方位；履带式起重机在接近满负荷作业时，不得行走。如需起重机吊着荷载物件作短距离行走时，载荷物件的吊重量应不得超过额定允许起重量荷载的 70%。且吊物必须位于行车的正前方，用拉绳保持吊物的相对稳定。

（3）起重机应在平坦坚实的地面上作业、行走和停放。在正常作业时，坡度不得大于 3°。并应与基坑保持安全距离。

（4）履带起重机只能在坚实、平坦的场所工作，起重机的行驶道路和作业场地的承载力不应低于 $15t/m^2$。如需在某一区域经常往返和作业，路基应坚实，道路应平整；

（5）履带式起重机应尽可能避免吊起重物行驶，如需吊物行走时，臂杆重物应在履带吊正前方向（起重臂旋转到与履带平行方向），被吊重物离地面高度不得超过 500mm，并应拴好拉绳，缓慢行驶，严禁长距离带载行驶。并对回转、吊钩、臂杆的制动器刹住。接近满负荷时，不宜臂杆与履带垂直。起重机不应作为远距离运输使用。

(6) 履带式起重机行走道路要求坚实平整，对周围环境要求宽阔，不得有障碍物。

(7) 起重机行走时，行走或拐弯时不得过快过急。转弯不应过急，当转弯半径过小时，应分次转弯；当路面凹凸不平时，不得转弯，接近满负荷时，严禁转弯。

(8) 起重机上下坡道时应无载行走，上坡时应将起重臂仰角适当放小，下坡时应将起重臂仰角适当放大。严禁下坡空挡滑行。

(9) 履带式起重机在进行重大物件吊装时，必须了解物件的确切重量，否则应按规定进行试吊，确信荷载未超过额定起重量后才可进行吊装。

(10) 吊装时吊臂的仰角不得超过随机技术文件的规定，在一时难以查找时，起重臂的最大仰角不得超过 78°。

(11) 禁止斜拉、斜吊和起吊地下埋设或凝结在地面上的重物。

(12) 采用双机抬吊作业时，应选用起重性能相似的起重机进行。单机的起吊载荷不得超过允许载荷的 80%，抬吊时应统一指挥，动作应配合协调，载荷应分配合理。在吊装过程中，两台起重机的吊钩滑轮组应保持垂直状态，吊索在作业中均应保持竖直，必须同步吊起载荷和同步落位。

(13) 作业后，起重臂应转至顺风方向，并降至 40°~60° 之间，吊钩应提升到接近顶端的位置，应关停内燃机，将各操纵杆放在空挡位置，各制动器加保险固定。操纵室和机棚关门加锁。

7. 履带式起重机运输方式选择

(1) 起重机自行转移。

自行转移前，要察看沿途空中电线架设情况。要保证起重机通过时，其机体、起重臂与电线的距离符合安全要求。在行驶前应对履带式起重机进行检查，并搞好润滑、紧固、调整等保养工作；应卸去配重、拆短起重臂，主动轮在后面、机身、起重臂、吊钩等必须处于制动位置，并加保险固定。行驶 500~1000m 时，应对行走机构进行检查和润滑。

用平板拖车或铁路运输运送，只在特殊情况且运距不长时才自行转移。

（2）平板拖车运输。

采用平板拖车运输时应注意下列几点：

1）首先要了解所运输的起重机的自重、外形尺寸、运输路线和桥梁的安全承载能力、桥洞高度等情况。

2）选用相应载重量的平板拖车。

3）起重机上、下平板必须由持证驾驶员操作，所用跳板坡度不得大于 $15°$。

4）起重机在平板上停放位置，应使起重机的重心大致在平板载重面的中心上，以使起重机的全部重量均匀地分布在平板的各个轮胎上。

5）应将起重臂和配重拆下，并将回转制动器制动，再将插销销牢，在履带两端加上垫木并用扒钉钉住，履带左右两面用钢丝绳或其他绳索绑牢，如运距远、路面差，尚须用高凳或搭道木垛将尾部垫实。为了降低高度，可将起重机上部人字架放下。

（3）铁路运输。

采用铁路运输时，必须注意将支垫起重臂的高凳或道木垛搭在起重机停放的同一个平板上，固定起重臂的绳索也绑在这个平板上，如起重臂长度超出装起重机的平板，必须另挂一个辅助平板，但起重臂在此平板上不设支垫，也不用绳索固定，吊钩钢丝绳子应抽掉。铁路运输大型起重机时，可向铁路运输部门申请凹形平板装载，以便顺利通过隧道。

8. 履带起重机运输组装工艺流程

小吨位的履带吊运输可整机运输，根据运输车的长度来确定起重臂的分节运输即可，百吨起重量以上的，可按图 7-11～图 7-13 进行。

（1）履带起重机汽车运输及组装如图 7-11 所示。

1）主机拆分运输；

2）到达目的地后，起重机用液压支起，使汽车开出；

3）汽车开出后，升起自身上的桅杆进行吊装起重机身上的组件；

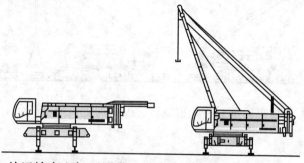

4）从运输车上卸下履带，并直接开始安装；

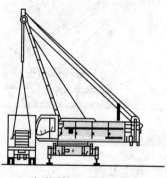
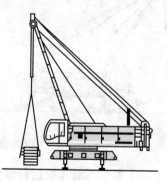

5）安装第下一个履带；

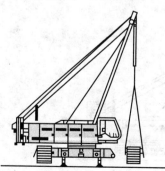
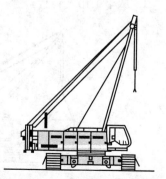

6）从运输车上卸下平衡配重，按顺序罗列整齐；

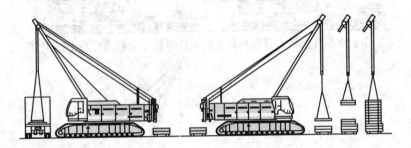

7）起重机后部对好配重位置，安在起重机配重平台上。

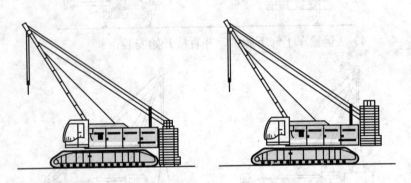

图 7-11　履带式起重机汽车运输与组装

（2）履带式起重机组装臂杆示意图如图 7-12 所示。

1）从车上吊下臂杆；

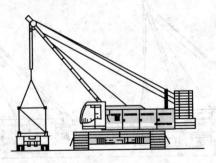

2）先组装转轴处的臂杆；

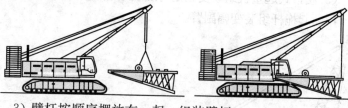

3）臂杆按顺序摆放在一起，组装臂杆；

4）向上推起三角支架，穿钢丝绳索穿过滑轮；

5）主臂与副臂向上弯成三角形；

6）通过起重机自身动力，拉紧钢丝绳，升起副杆达到工作状态。

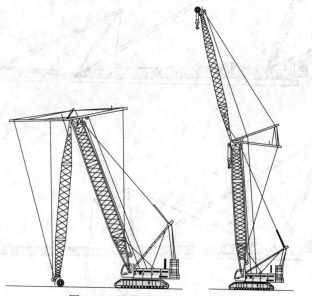

图 7-12　履带式起重机臂杆组装

287

(3)履带式起重机组装变幅副臂安装示意图如图 7-13 所示。用超起桅杆组装变幅副臂。

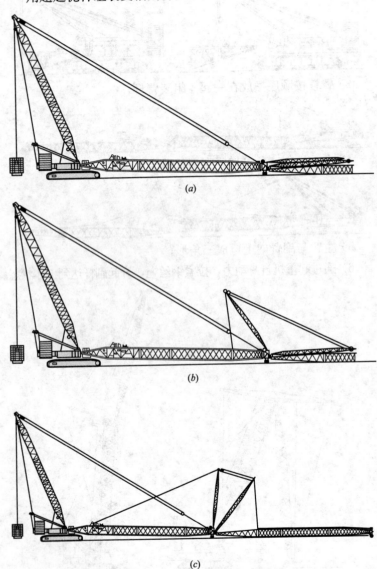

(a)

(b)

(c)

图 7-13　履带式起重机变幅臂安装(一)

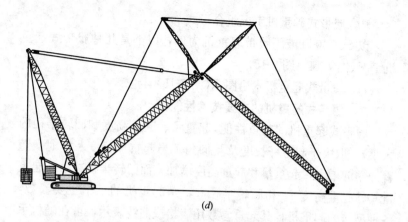

(d)

图 7-13 履带式起重机变幅臂安装(二)

9. 履带式起重机通用工况符号

H：主臂工况

HD(HDB)：主臂＋超起桅杆(和超起配重)工况

LJ：变幅副臂工况

FJ：固定副臂工况

LJD(LJDB)：变幅副臂＋超起桅杆(和超起配重)工况

HJ：变截面主臂工况

HJD(HJDB)：变截面主臂＋超起桅杆(和超起配重)工况

H_L：轻型主臂工况

SF：固定短副臂工况

SF_L：轻型固定短副臂工况

$SF_L D(SF_L DB)$：轻型固定短副臂＋超起桅杆(和超起配重)工况

SF_H：重型固定短副臂工况

$SF_H D(SF_H DB)$：重型固定短副臂＋超起桅杆(和超起配重)工况

以上词汇为通用内容，并非每个产品都会涉及的所有词汇。

10. 履带式起重机工况组合形式

以 SCC4000 液压履带起重机为例，以下是几种履带式起重机工况（图 7-14、图 7-15）。

11. 履带式起重机术语图示（图 7-16）

二、履带式起重机的主要技术性能

履带式起重机的起重性能（起重量、起重高度和回转半径的大小），取决于起重杆长度及其仰角。当起重杆长度一定时，随着仰角的增大，起重量和起重高度增加，而回转半径减小。起重量 Q、起重高度 H 和回转半径 R，是起重机的三个主要参数，各种型号的起重机，其起重参数用表格或曲线表示，可在随机手册中查得，在此只介绍 1~3 种工况起重性能。

（一）QUY50 型（50t）履带式起重机技术性能

徐州重型机械厂生产的 50t 履带式起重机，型号为 QUY50，

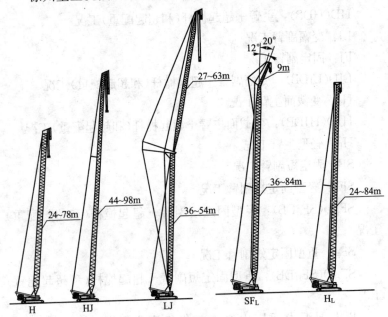

图 7-14　履带式起重机工况组合形式 1

290

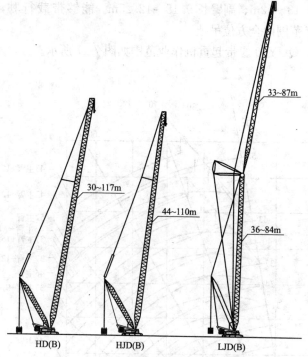

图 7-15　履带式起重机工况组合形式 2

工作半径
半径(R)

主臂(H)
变截面主臂/混合主臂(HJ)
轻型主臂(H_L)

固定副臂(FJ)
固定短副臂(SF)
轻型固定短副臂(SF_L)
重型固定短副臂(SF_H)

变幅副臂(LJ)

超起桅杆(D)
超起配重(B)

超起半径

后配重

中央配重

图 7-16　履带式起重机术语图

主臂长 13～52m、副臂长 9.15～12.25m。能够带载行驶，并可在 360°范围内全方位吊装。

1. QUY50 履带起重机作业范围如图 7-17 所示。

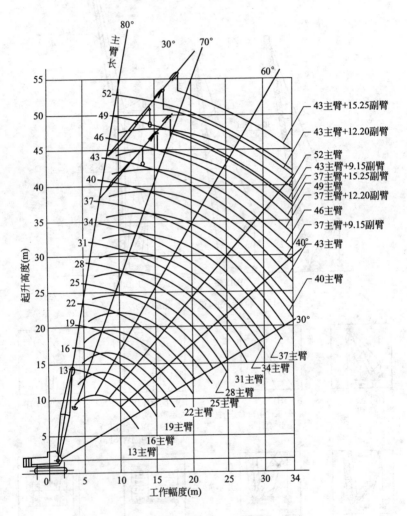

图 7-17　QUY50 履带起重机 *R-H* 曲线

2. QUY50 履带起重机主臂载荷见表 7-1。

R(m)	13	16	19	23	25	28	31	34	37	40	43	46	49	52
3.7	50.0													
4.0	43.0	45.0												
4.5	36.0	37.0	37.5											
5.0	31.0	31.0	30.5	29.5										
5.5	26.5	27.3	27.0	26.0										
6.0	22.0	23.4	24.0	24.0	24.0	22.5								
7.0	19.0	19.0	19.0	19.0	19.5	18.8	18.5							
8.0	15.5	15.5	16.0	16.0	15.8	15.2	15.0	15.0	14.9					
10.0	11.0	12.0	11.5	11.5	11.4	11.5	11.3	11.2	11.0	10.8	10.7	10.4	10.3	
12.0	9.0	9.5	9.5	9.0	8.9	8.8	8.6	8.6	8.6	8.5	8.4	8.2	8.1	8.0
14.0		7.5	7.5	7.5	7.4	7.1	7.0	6.8	6.5	6.5	6.6	6.5	6.3	6.2
16.0			6.5	6.5	6.4	6.4	6.0	5.8	5.8	5.7	5.5	5.3	5.0	5.0
18.0				5.4	5.4	5.3	5.0	4.7	4.6	4.5	4.5	4.4	4.3	4.1
20.0				4.6	4.5	4.3	4.2	4.1	4.0	3.8	3.8	3.7	3.5	3.3
22.0					3.8	3.7	3.5	3.5	3.4	3.3	3.2	3.0	2.8	2.7
24.0					3.5	3.0	2.9	3.0	2.8	2.6	2.5	2.3	2.1	
26.0						2.8	2.6	2.5	2.3	2.1	2.0	1.8	1.6	
28.0								2.1	1.9	1.8	1.6	1.4	1.2	
30.0								1.8	1.6	1.5	1.3	1.2	1.1	
32.0								1.5	1.5	1.3	1.1	1.0	0.9	
34.0								1.4	1.2	1.0	0.9	0.8		

3. QUY50 履带起重机主臂加副臂 30°载荷见表 7-2。

主臂长(m)	25			28			31			34		
副臂长(m)	9.15	12.20	15.25	9.15	12.20	15.25	9.15	12.20	15.25	9.15	12.20	15.25
半径 R(m)	起重量(t)											
12	3.30			3.30			3.30					
13	3.30			3.30			3.30			3.30		
14	3.30	2.70		3.30	2.70		3.30	2.70		3.30		

主臂长(m)	25			28			31			34		
副臂长(m)	9.15	12.20	15.25	9.15	12.20	15.25	9.15	12.20	15.25	9.15	12.20	15.25
半径 R(m)						起重量(t)						
15	3.30	2.70		3.30	2.70		3.30	2.70		3.30	2.70	
16	3.30	2.70	2.00	3.30	2.70	2.00	3.30	2.70		3.30	2.70	
18	3.30	2.70	2.00	3.30	2.70	2.00	3.30	2.70	2.00	3.30	2.70	2.00
20	3.30	2.70	2.00	3.30	2.70	2.00	3.30	2.70	2.00	3.30	2.70	2.00
22	3.30	2.70	2.00	3.30	2.70	2.00	3.30	2.70	2.00	3.30	2.70	2.00
24				3.15	2.70	2.00	3.05	2.70	2.00	3.00	2.70	2.00
26							2.70	2.70	2.00	2.60	2.60	2.00
28										2.30	2.30	2.00
30										2.00	2.00	2.00
32												
34												

主臂长(m)	37			40			43		
副臂长(m)	9.15	12.20	15.25	9.15	12.20	15.25	9.15	12.20	15.25
工作半径(m)					起重量(t)				
13	3.30								
14	3.30			3.30					
15	3.30			3.30			3.30		
16	3.30	2.70		3.30	2.70		3.30		
18	3.30	2.70	2.00	3.30	2.70	2.00	3.30	2.70	
20	3.30	2.70	2.00	3.30	2.70	2.00	3.30	2.70	2.00
22	3.30	2.70	2.00	3.30	2.70	2.00	3.20	2.70	2.00
24	2.90	2.70	2.00	2.85	2.70	2.00	2.75	2.70	2.00
26	2.55	2.55	2.00	2.45	2.45	2.00	2.40	2.40	2.00
28	2.20	2.20	2.00	2.15	2.15	2.00	2.05	2.05	2.00
30	1.95	1.95	1.95	1.85	1.85	1.85	1.80	1.80	1.80
32	1.70	1.70	1.70	1.65	1.65	1.65	1.50	1.50	1.50
34				1.40	1.40	1.40	1.30	1.30	1.30

（二）P&H 150t 履带起重机

1. 技术性能，一般数据见表 7-3。

技术性能数据   表 7-3

性能项目	主臂工况	塔式工况
最大起重能力(t·m)	150×5.0	20×15.8
基本臂长(m)	18.29	35.35＋27.43

2. 工作幅度图如图 7-18 所示。

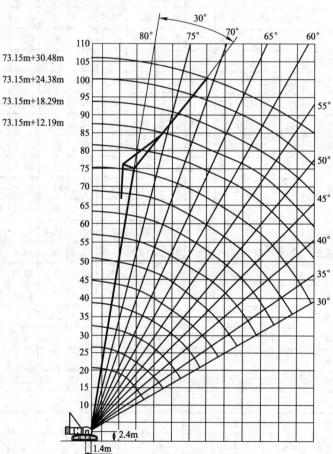

图 7-18　工作幅度图

3. P&H 150t 履带吊车主臂载荷表见表7-4。

P&H 150t 吊车主臂载荷表 表 7-4

主臂长(m)	18.29	21.34	24.38	27.43	30.48	33.53	36.58	39.62	42.67	45.72	48.77
半径 R(m)	起重量(t)										
5.0	150.0										
6.0	132.0	126.0	116.5	102.0							
7.0	105.0	104.0	102.0	97.7	94.0	83.6					
8.0	85.0	81.5	84.0	83.0	81.5	80.0	75.6	66.5			
9.0	71.0	70.8	70.9	71.0	71.0	70.0	68.0	66.1	60.8	55.5	
10.0	62.0	62.0	62.1	62.2	61.4	61.2	60.9	59.2	57.0	55.0	50.5
12.0	48.5	48.6	48.6	48.7	48.7	48.1	47.5	47.0	46.4	46.0	45.4
14.0	39.4	39.5	39.6	39.6	39.6	39.1	38.6	38.1	37.6	37.2	36.9
16.0	36.0	30.1	33.1	33.2	33.2	32.7	32.4	32.1	31.8	31.2	30.9
18.0		28.5	28.6	28.7	28.8	28.4	28.1	27.8	27.5	27.2	26.7
20.0		25.2	25.2	25.3	25.2	21.9	24.6	24.3	24.0	23.9	23.4
22.0			22.2	22.3	22.3	21.6	21.7	21.5	21.1	20.8	20.4
24.0				19.8	19.6	19.4	19.2	19.0	18.8	18.6	18.4
26.0					17.3	17.2	17.0	16.8	16.6	16.6	16.2
28.0					16.4	15.6	15.4	15.2	15.0	14.8	14.6
30.0						14.2	13.1	13.8	13.6	13.0	12.3
32.0							12.9	12.6	12.3	12.0	11.8
36.0								10.8	10.1	9.9	9.7
40.0										8.4	8.2
43.0											7.2
主臂长(m)	51.82	54.86	57.91	60.96	64.01	67.05	70.10	73.15	76.20	79.25	82.30
半径 R(m)	起重量(t)										
12.0	44.0	42.0	39.8								
14.0	36.5	36.0	35.5	34.7	32.8	30.1	27.2	24.6			
16.0	30.5	30.2	29.7	29.1	28.6	28.3	26.3	24.0	22.5	20.8	19.5

主臂长(m)	51.82	54.86	57.91	60.96	64.01	67.05	70.10	73.15	76.20	79.25	82.30
半径 R(m)						起重量(t)					
18.0	26.4	25.9	25.6	25.4	25.2	24.7	24.3	22.8	21.4	20.0	19.2
20.0	23.0	22.7	22.5	22.3	22.0	21.6	21.2	20.8	20.3	19.0	18.2
22.0	20.2	19.9	19.7	19.5	19.2	19.0	18.7	18.5	18.2	17.8	17.4
24.0	18.1	17.8	17.6	17.4	17.1	16.9	16.6	16.4	16.2	15.9	15.5
26.0	16.0	15.7	15.5	15.4	15.2	15.0	14.7	14.5	14.3	14.0	13.7
28.0	14.4	14.1	13.91	13.7	13.5	13.2	13.1	12.9	12.6	12.4	12.1
32.0	11.6	11.4	11.3	11.2	11.0	10.8	10.6	10.5	10.3	10.1	9.8
36.0	9.5	9.3	9.2	9.1	9.0	8.9	8.8	8.7	8.6	8.4	8.2
40.0	9.0	7.9	7.7	7.6	7.5	7.4	7.3	7.2	7.1	6.9	6.7
44.0	6.8	6.7	6.6	6.5	6.4	6.3	6.2	6.1	5.9	5.7	5.4
48.0	6.2	5.7	5.6	5.5	5.3	5.2	5.1	5.0	4.9	4.6	4.3
52.0			5	4.7	4.5	4.4	4.2	4.0	3.8	3.6	3.3
56.0					3.7	3.6	3.4	3.2	3.0	2.8	2.5
60.0							2.7	2.5	2.3	2.2	2.0

说明：（1）本表所示起重能力是按照最小倾覆量的 78% 来计算的，并且吊机是在理想的工作状态下，水平站立在坚实的支撑面上，吊钩的重量应从起重量中扣除；

吊钩种类	150t	100t	65t	40t
吊钩重量(t)	2.0	1.3	0.8	0.5

（2）当吊机主吊臂安装至 73.15m 以上时，吊臂中间应另加拉绳；

（3）当吊机主吊臂安装至 60.96m 以上时，应装 40t 吊钩；

（4）若装有副吊臂，其重量应从上述起重量中扣除；

副吊臂长度(m)	9.14	12.19	15.24	18.29	21.34	24.38	27.43	30.48
副吊臂重量(t)	1.6	1.75	1.9	2.05	2.2	2.4	2.6	2.8

（5）最大吊臂长度：主吊臂 82.3m；或 73.15m＋副吊臂 18.29m；或 70.10m＋副吊臂 30.48m。

（三）SCC4000（400t）型履带式起重机

1. 主臂工况

主臂工况作业范围如图 7-19 所示。主臂工况载荷(t)见表 7-5。

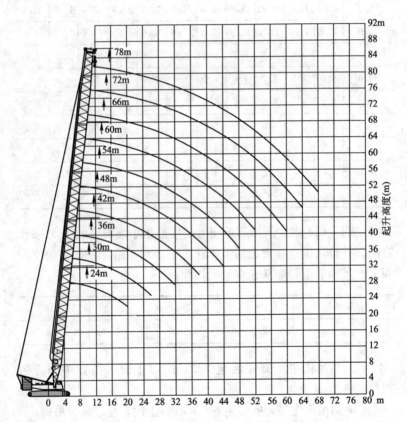

图 7-19　起升高度工作范围曲线

主臂工况载荷表（t） 表 7-5

（主臂长 24～78m，后配重 145t，中央配重 40t）

臂长（m） 半径（m）	24	30	36	42	48	54	60	66	72	78
4.5	400									
5	350									
5.5	338									
6	312	305								
6.5	290	283								
7	270	265	269	260						
8	240	240	236	230	226					
9	215	215	212	205	202	193				
10	200	195	192	185	182	174	163	147		
11	182	177	175	169	165	158	149	140	125	
12	165	162	159	155	150	144	136	129	122	114
14	142	140	136	130	127	122	116	110	104	102
16	118	118	116	112	109	105	98	95	90	90
18	98	98	97	96	95	92	85	83	78	78
20	86	85	84	82	82	81	73	74	69	68
22		72	75	72	71	72	64	66	62	61
24		64	65	63	63	64	58	59	55	55
26		58	59	56	56	57	51	53	50	49.5
28			54	51	50	51	46	47.5	45	44
30			48	46	45	46	41	43	41	39.5
32			43	42	41	41.5	37	38.5	37	35.5
34				38	36.5	38	33.5	35	33.5	32
36				35	33	34.5	30.5	32	30.5	29
38				32	31	32	28	29	27.5	26
40					28	29	27	26.5	25	23.5
44					25	25	23	22	21	19
48						21	20	18.5	17.5	15.8
52							17	15.6	14.5	12.8
56								13	12	10.5
60								11	9.6	8.3
64									7.5	6.4

299

续表

半径(m) ＼ 臂长(m)	24	30	36	42	48	54	60	66	72	78
68										4.8
风速(m/s)	14.3					12.8			11.8	

注：1. 此工况 78m 主臂起臂时必须使用侧板起支腿，否则起重机有倾翻的危险！

　　2. 实际起重量必须从本表的额定起重量中减去吊钩、吊具及缠绕在吊钩及臂头上的钢丝绳的重量。

　　3. 表中所示额定起重量是在水平坚硬地面上起吊的数值。

2. 主臂＋超起桅杆＋超起配重工况

主臂＋超起桅杆＋超起配重工况作业范围如图 7-20 所示。工况载荷(t)见表 7-6。

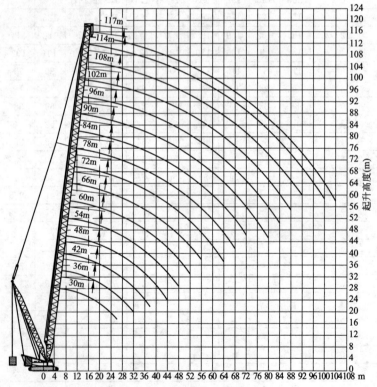

图 7-20　起升高度工作范围曲线

主臂＋超起桅杆＋超起配重工况载荷表（t）　　　表 7-6

（主臂长度 30m～117m，超起桅杆 30m，超起配重 0～250t，后配重 145t，中央配重 40t）

臂长(m) 半径(m)	30	36	42	48	54	60	66	72	78	84	90	96	102	108	114	117
6.5	400															
7	400	400	400													
8	380	370	360	350												
9	365	360	355	350	328											
10	360	355	350	350	317	285	245									
11	350	347	347	347	307	284	244	208	180							
12	345	341	339	331	296	284	244	208	179	160						
14	317	312	307	301	278	267	243	207	177	158	133	118	100			
16	293	285	281	275	258	250	230	204	175	157	131	118	100	86	74	68
18	270	263	259	254	239	232	220	196	174	155	129	117	110	85	73	68
20	251	243	239	236	221	215	206	188	173	153	127	116	99	85	73	68
22	228	225	223	220	206	201	193	180	168	150	123	115	98	84	72	67
24	205	204	202	203	193	189	182	172	160	146	119	114	96	82	72	67
26	190	188	185	184	181	177	172	163	153	142	115	113	94	80	71	67
28		175	173	174	171	167	161	154	144	136	112	112	92	78	70	67
30		163	162	160	160	158	152	145	137	129	109	110	90	76	69	66
32		150	150	150	147	146	144	139	131	123	105	108	88	74	67	65
34			143	141	137	136	136	131	124	117	103	104	85	73	65	64
36			134	131	130	129	129	125	118	112	100	101	83	72	63	63
38			125	125	123	121	118	117	112	107	96	97	82	70	62	62
40				119	115	114	110	110	105	102	93	93	80	65	59	58
44				107	100	101	102	97	92	93	87	86	74	63	55	54

半径(m) \ 臂长(m)	30	36	42	48	54	60	66	72	78	84	90	96	102	108	114	117
48					93	92	91	89	87	82	81	79	69	59	50	50
52						84	82	81	78	76	73	73	61	53	47	46.5
56							76	74	70	69	66	66	56	49.5	44	44
60								67	64	62	62	59	53	46.5	40	40
64								63	60	58	56	55	47	42.5	38	38
68									55	54	51	51	41	39	38	36
72										50	47	47	36	33	30	30
76											44.5	42.5	31	28	23	23
80												42	40	28	24	20	20
84													37.5	26	20	16	15
88														24	17.5	13	12
92															16	11	10
96																10	9
100																9	8
104																	7
风速(m/s)	14.3		12.8			11.1					9					

注：1. 此工况66m主臂、若不用超起配重，起臂时必须使用侧板起支腿，否则起重机有倾翻的危险！

2. 此工况72m～117m主臂、起臂时必须使用超起配重，否则起重机有倾翻的危险！

3. 实际起重量必须从本表的额定起重量中减去吊钩、吊具及缠绕在吊钩及臂头上的钢丝绳的重量。

4. 表中所示额定起重量是在水平坚硬地面上起吊的。

3. 混合主臂＋超起桅杆＋超起配重工况

混合主臂＋超起桅杆＋超起配重工况作业范围如图7-21所示。工况载荷表(t)见表7-7。

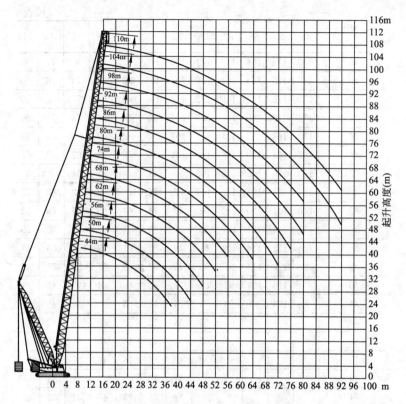

图 7-21　起升高度工作范围曲线

混合主臂＋超起桅杆＋超起配重工况载荷表（t）　　表 7-7

（混合主臂长度 44m～110m，超起桅杆 30m，超起配重 0～250t，

后配重 145t，中央配重 40t）

臂长(m) 半径(m)	44	50	56	62	68	74	80	86	92	98	104	110
9	180	180										
10	180	180	174									
11	180	180	172	160	148	135						
12	180	180	170	160	147	134	117					
14	180	180	170	157	146	132	114	102	97	82		

臂长(m) 半径(m)	44	50	56	62	68	74	80	86	92	98	104	110
16	180	178	168	155	144	128	110	97	96	80	77	60
18	178	175	166	151	138	124	105	93	92	78	76	60
20	175	172	164	146	132	118	100	89	87	75	74	59
22	172	170	159	139	125	112	95	86	83	73	72	59
24	170	168	155	134	119	107	90	82	79	70	70	58
26	167	164	149	129	114	101	85	78	75	67	67	57
28	163	156	143	123	108	96	81	74	71	64	63.5	55
30	157	148	137	117	103	92	77	70	68	62	60	53
32	146	141	130	112	98	87	74	67	65	59	58	52
34	137	134	124	107	93	83	70	64	62	56	55	50
36	128	127	118	102	89	79	66	61	59	54	53	47
38	121	122	113	96	85	75	63	59	57	52	51	45
40		116	109	92	81	71	60	56	54	49.5	48	44
44		104	98	83	73	64	55	53	51	46	45	41
48			88	75	65	58	52	50	48	43	42	38
52				67	59	51	49	48	46	40	39	35
56					53	46	41	46	44	37	36	32.5
60						41	40	45	42	34	34	30.5
64						37	38	43	40	32	32	29
68							36	42	39	30	31	27.5
72							35	40	37	29	29	26
76								38	36	28	28	24.5
80									34	27	27	23.5
84											26	22.5
88											25	21
92											24	20
风速(m/s)		12.8				11.1				9		

注：1. 此工况臂架长度80至110m起臂时必须使用超起配重，否则起重机有倾翻的危险！

2. 实际起重量必须从本表的额定起重量中减去吊钩、吊具及缠绕在吊钩及壁头上的钢丝绳的重量。

3. 表中所示额定起重量是在水平坚硬地面上起吊的数值。

（四）LR1800(800t)履带起重机

1. 主臂+机身配重工况

（1）主臂+机身配重工况作业范围如图 7-22 所示。

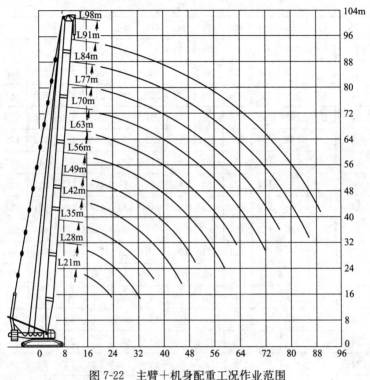

图 7-22　主臂+机身配重工况作业范围

（2）主臂+机身配重载荷表见表 7-8。

主臂+机身配重载荷表(t)　　　　表 7-8

（履带尺寸(m)：11.08×10.80×1.50；工作范围：360°；机身中心配重 32t；
回转平台配重 162t；力矩限制 75%）

半径(m)	L-21	L-28	L-35	L-42	L-49	L-56	L-63	L-70	L-77	L-84	L-91	L-98
6.0	650											
6.5	605											
7	580	520										

305

半径(m)	L-21	L-28	L-35	L-42	L-49	L-56	L-63	L-70	L-77	L-84	L-91	L-98
8	520	510	500									
9	480	480	480	440	400	360						
10	439	436	434	420	388	347	312	280				
11	400	398	396	395	370	332	300	271	235	200		
12	364	362	261	359	352	319	288	262	228	194	178	165
14	307	305	303	298	296	283	266	242	214	184	269	157
16	264	263	258	254	252	252	231	221	200	174	160	150
18	232	228	224	220	218	211	202	194	185	164	152	142
20	201	201	197	194	192	186	179	172	165	155	143	136
22		175	174	173	170	167	160	153	148	143	137	129
24		154	153	152	151	150	144	138	134	129	124	120
26		138	137	136	135	134	131	125	121	117	113	109
28			123	122	121	120	119	114	111	106	103	99
30			112	111	109	108	107	105	101	98	94	91
32			102	101	100	98	97	96	93	90	86	83
34				93	91	90	89	88	86	83	80	76
36				86	84	83	81	80	79	76	73	70
38				79	78	76	75	74	73	71	68	65
40					72	71	69	68	67	66	63	60
44					63	61	60	59	57	56	54	52
48						54	52	51	50	49	47	45
52							46	44	43	42	40	38
56							41	39	38	37	34	33
60								35	33	32	30	28
64									29	27	25	24
68									26	24	22	20
72										21	18	16

半径(m)	L-21	L-28	L-35	L-42	L-49	L-56	L-63	L-70	L-77	L-84	L-91	L-98
76											16	14
80											13	11
84												10

注：吊装性能(t)；L 主臂杆长度(m)。

2. 主臂＋机身配重＋桅杆挑架悬挂吊斗配重工况

（1）主臂＋机身配重＋桅杆挑架悬挂吊斗配重工况作业范围如图 7-23 所示。

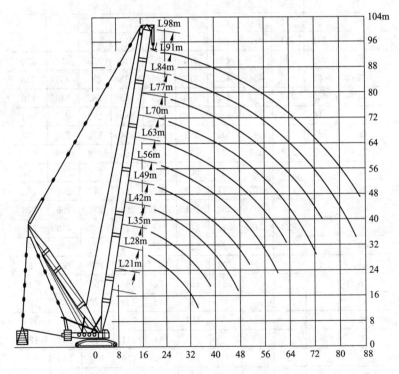

图 7-23　主臂＋机身配重＋桅杆挑架悬挂吊斗配重工况作业范围

（2）主臂＋机身配重＋桅杆挑架悬挂配重载荷表见表 7-9。

307

主臂十机身配重十桅杆挑架配重载荷表（t）　　　表 7-9

（履带尺寸：11.08m×10.8m×1.50m；工作范围：360°；中心配重 32t；

回转平台上配重 162t；悬挂吊斗距回转中心半径 20m、最大配重 320t；

力矩限制 75%）

工作半径 (m)	L-35 D-35	L-42 D-35	L-49 D-42	L-56 D-42	L-63 D-42	L-70 D-42	L-77 D-42	L-84 D-42	L-91 D-42	L-98 D-49
9	700									
10	670	620								
11	648	595								
12	628	580	480							
14	590	550	480	420	370					
16	559	530	480	420	370	325				
18	531	511	480	420	370	325	318	288		
20	504	488	477	420	370	325	318	288	258	220
22	452	456	456	420	370	325	318	288	254	215
24	406	412	413	410	370	325	318	285	248	210
26	316	376	377	380	368	325	314	278	240	204
28	321	345	345	349	352	325	301	270	234	198
30	286	318	319	321	324	317	289	262	226	192
32	253	295	296	298	300	304	278	256	220	187
34		273	275	277	279	282	267	247	214	182
36		248	258	259	261	264	258	238	206	176
38		223	242	243	245	247	248	230	200	172
40			228	229	230	232	234	222	194	166
44			204	204	205	207	208	207	182	156
48				184	184	186	186	188	170	146
52					167	168	169	170	157	136
56					153	153	154	154	146	128
60						141	141	141	134	120
64							129	130	124	112
68							120	119	114	104
72								111	106	95
76									100	88

工作半径 (m)	L-35 D-35	L-42 D-35	L-49 D-42	L-56 D-42	L-63 D-42	L-70 D-42	L-77 D-42	L-84 D-42	L-91 D-42	L-98 D-49
80									94	80
84										72

注：吊装性能(t)；L起重主臂长度(m)；D桅杆挑架杆长度(m)。

3. 主臂副臂连接处双桅杆支撑工况

（1）主臂副臂连接处双桅杆支撑工况作业范围如图 7-24 所示。

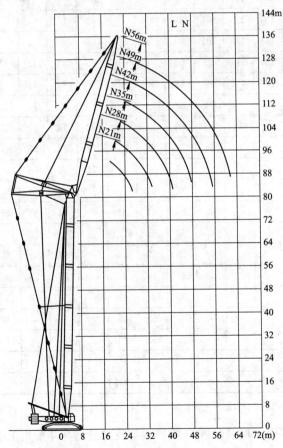

图 7-24　主臂副臂连接处双桅杆支撑工况作业范围

（2）主臂副臂连接处双桅杆支撑工况载荷表见表7-10。

主臂副壁连接处双桅杆支撑工况载荷表（t） 表7-10

（履带尺寸：11.08m×10.8m×1.50m；工作范围：360°；中心配重32t；
回转平台上配重162t；主臂杆角度88°；力矩限制75%）

工作半径 （m）	L-70 N-21	L-70 N-28	L-70 N-35	L-70 N-42	L-70 N-49	L-70 N-56	L-77 N-28	L-77 N-35	L-77 N-42	L-77 N-49	L-77 N-56
12	136										
14	135	117					100				
16	134	116	102	86			98	86			
18	131	115	101	85	72		96	85	72		
20	126	114	99	84	72	60	93	84	71.5	58	
22	120	111	97	83	71.5	60	90	82	71	58	50
24	111	105	94	82	71	59.5	86	80	70	57.5	50
26	100	98	90	80	70	59	82	78	69	57	49.5
28		90	85	78	69	58.5	78	75	67	56.5	49.5
30		82	80	75	68	58	74	72	66	56	49
32		76	74.5	71	66	57.5	69.5	68	64	55.5	48.5
34			69	67	64	57	65	64	62	55	48
36			64.5	63	61	55.5		60.5	59	54	47.5
38			60	59	58	54		57	56	53	47
40			56	55.5	54	53		55	53	50.5	46
44				51	49.5	49			47	45.5	43.5
48					45.5	45				40	39
52					40.5	40				34.5	34
56						35					29.5
60						29.5					26

注：吊装性能（t）；L 起重主臂长度；N 主臂副臂连接处双桅杆支撑杆长度（m）。

4. 主臂＋机身配重＋桅杆挑架支撑悬挂拖斗配重工况

（1）主臂＋机身配重＋桅杆挑架支撑悬挂拖斗配重工况作业

范围如图 7-25 所示。

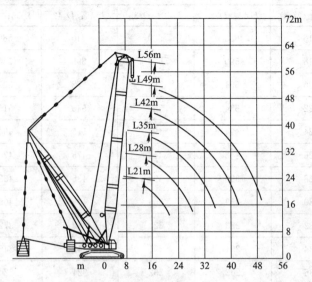

图 7-25 主臂＋机身配重＋桅杆挑架支撑悬挂拖斗配重工况作业范围

（2）主臂＋机身配重＋桅杆挑架支撑悬挂拖斗配重工况载荷表见表 7-11。

主机＋机身配重＋桅杆支撑挑架悬挂拖斗配重工况载荷表 表 7-11

（履带尺寸：11.08m×10.8m×1.50m；工作范围：360°；中心配重 32t；
回转平台上配重 162t；悬挂吊斗距回转中心半径 20m/25m、
最大配重 450t；力矩限制 75%）

工作半径(m)	L-42；D-35	L-42；D-35	L-49；D-42	L-56；D-42
7	910			
8	850			
9	800	800		
10	760	760		
11	720	720		
12	690	690	680	
14	659	660	650	580

工作半径(m)	L-42；D-35	L-42；D-35	L-49；D-42	L-56；D-42
16	623	630	610	580
18	590	600	598	564
20	561	580	572	539
22	534	550	548	516
24	494	498	515	494
26	445	445	475	470
28	399	399	435	432
30	359	359	405	400
32	323	323	370	372
34	291	291	349	346
36	262	262	324	324
38	234	234	304	302
40			283	284
44			234	254
48				227

注：吊装性能(t)；L 起重主臂长度；D 桅杆挑架杆长度(m)。

第三节　汽车式起重机

一、汽车起重机概述

汽车式起重机的起重机构和回转台安装在载重汽车底盘或专用的汽车底盘上。底盘两侧设有四个支腿，以增加起重机的稳定性。中型以上起重机前边中部还有一个支腿，称第五支腿，适用于全方位(360°)作业。

汽车起重机由于行驶速度快，转移灵活，汽车底盘及其零件供应较方便等优点。常用于构件运输、装卸和结构吊装，其特点是转移迅速，对路面损伤小。箱形臂可伸缩，吊臂能迅速方便地调节臂架长度。但吊装时需要使用支腿，也不适于在松软或泥泞的场地上工作。对工作场地的要求较高。使用汽车式起重机吊装时，先压实现场地基，支腿必须支在坚实可靠的地基上，并应放下支腿，调到转台基本水平，并在支腿臂下部垫上 1.2～1.5m 长的道木，以防支腿失灵时发生事故。汽车式起重机不能载荷行驶，所有需要安装的构件，要放在起重机的回转半径范围内。工作完毕，起腿、回转臂杆不得同时进行；吊重物时，要考虑提升高度调整吊臂长度。回转时不得急速制动，起落臂杆应缓慢。

汽车式起重机行驶时，吊钩放在规定位置，并将钢丝绳调整好；汽车式起重机机动性能好，运行速度高，可与运输车编队行驶。

二、汽车起重机的分类

1. 按起重量的大小分

汽车起重机按起重量的大小分为轻型、中型、和重型三种。起重量在 20t 以内的为轻型，20～50t 为中型，50t 以上的为重型。

2. 按起重臂形式分

按起重臂形式分为桁架臂或箱形臂两种。

3. 按传动装置形式分

按传动装置形式分为机械式（Q）、电力式（QD）、液压式（QY）三种。我国生产的小型、中型、重型汽车式起重机多为液压传动，常见型号为 QY8～QY125，即起重量 8～125t 以上。

三、不同厂家的汽车起重机产品性能对照

汽车起重机的不同的生产厂家，相同起重量，其技术性能和起重特性不完全相同，但差别不大，可以起到参考作用。下边以 35t 为例，不同厂家的汽车起重机产品性能进行对照（表 7-12）。

35t汽车起重机产品性能对照表　　　　表 7-12

车型	徐工 QY35K	浦沅 QY35H	长江 LT1036/1	北起多田野 GT350E	泰安 QY35F	蚌埠 QY35F	蚌埠 QY35E
最大起重量 （t）	35	35	36	35	35	35	35
全伸臂最大 起重量(t)	8.5	9	7		9.5	7	8
副臂最大起 重量(t)	4	3.5	3		3	2.5	2.8
基本臂最大 起重力矩 （kN·m）	1166	1120	1140		1190	1120	1120
最长主臂最 大起重力矩 （kN·m）	644.8	638	627		656	480	539
主臂长(m)	10.5～ 33	10.55～ 33.5	10.95～ 39.75	10.6～ 34	10.7～ 33.65	10.6～ 38	10.4～ 32
主臂最大起 升高度(m)	33	34	39.88	34.5	33.83	38	32
副臂最大起 升高度(m)	48(两节 副臂)	48(两节 副臂)	53.23(两 节副臂)	49.7(两节 副臂)	47.8(两 节副臂)	46.5	40.5
吊臂伸缩 形式	四节同 步伸缩	四节同 步伸缩	五节顺 序＋同步	四节同 步伸缩	四节同 步伸缩	五节顺 序＋ 同步	四节顺 序＋ 同步
吊臂截面 形式	六边形	六边形	六边形	六边形	六边形	六边形	六边形
整备质量 （t）	32.3	32.4	37	33.68	33.91	35.8	31.84
支腿跨距	5.35×6	5.33× 6.02	5.3× 6.1	5.15× 6.1	5.4× 6.0	5.4× 6.6	5.34× 5.916

314

车型	徐工 QY35K	浦沅 QY35H	长江 LT1036/1	北起多田野 GT350E	泰安 QY35F	蚌埠 QY35F	蚌埠 QY35E
整机外形尺寸(长×宽×高 m)	12.463×2.5×3.28	13.252×2.5×3.472	13.204×2.5×3.55	13.09×2.5×3.634	12.96×2.5×3.6	13.09×2.5×3.634	13.22×2.5×3.59
发动机型号	WD615.67A	WD615.50	WP10.290（欧Ⅲ）	WD615.44	WD615.50	WD615.50	WD615.50
发动机功率(kW)	206	206	213	239	206	206	206
单绳最大速度(主起升空载)(m/min)	110	127	110	118	70	86.4	86.4
百公里油耗(L)	36	50					35

四、汽车起重机起重性能

以三一重工 SANY 汽车起重机产品为例:

(1)表 7-13～表 7-25 中起重数值是在地面坚实,整机调平状态下本起重机的最大起重量。表中粗线上面的数值由起重机强度决定,粗线下面的数值由起重机的稳定性决定。

(2)起重参数是在支腿全伸情况下,起重机在侧后方吊重必须遵守的。不允许在不打支腿的情况下吊重。

(3)表 7-13～表 7-25 中的幅度值是指吊重后吊钩中心至回转中心的实际水平距离。

(4)当实际臂长和工作幅度在两数值之间时,应按较大的臂长和幅度确定起重量。

(5)如果实际臂长和幅度介于两个数值之间时,取较长的臂长及较大的幅度所决定的额定起重量进行起吊作业。

1. QY20 汽车起重机

(1)QY20 汽车起重机起升高度曲线如图 7-26 所示。

315

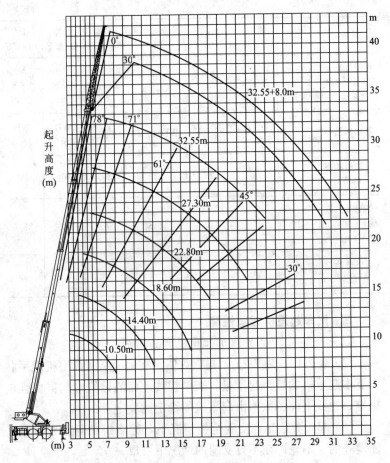

图 7-26　QY20 汽车起重机起升高度曲线

（2）主臂起重性能见表 7-13。

主臂起重性能（kg）　　　　表 7-13

幅度	全伸支腿（360°作业）					
（m）	基本臂 10.5m	中长臂 14.4m	中长臂 18.6m	中长臂 22.8m	中长臂 37.7m	全伸臂 32.55m
3.0	20000					
3.5	20000					

316

副度 (m)	全伸支腿(360°作业)					
	基本臂 10.5m	中长臂 14.4m	中长臂 18.6m	中长臂 22.8m	中长臂 37.7m	全伸臂 32.55m
4.0	19200	14000				
4.5	18500	14000	12000			
5.0	17000	14000	12000	9700		
5.5	15100	13500	12000	9700	7500	
6.0	13200	13000	11500	9700	7500	6100
6.5	11700	12000	11000	9000	7500	6100
7.0	10500	10500	10500	8500	7000	6100
8.0	8000	8500	8500	7600	6500	5500
9.0		6800	7000	7000	6000	5000
10.0		5700	5800	5800	5500	4600
12.0		4100	4200	4200	4200	3900
14.0			3500	3200	3200	3200
16.0			2500	2500	2500	2500
18.0				1900	2000	1900
20.0					1550	1500
22.0					1200	1150
24.0						900
倍率	8	6	6	4	3	3
吊钩 重量	250kg					

（3）副臂起重性能表见表 7-14。

副臂起重性能　　　　表 7-14

主臂 仰角 (°)	主臂(32.55)＋副臂(8m)			
	副臂安装角			
	0°		30°	
	侧后方起重量(kg)	前方起重量(kg)	侧后方起重量(kg)	前方起重量(kg)
80	3000	3000	1550	1550
78	2850	2850	1550	1550
76	2750	2750	1450	1350
74	2650	1800	1400	1400
72	2550	1750	1350	1350

317

主臂仰角（°）	主臂(32.55)＋副臂(8m)			
	副臂安装角			
	0°		30°	
	侧后方起重量(kg)	前方起重量(kg)	侧后方起重量(kg)	前方起重量(kg)
70	2450	1600	1300	1300
68	2300	1550	1250	1250
66	2150	1450	1200	1200
64	2000	1350	1150	1000
62	1850	1250	1100	850
60	1700	1150	1050	650
58	1600	1050	1000	500
56	1450	1000	950	400
54	1250	950	900	300
52	1100	900	850	250
50	980	850	700	200
45	700	550	500	
40	500	460	400	
35	350	300	250	
30	200			
钢丝绳倍率	1			
吊钩重量	90kg			

注：1. 表中所列数值为允许的最高值，且包括吊钩和吊具的重量(主钩重 250kg，副钩重 90kg。)

　　2. 主臂端部单滑轮的起重性能同 32.55m 主臂作业工况，其最大起重量应≤3.5t。

　　3. 主臂端部若装有副臂时，主钩起重量应将表中各工况的起重量相应减少410kg。

2. QY25C 汽车起重机

(1) QY25C 汽车起重机起升高度曲线如图 7-27 所示。

(2) 主臂起重性能见表 7-15。

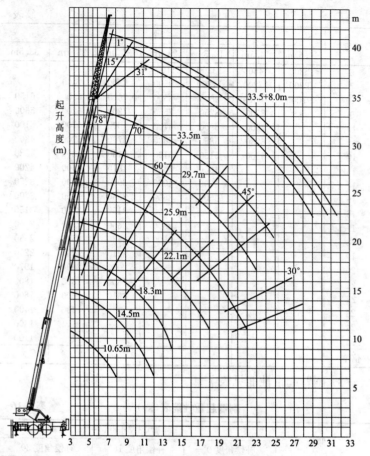

图 7-27　QY25C 汽车起重机起升高度曲线

主臂起重性能表（kg）　　　　　　　　　　　表 7-15

幅度	主臂						
	10. 65m	14. 5m	18. 3m	22. 1m	25. 9m	29. 7m	33. 5m
3	25000	18000					
3. 5	25000	18000	15000				
4	24300	18000	14900	11000	9200		
4. 5	21820	17000	14900	11000	9200		
5	18900	16500	14500	11000	9150	7500	
5. 5	17350	16000	13800	11000	9150	7500	

319

幅度	主臂						
	10.65m	14.5m	18.3m	22.1m	25.9m	29.7m	33.5m
6	15800	14500	13300	11000	8900	7500	
7	12200	12200	11300	9500	8300	7400	
8	9700	10000	9800	8500	7600	6500	6150
9		8500	8250	7550	7200	6200	5600
10		7500	6900	6700	6500	5700	5100
11		6250	5850	5800	5700	5200	4800
12		5500	5160	5100	5100	4800	4380
13			4600	4550	4510	4400	4200
14			4000	4000	3950	3900	3850
15			3500	3500	3550	3550	3700
16				3200	3150	3150	3150
17				2800	2800	2850	2900
18				2600	2580	2580	2550
19					2210	2200	2200
20					2050	2000	1970
21					1800	1800	1800
22					1650	1600	1600
23						1400	1400
24							1300
25							1100
倍率	8	8	6	4	4	4	3

（3）副臂起重性能见表 7-16。

副臂起重性能表（kg） 表 7-16

主臂仰角	主臂 33.5+8m		
	补偿角度 0°	补偿角度 15°	补偿角度 30°
78°	2800	2350	1700
75°	2800	2200	1600
72°	2750	2050	1500
70°	2600	1900	1450
65°	2150	1650	1350
60°	1800	1450	1250
55°	1300	1200	1150
50°	950	850	800

注：1. 表中所列数值为允许的最高值，且包括吊钩和吊具的重量（主钩重 360kg，
副钩重 90kg）。

2. 主臂端部单滑轮的起重性能同 33.5m 主臂作业工况，其最大起重量应≤3.5t。

3. 主臂端部若装有副臂时，主钩起重量应将表中各工况的起重量相应减少 550kg。

3. QY50C 汽车起重机

（1）QY50C 汽车起重机起升高度曲线如图 7-28 所示。

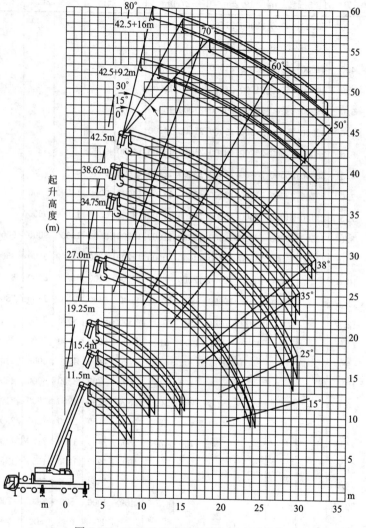

图 7-28　QY50C 汽车起重机起升高度曲线

（2）主起重臂额定起重量见表 7-17。

321

主起重臂额定起重量表(kg)　　　　　表 7-17

幅度(m)	支腿全伸后方和侧方作业										
	11.5m	15.4m	19.25m		27.0m		34.75m		38.62m		42.5m
3.0	50000	40000	32000	21500							
3.5	50000	40000	32000	21500							
4.0	44600	40000	32000	21500							
4.5	40000	36000	31000	21500	21000	15000					
5.0	36200	33200	29000	20000	21000	15000					
5.5	32000	30000	27500	19000	21000	14500					
6.0	28000	27500	25700	18100	21000	13700	14000	9000			
6.5	25800	25500	23900	17500	19500	12800	14000	9000			
7.0	23500	23200	21500	17000	18000	12100	14000	9000	11500	9000	
7.5	21400	21200	18600	16200	16800	11500	13500	8500	11500	9000	
8.0	19500	19300	16800	15600	15800	11000	12700	8500	11000	9000	9000
9.0	15300	15000	13500	13800	14000	10000	11700	7800	10500	8500	8500
10.0		11700	10300	12000	12000	9000	10700	7100	10000	8000	8500
11.0		9500	8700	10600	9900	8200	8900	6400	9000	7500	7800
12.0		7700	7200	8700	8300	7500	8300	5800	8000	7000	7000
14.0			4900	6400	5900	6100	6200	5000	6300	5900	6000
16.0			3400	4600	4300	5000	4700	4400	4900	5000	5200
18.0					3100	4100	3600	3800	3800	4000	4200
20.0					2200	3000	2800	3200	2900	3500	3100
22.0					1600	2300	1900	2700	2200	2800	2500
24.0					1100	1800	1500	2400	1700	2100	1800
26.0							1000	1900	1200	1650	1350
28.0							700	1500	8500	1300	950
30.0							400	1000	500	900	700
32.0								800		600	400
34.0										350	
倍率	12	10	8		6		4		4		3

（3）副起重臂额定起重量见表 7-18。

副起重臂额定起重量表（kg） 表 7-18

工作角度	支腿全伸后方和侧方作业					
	42.5+9.2m 副臂			42.5+16m 副臂		
	0°	15°	30°	0°	15°	30°
78°	3500	2400	2000	2400	1450	1000
77°	3200	2300	1900	2400	1400	1000
75°	3000	2200	1800	2300	1300	950
73°	2700	2000	1700	2000	1200	850
71°	2500	1800	1600	1800	1100	850
68°	2200	1700	1400	1500	1000	800
66°	2000	1500	1300	1300	950	760
63°	1800	1400	1100	1100	850	720
61°	1500	1200	950	950	750	650
58°	1100	950	750	650	600	550
56°	700	650	550	500		
最小仰角	55°					

注：1. 表中额定起重量包括起重钩（主起重钩重 610kg，副起重钩重 90kg）和吊具的重量。

2. 打开好第五支腿时，表中数值适用于全方位（360°）作业。

3. 使用臂尖滑轮时额定起重量不超过 4000kg。若副起重臂处于展开状态，主臂起吊的额定起重量应减少 2300kg。

4. STC75 汽车起重机

（1）STC75 起升高度曲线图如图 7-29 所示。

（2）主臂起重性能见表 7-19。

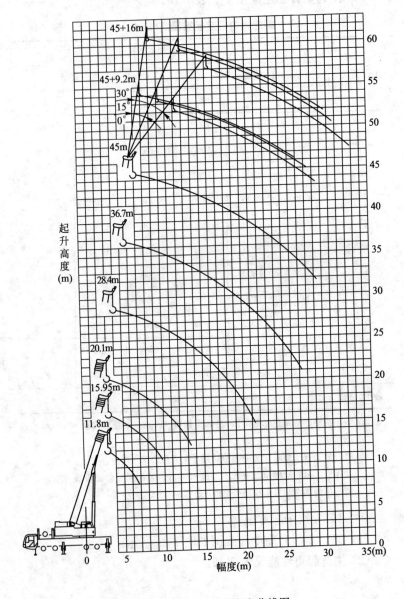

图 7-29　STC75 起升高度曲线图

主臂起重性能表

表 7-19

支腿全伸后方和侧方作业(固定配重 4.5t)

幅度(m)	主臂长度(m)					
	11.8m	15.95m	20.1m	28.4m	36.7m	45m
3.0	75000	54000	43000			
3.5	70000	54000	43000			
4.0	62000	51000	43000	30000		
4.5	56000	48000	43000	30000		
5.0	51000	45000	41000	30000		
5.5	47000	42000	38500	29000		
6.0	41500	39000	36500	27500	16000	
6.5	36000	35000	34000	26000	16000	
7.0	32000	30500	31000	25000	16000	
7.5	28000	27500	27000	23500	15000	
8.0	25000	24500	24000	22000	15000	9500
9.0	19000	20000	20000	19500	15000	9500
10.0		16500	17000	16000	14000	9000
11.0		13500	14000	13600	13000	9000
12.0		11500	12000	12000	12000	9000
14.0			8500	9000	10000	8500
16.0			6000	6800	7800	8000
18.0				5000	6000	6500
20.0				4000	4800	5100
22.0				2900	3800	4100
24.0				2200	2900	3300
26.0					2200	2600
28.0					1700	2000
30.0					1300	1500
32.0						1200
倍率	12	9	9	6	5	3

(3) 副臂起重性能见表 7-20。

副臂起重性能表（kg）　　　　表 7-20

支腿全伸后方和侧方作业（固定配重 4.5t＋2t 活动配重）

幅度（m）	副臂长度（m）					
	11.8m	15.95m	20.1m	28.4m	36.7m	45m
3.0	75000	54000	43000			
3.5	70000	54000	43000			
4.0	62000	51000	43000	30000		
4.5	56000	48000	43000	30000		
5.0	51000	45000	41000	30000		
5.5	47500	42000	38500	29000		
6.0	43000	39000	36500	27500	16000	
6.5	39000	36000	34000	26000	16000	
7.0	35000	32500	32000	25000	16000	
7.5	30500	29000	29300	23500	15000	
8.0	26500	26200	26200	22000	15000	9500
9.0	20500	21500	21500	20000	15000	9500
10.0		17500	17500	17000	14000	9000
11.0		14300	14500	14500	13000	9000
12.0		12000	12300	12500	12500	9000
14.0			9000	9500	10500	8500
16.0			6300	7200	8400	8000
18.0				5200	6500	6800
20.0				4100	5200	5500
22.0				3100	4100	4500
24.0				2400	3200	3500
26.0					2500	2800
28.0					2000	2200
30.0					1500	1700
32.0						1400
倍率	12	9	9	6	5	3

（4）副臂起重性能见表7-21。

副臂起重性能　　　　　　　　　　表 7-21

工作角度	支腿全伸后方和侧方作业					
	42.5+9.2m 副臂			42.5+16m 副臂		
	0°	15°	30°	0°	15°	30°
80°	3500	2400	2000	2800	1500	1100
78°	3500	2400	2000	2400	1450	1000
77°	3200	2300	1900	2400	1400	1000
75°	3000	2200	1800	2300	1300	950
73°	2700	2000	1700	2000	1200	850
71°	2500	1800	1600	1800	1100	850
68°	2200	1700	1400	1500	1000	800
66°	2000	1500	1300	1300	950	760
63°	1800	1400	1100	1100	850	720
61°	1500	1200	950	950	750	650
58°	1100	950	750	650	600	550
56°	700	650	550	500		
最小仰角	55°					

注：1. 表中工作幅度是指吊载后的实际幅度，副起重臂的工作幅度是完全伸出主起重臂(45m)，并展开副起重臂进行吊载后的实际幅度。

2. 打开好第五支腿时，表中数值适用于全方位(360°)作业，但重物避免在驾驶室上方起落，以免意外事故而损坏驾驶室。

3. 表中给定的起重数值包括起重钩和吊具的重量，主起重钩重 800kg、320kg，副起重钩重 140kg。若副起重臂处于展开状态，主起重臂起吊的额定起重量应减少 2000kg。

4. 严禁将起重臂变幅到各种臂长所对应的主起重臂最小仰角以下。

5. 副起重臂吊载时，若主起重钩仍保留在主起重臂头部，则副起重臂起吊的额定起重量中，必须减去主起重钩的重量 800kg 或 320kg。

5. STC1000 汽车起重机

（1）STC1000 起升高度曲线如图 7-30 所示。

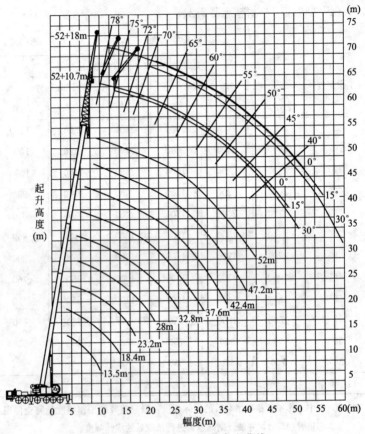

图 7-30 STC1000 起升高度曲线

（2）主臂起重性能表（0 配重，支腿全伸 360°作业）见表 7-22。

主臂起重性能（kg） 表 7-22

工作幅度	主臂长度(m)								
(m)	13.5	18.4	23.2	28	32.8	37.6	42.4	47.2	52
3	100000	90000							
3.5	100000	82000	70000						
4	91800	75000	65600						
4.5	81600	70000	61800	51800					

工作幅度	主臂长度(m)								
(m)	13.5	18.4	23.2	28	32.8	37.6	42.4	47.2	52
5	71500	64900	58400	48900					
5.5	59200	54200	50400	46200	40800				
6	50100	46200	43300	42500	38600				
6.5	43200	40000	37600	37300	36500	33300			
7	37700	35000	33100	33000	32600	31800			
7.5	32900	31000	29300	29500	29200	28700			
8	28700	27600	26200	26600	26400	26100	25500		
9	22300	21700	21300	21800	22000	21800	21500	18400	
10	17700	17200	17000	18200	18500	18500	18300	17500	
11	14100	13800	13500	15100	15800	15900	15800	15700	14000
12		11100	10900	12400	13500	13800	13800	13700	13600
14		6900	6700	8300	9400	10200	10500	10500	10500
16		3900	3800	5400	6400	7200	7800	8200	8200
18			1800	3300	4300	5100	5600	6100	6500
20				1700	2700	3400	4000	4400	4800
					1400	2100	2700	3100	3500
						1100	1600	2100	2500
							1200	1600	
								1200	1600
									900
倍率	12	10	8	6	5	4	4	3	2

（3）主臂起重性能表(19.5t 配重，支腿全伸 360°作业)见表7-23。

主臂起重性能表(kg)　　表7-23

工作幅度	主臂长度(m)								
(m)	13.5	18.4	23.2	28	32.8	37.6	42.4	47.2	52
3	100000	90000							
3.5	100000	82000	70000						
4	91800	75000	65600						

工作幅度 (m)	主臂长度(m)								
	13.5	18.4	23.2	28	32.8	37.6	42.4	47.2	52
4.5	81600	70000	61800	51800					
5	73400	66000	58400	48900					
5.5	66800	62000	55300	46200	40800				
6	61200	58300	52600	43800	38600				
6.5	56500	53800	50000	41600	36700	33300			
7	52500	50000	47200	39700	35000	31700			
7.5	49000	46600	44100	37900	33300	30300			
8	45900	43700	41300	36200	31900	28900	26500		
9	38800	36800	35200	33200	29200	26600	24300	18600	
10	32100	31000	29800	30200	27000	24500	22500	17700	
11	26900	26600	25500	26100	25000	22700	20900	16800	14500
12		22900	22100	22800	23000	21200	19400	15900	13700
14		17100	17000	17800	18100	18300	17000	14500	12700
16		13000	12900	14100	14600	14900	15000	13300	11700
18			9800	11200	12000	12300	12400	12000	10600
20				8800	9800	10200	10400	10500	9800
22				6900	7800	8500	8800	9000	8900
24				5300	6200	6900	7500	7600	7800
26					4900	5600	6100	6500	6700
28					3800	4500	5000	5500	5800
30					2900	3600	4100	4500	4900
32						2800	3300	3700	4000
34						2100	2600	3000	3300
36							1900	2300	2700
38							1400	1800	2100
40							900	1300	1600
42								900	1200
倍率	12	10	8	6	5	4	4	3	2

（4）副臂起重性能表（8.5t 配重，支腿全伸、侧、后方作业）见表 7-24。

副臂起重性能表（kg）　　　　　　　　表 7-24

主臂仰角	52m 主臂长度											
	10.7m 副臂						18m 副臂					
	0°		15°		30°		0°		15°		30°	
	起重	幅度	起重	幅度	起重	幅度	起重	幅度	起重	幅度	起重	幅度
78°	7000	10.1	5200	12.5	3700	14.8	3800	11.6	2800	15.8	2200	19.6
75°	6800	13.2	4500	15.6	3600	17.8	3400	15.1	2600	19.3	2100	22.9
72°	6300	16.2	4200	18.5	3400	20.6	3200	18.5	2500	22.6	2000	26.1
70°	5400	18.2	4000	20.5	3300	22.6	3000	20.7	2400	24.7	1900	28.2
65°	4400	23.1	3600	25.3	3100	27.2	2700	26.2	2100	30	1700	33.2
60°	2700	27.9	2400	30	2300	31.8	1900	31.5	1600	35.1	1400	38
55°	1600	32.4	1400	34.4	1300	36	1000	36.6	800	40	700	42.6
50°	700	36.7	700	38.6	600	40						

（5）副臂起重性能（14.5t 配重，支腿全伸、侧、后方作业）见表 7-25。

副臂起重性能表（kg）　　　　　　　　表 7-25

主臂仰角	52m 主臂长度											
	10.7m 副臂						18m 副臂					
	0°		15°		30°		0°		15°		30°	
	起重	幅度	起重	幅度	起重	幅度	起重	幅度	起重	幅度	起重	幅度
78°	7000	10.1	5200	12.5	3700	14.8	3800	11.6	2800	15.8	2200	19.6
75°	6800	13.2	4500	15.6	3600	17.8	3400	15.1	2600	19.3	2100	22.9
72°	6300	16.2	4200	18.5	3400	20.6	3200	18.5	2500	22.6	2000	26.1
70°	5400	18.2	4000	20.5	3300	22.6	3000	20.7	2400	24.7	1900	28.2
65°	4500	23.1	3600	25.3	3100	27.2	2700	26.2	2200	30	1700	33.2
60°	3900	27.9	3300	30	2900	31.8	2400	31.5	1900	35.1	1500	38
55°	2600	32.4	2400	34.4	2200	36	1800	36.6	1600	40	1400	42.6
50°	1600	36.7	1500	38.6	1600	40	1100	41.4	900	44.5	900	46.8
45°	1000	40.7	900	42.4	900	43.6						

第四节　全地面起重机

一、全地面起重机概述

全地面起重机，集传统汽车起重机和越野起重机的长处，具有行驶速度快，可吊重行驶，道路通过能力强等特点，是起重机技术发展的必然产物。

早期开发的全地面起重机多属小型、双轴式。一般认为，真正的全地面起重机须具备以下特征：（1）蟹行转向，全轮转向/全轮驱动功能；（2）下车司机室与上车司机室相互独立，可在任一司机室驾驶起重机；（3）吊重行走；（4）行驶速度快，越野性能好。

它是一种兼有汽车起重机和越野起重机特点的高性能产品。它既能像汽车起重机一样快速转移、长距离行驶，又可满足在狭小和崎岖不平或泥泞场地上作业的要求，即行驶速度快，多桥驱动，全轮转向，三种转向方式，离地间隙大，爬坡能力高，可不用支腿吊重等功能，是一种极有发展前途的产品。但价格较高，对使用和维护水平要求较高。

全地面起重机作为工程起重机行业的一个重要产品系列，综合了汽车起重机快速转移和越野轮胎式起重机能越野、负载行驶等主要特点，这种合二为一的产品与普通类型的汽车起重机相比具有明显优势：更加优越的起重性能，越野能力强，能够适应不同工作的要求，全地面起重机将是今后工程起重机发展的一个方向。

二、全地面起重机起重性能

以三一重工 SANY 汽车起重机为例：

1. SAC1800 全地面起重机

SAC1800 全地面起重机，基本臂长 13.5m，全伸臂长 62m，带副臂总长 105m，基本臂最大起重力矩达到 6320kN・m。

（1）SAC1800 起升高度曲线如图 7-31 所示。

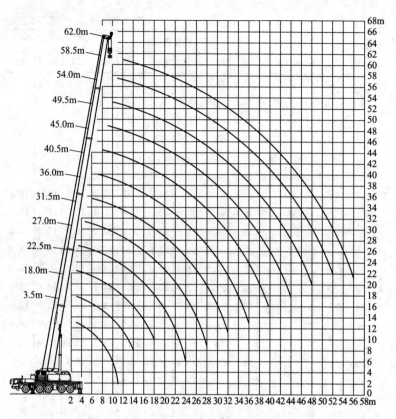

图 7-31 SAC1800 起升高度曲线

（2）主臂起重性能（支腿全伸 60t 配重）见表 7-26。

起重性能表（t） 表 7-26

幅度 （m）	主臂长度（m）											
	13.5	18	22.5	27	31.5	36	40.5	45	49.5	54	58.5	62
3	180.1											
3.5	141.0	121.0										
4	129.0	117.0	115.0	95.5								
4.5	120.4	111.0	112.0	95.0	80.5							
5	115.1	106.0	104.0	92.5	75.5							

333

幅度 (m)	主臂长度(m)											
	13.5	18	22.5	27	31.5	36	40.5	45	49.5	54	58.5	62
6	102.0	93.0	91.4	88.5	70.0	62.5						
7	89.0	83.0	82.5	82.5	65.5	58.5	46.0					
8	80.0	74.0	73.5	72.2	64.5	57.5	44.0	38.3				
9	72.3	66.0	65.5	65.0	63.4	54.5	41.0	36.3	30.6			
10	59.5	60.0	59.5	58.1	59.5	51.0	39.0	33.9	29.7	24.5		
11	40.1	57.7	55.0	52.7	53.5	50.0	36.5	31.7	27.8	24.0	19.0	
12		51.0	50.0	50.0	51.0	46.0	34.5	31.0	26.3	23.5	18.0	15.5
14		43.0	41.5	40.8	43.0	40.0	30.0	29.0	23.4	22.5	17.5	15.0
16			35.5	35.1	36.5	34.5	26.5	26.0	20.0	20.5	17.0	14.5
18			30.0	29.6	31.5	30.0	23.5	22.5	17.9	18.0	16.0	14.0
20			17.5	23.0	27.5	25.9	21.2	20.0	16.2	16.5	15.3	13.5
22				20.0	24.0	22.6	20.1	18.5	14.7	14.7	13.8	13.0
24				18.2	20.5	19.7	18.5	16.8	13.4	13.5	13.0	12.5
26					18.0	17.4	16.4	15.3	12.3	12.5	11.7	10.0
28					15.1	15.4	15.2	14.1	11.2	11.5	10.8	9.0
30						13.8	14.2	13.0	10.3	10.7	10.0	8.0
32						12.4	12.2	12.5	9.5	9.9	9.5	7.0
34							11.2	10.5	9.0	9.3	9.0	6.4
36							9.6	9.5	8.5	8.7	8.4	6.9
38								8.5	8.0	8.1	7.9	6.4
40								7.7	7.5	7.6	7.4	6.0
42								7.2	7.0	7.1	6.9	5.6
44									6.4	6.5	6.5	5.2
46									5.8	5.9	5.8	4.9
48										5.4	5.2	4.6
50										4.9	4.8	4.3
52											4.5	4.1
54											4.3	3.8
56												3.6
58												3.4

（3）副臂起重性能表（支腿全伸，副臂安装角为 0°）见表 7-27。

副臂起重性能表(t)　　　　　　　表 7-27

幅度(m)	主臂长度(m)						
	20.5	38.5	43	47.5	52	56.5	61
8	4.6						
9	4.5						
10	4.5						
11	4.5	3					
12	4.4	3	3				
14	4.2	3	3	3			
16	3.9	3	3	3	2.8		
18	3.7	3	3	3	2.7	2.4	1.5
20	3.4	3	3	2.9	2.7	2.4	1.5
22	3.1	3	3	2.8	2.6	2.3	1.5
24	2.9	2.9	2.8	2.7	2.5	2.3	1.5
26	2.6	2.8	2.7	2.6	2.4	2.2	1.5
28	2.4	2.6	2.6	2.5	2.3	2.1	1.5
30	2.2	2.5	2.5	2.4	2.3	2.1	1.4
32	2	2.3	2.3	2.3	2.2	2	1.4
34	1.8	2.2	2.2	2.2	2.1	1.9	1.3
36	1.6	2.1	2.1	2.1	2	1.8	1.3
38	1.5	1.9	2	2	1.9	1.8	1.3
40	1.4	1.8	1.9	1.9	1.8	1.7	1.2
42	1.3	1.7	1.8	1.8	1.7	1.6	1.2
44	1.2	1.6	1.7	1.7	1.7	1.6	1.1
46	1.1	1.5	1.6	1.6	1.6	1.5	1.1
48	1	1.4	1.5	1.5	1.5	1.5	1.1
50		1.3	1.4	1.4	1.4	1.4	1
52		1.2	1.3	1.4	1.4	1.3	1

幅度(m)	主臂长度(m)						
	20.5	38.5	43	47.5	52	56.5	61
54		1.2	1.2	1.3	1.3	1.3	1
56		1.1	1.2	1.2	1.2	1.2	
58		1	1.1	1.1	1.2	1.1	
60		1		1	1.1	1.1	
62			1	1	1		
64				1	1		

（4）副臂起重性能表（支腿全伸，副臂安装角为20°）见表7-28。

副臂起重性能表(t)　　　　　　　　表 7-28

幅度(m)	主臂长度(m)						
	20.5	38.5	43	47.5	52	56.5	61
22	2.9						
24	2.6						
26	2.4	2.4					
28	2.2	2.2	2.2	2.2			
30	2	2.1	2.1	2.1	2		
32	1.8	2	2	2	1.9	1.8	
34	1.7	1.9	1.9	1.9	1.8	1.7	
36	1.6	1.8	1.8	1.8	1.7	1.6	1.5
38	1.4	1.7	1.7	1.7	1.6	1.6	1.4
40	1.3	1.6	1.6	1.6	1.6	1.5	1.4
42	1.2	1.5	1.5	1.5	1.5	1.4	1.3
44	1.1	1.4	1.4	1.4	1.4	1.3	1.3
46		1.3	1.4	1.4	1.4	1.3	1.2
48		1.2	1.3	1.3	1.3	1.3	1.2
50		1.2	1.2	1.2	1.2	1.2	1.1
52		1.1	1.1	1.2	1.2	1.1	1.1

幅度（m）	主臂长度（m）						
	20.5	38.5	43	47.5	52	56.5	61
54		1	1.1	1.1	1.1	1.1	1
56		1		1.1	1.1	1	1
58			1	1	1	1	
60				1	1	1	

（5）副臂起重性能表（支腿全伸，副臂安装角为40°）见表7-29。

副臂起重性能表（t）　　表7-29

幅度（m）	主臂长度（m）					
	20.5	38.5	43	47.5	52	56.5
32	1.8					
34	1.6					
36	1.5	1.6	1.5			
38	1.4	1.5	1.5	1.5		
40	1.3	1.4	1.4	1.4	1.4	
42	1.2	1.3	1.3	1.3	1.3	1.3
44	1.1	1.3	1.3	1.3	1.2	1.2
46		1.2	1.2	1.2	1.2	1.2
48		1.1	1.2	1.2	1.2	1.1
50		1.1	1.1	1.1	1.1	1.1
52		1	1.1	1.1	1.1	1
54		1	1	1	1	1
56		1		1	1	1
58				1	1	

2. SAC2200 全地面起重机

基本臂长 13.5m，全伸臂长 62m，带副臂总长 105m；起吊高度超过 100m。基本臂最大起重力矩达 7271kN·m。

（1）SAC2200 全地面起重机起升高度曲线（图 7-32）。

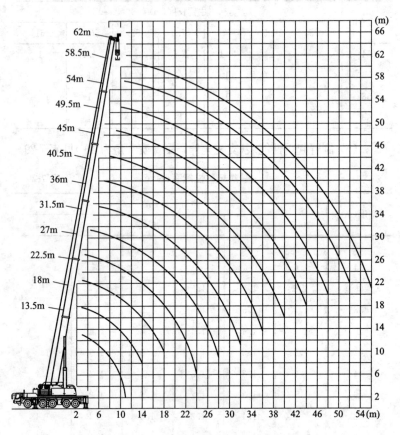

图 7-32　SAC2200 全地面起重机起升高度曲线

（2）主臂起重性能表（配重 78t，工作范围 360°）见表 7-30。

主臂起重性能表（t）　　　　　　　表 7-30

幅度	主臂长度(m)											
(m)	13.5	18	22.5	27	31.5	36	40.5	45	49.5	54	58.5	62
3	220	151	141									
3.5	165	145	133	112								

幅度（m）	主臂长度（m）											
	13.5	18	22.5	27	31.5	36	40.5	45	49.5	54	58.5	62
4	150	135	127	106								
4.5	140	129	114	100	89.2							
5	128	121	108	94.1	85.3							
6	118	109	100	84.3	77.4	68.2						
7	106	95	88.7	78.5	69.6	62	56.8	47.4				
8	88	85	82	71.4	63.7	56.9	53.9	43.6	36.2			
9	78	76	74	65.3	57.8	52.6	51	41.2	34.5			
10	69	69	66.3	59.2	53.9	48.6	47.5	39.2	32.5	30.9		
11	45	61.7	61.7	55.1	50	43	44.6	36.8	31.2	30.1	25.7	
12		56.4	55.4	51	47.4	42.3	41.2	32.8	28.8	29.1	25.2	20.9
14		46	46	44.9	41.8	36.5	36.8	29.9	25.8	26.3	23.2	20.1
16			38.1	37.6	36.2	33	32.3	27	23.8	24.4	21.6	18.9
18			31.9	31.4	31.9	30.3	29.1	24.6	21.9	22.5	20.2	17.9
20				26.6	27.3	26.5	26.1	22.2	20	21	18.9	16.3
22				23	23.5	22.9	23.5	20.3	18.1	18.8	17.7	15.3
24				11.9	20.4	20.5	21.4	18.1	16.6	17.5	16.6	14.5
26					17.9	17.8	19	16.7	15.5	16.5	15.5	13.6
28					12.4	15.8	17.2	14.9	14.4	15.4	14.1	12.3
30						14	15.4	13.7	13.4	14.4	13.2	11.6
32						10.9	13.8	12.2	12.6	13.3	12.4	11
34							12.3	11.1	11.5	12.1	11.9	10.3
36							10.6			11.3	11.2	9.8
38										10.2	10.6	9.3
40										9.5	9.6	8.8
42										8.6	8.8	8.3
44										7.8	8	7.7
46										7.1	7.5	7.1
48										6.6	6.8	6.5
50											6.3	5.9

幅度	主臂长度(m)											
(m)	13.5	18	22.5	27	31.5	36	40.5	45	49.5	54	58.5	62
52											5.7	5.6
54												5.1
56												4.8

（3）SAC2200 全地面起重机起副臂工作范围如图 7-33 所示。

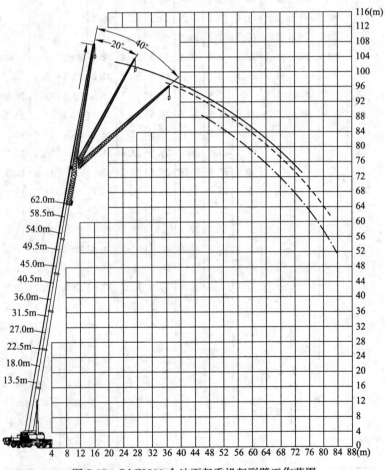

图 7-33　SAC2200 全地面起重机起副臂工作范围

（4）副臂起重性能见表 7-31。

副臂起重性能表（t）　　　　表 7-31

（支腿全伸，副臂安装角为 0，副臂长度为

43m（36＋7），78t 配重）

幅度(m)	主臂＋副臂长度 43m(36＋7)									
	31.5	36	40.5	45	49.5	49.5	54	54	58.5	62
11	3.6									
12	3.6	3.4								
14	3.6	3.4	3.1	3						
16	3.6	3.4	3.1	3	2.8	2.7	2.4	2.3		
18	3.6	3.4	3.1	3	2.8	2.7	2.4	2.3	2.2	
20	3.5	3.4	3.1	3	2.8	2.8	2.4	2.3	2.2	
22	3.4	3.3	3.1	3	2.8	2.8	2.4	2.3	2.2	1.7
24	3.2	3.2	3.1	3	2.8	2.7	2.4	2.3	2.2	1.7
26	3.2	3.1	3	2.9	2.7	2.5	2.4	2.3	2.2	1.7
28	3	3	2.9	2.8	2.6	2.4	2.4	2.3	2.2	1.7
30	2.9	2.9	2.8	2.7	2.6	2.4	2.4	2.3	2.2	1.7
32	2.8	2.8	2.7	2.6	2.5	2.4	2.4	2.3	2.2	1.7
34	2.6	2.6	2.6	2.5	2.4	2.3	2.3	2.3	2.2	1.7
36	2.5	2.5	2.5	2.4	2.3	2.2	2.3	2.2	2.2	1.7
38	2.4	2.4	2.4	2.3	2.3	2.2	2.3	2.2	2.1	1.7
40	2.3	2.3	2.3	2.3	2.3	2.2	2.2	2.1	2.1	1.7
42	2.2	2.3	2.3	2.2	2.2	2.1	2.1	2	2	1.7
44	2.1	2.2	2.2	2.2	2.1	2.1	2.1	2	2	1.7
46	2	2.1	2.1	2.1	2	1.9	2	1.9	1.9	1.7
48	1.9	2	2	2	2	1.9	1.9	1.8	1.9	1.7
50	1.8	1.9	1.9	1.9	1.9	1.8	1.9	1.8	1.8	1.7

幅度(m)	主臂＋副臂长度 43m(36＋7)									
	31.5	36	40.5	45	49.5	49.5	54	54	58.5	62
52	1.8	1.8	1.8	1.8	1.8	1.7	1.8	1.7	1.8	1.7
54	1.7	1.7	1.8	1.8	1.8	1.8	1.8	1.8	1.7	1.6
56	1.6	1.7	1.7	1.7	1.7	1.7	1.7	1.6	1.7	1.6
58	1.6	1.6	1.6	1.7	1.7	1.7	1.6	1.5	1.6	1.5
60	1.5	1.5	1.6	1.6	1.6	1.6	1.6	1.6	1.6	1.5
62	1.4	1.5	1.5	1.5	1.6	1.6	1.5	1.5	1.5	1.5
64	1.4	1.4	1.5	1.4	1.5	1.5	1.5	1.5	1.45	1.4
66	1.4	1.4	1.4	1.4	1.5	1.5	1.4	1.3	1.4	1.4
68	1.4	1.4	1.4	1.4	1.4	1.3	1.4	1.4	1.4	1.4
70	1.3	1.4	1.4	1.4	1.4	1.4	1.4	1.4	1.4	1.3
72		1.3	1.3	1.4	1.4	1.4	1.4	1.4	1.4	1.2
74		1.3	1.2	1.3	1.4	1.4	1.4	1.4	1.4	1.1
76			1.2	1.3	1.3	1.3	1.3	1.3	1.3	1
78				1.2	1.2	1.1	1.3	1.3	1.3	0.9
80				1.2	1.1		1.3	1.4	1.1	
82				1.1	1.1		1.2	1.4		
84					1		1.1			
86							1			

3. SAC350(350t)全地面起重机

基本臂长 15.2m，全伸臂长 70m；带 78m 长塔臂使起吊高度可达 132m，基本臂力矩达 11500kN·m，配重标准配置 100t。

(1) SAC350 全地面起重机起升高度曲线如图 7-34 所示。

342

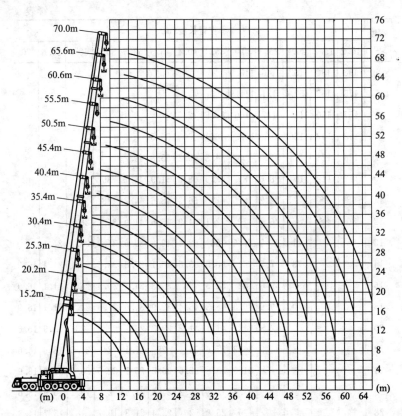

图 7-34　SAC350 全地面起重机起升高度曲线

（2）主臂起重性能见表 7-32。

主臂起重性能表（t）　　　　　　　　　　　　　　表 7-32

幅度 （m）	主臂长度（m）												
	15.2	15.2	20.2	25.3	30.4	35.4	40.4	45.5	50.5	55.5	60.6	65.6	70
3	350												
3.5	260	236	175										
4	235	214	173	148.8									
4.5	215	196	171	148.5	125								

幅度(m)	主臂长度(m)												
	15.2	15.2	20.2	25.3	30.4	35.4	40.4	45.5	50.5	55.5	60.6	65.6	70
5	198	180	162	146	113.9								
6	175	159	152.7	131	111.9	90							
7	157	150	139	117	106	87.5	72.5						
8	142	142	126	104.4	102.6	86	70	59.5					
9	128	128	114	95.9	95	84.8	69.2	55.8	49.2				
10	112	112	104	88.6	87	83.5	68.5	51.9	46.7	39			
11	98	98	95.5	82.2	78.5	79	66.9	48.6	44.2	38			
12	86	86	88	76.7	72	72.1	64.9	45.6	41.9	36.4	28.1		
13	66	66	81	71.9	66.5	66	62.4	42.8	39.6	34.9	28.2	21.1	
14			73	67.7	61	60.5	59.8	40.1	37.8	33.3	28.1	21.1	16.9
16			59.3	59.8	52	52.5	53	36.3	34.4	30.4	26.5	21.1	16.9
18			40	49.9	46.6	45.3	46.4	32.9	31.6	27.9	24.6	21.1	16.9
20				42.5	42	41.1	41.2	29.8	29.1	25.9	23	19.9	16.6
22				36.6	36.2	37.6	36.5	28	27.1	24	21.5	18.6	16.6
24					31.5	33.8	32.6	26.5	25.1	22.5	20.2	17.6	16.6
26					27.7	30	29.2	24.8	23.4	21	19.1	16.6	15.6
28					20	26.8	26	23.4	21.8	19.7	18	15.7	14.8
30						24	23.6	22	20.4	18.5	16.9	14.9	14.2
32						21.7	21.5	20.8	19.1	17.4	16	14.6	14.1
34							19.8	19.5	17.8	16.5	15.1	13.8	13.5
36							18	18.6	16.7	15.6	14.3	13.1	12.6
38							14	17	15.7	14.8	13.5	12.5	12
40								15.8	14.8	14	12.9	11.9	11.5
42								14.7	14	13.3	12.2	11.3	10.9
44									12.9	12.7	11.6	10.8	10.4
46									11.8	12	11.1	10.3	9.9
48									8.5	11.1	10.6	9.9	9.5

幅度 (m)	主臂长度(m)												
	15.2	15.2	20.2	25.3	30.4	35.4	40.4	45.5	50.5	55.5	60.6	65.6	70
50										10.2	10.1	9.4	9
52										9.5	9.7	8.7	8.6
54											9.1	8.7	8.2
56											8.5	8.3	7.8
58											6	8	7.4
60												7.7	7.1
62												7.2	6.8
64													6.5
66													6.1
倍率	20	20	13	10	10	8	6	5	5	3	3	2	2

（3）主臂带超起起重性能见表7-33。

主臂带超起起重性能表（t）　　　　表7-33

幅度 (m)	主臂长度(m)								
	30.3	35.4	40.4	45.5	50.5	55.5	60.6	65.6	70
8	112	109							
9	106.1	106.2	102						
10	96.5	98	95	87.9					
11	90.5	91	88.5	82.7					
12	85.2	85	83.5	77.9	68.1	55	48		
13	79.1	80	77.9	73.6	6	54.3	46	38.1	33.1
14	72	75	71.3	69.7	62.3	52.2	44.3	37.7	32.8
16	62.5	66	63.2	63.2	57.2	48.6	41.3	35.1	32.1
18	55.4	58.6	57.5	56.3	52.2	45.4	38.5	32.9	30.1
20	46.5	49.8	51.4	51.2	48	42.7	36.2	30.9	28.3
22	39.4	42.7	44.4	44.1	44.4	40	34.1	29.1	26.7

幅度 (m)	主臂长度(m)								
	30.3	35.4	40.4	45.5	50.5	55.5	60.6	65.6	70
24	33.8	37.1	38.7	38.5	38.8	37.6	32.2	27.5	25.3
26	29	32.4	34.1	33.9	34.2	34.7	30.5	26.1	23.9
28	18.5	28.5	30.2	30.1	30.4	30.9	29	24.8	22.8
30		25.2	27	26.8	37.1	27.7	27.6	23.6	21.7
32		20.5	24.2	24	24.4	24.9	25.5	22.5	20.7
34			21.7	21.6	21.9	22.5	23.1	21.5	19.8
36			19.5	19.5	19.8	20.4	21	20.2	19
38			12.5	17.6	18	18.5	19.2	19.4	18.2
40				15.9	16.3	16.9	17.5	18.2	17.5
42				12.6	14.8	15.4	16.0	16.7	16.8
44					13.4	14	14.7	15.4	15.6
46					12.1	12.8	13.5	14.2	14.4
48					7	11.7	12.4	13.1	13.3
50						10.6	11.3	12.1	12.3
52						8.4	10.4	11.1	11.4
54							9.5	10.3	10.5
56							8.7	9.5	9.7
58							4.7	8.7	9
60								8	8.3
62								6	7.7
64									7
66									5.5
倍率	10	8	6	5	5	3	3	2	2

4. SAC12000(1200t)全地面起重机

最大额定起重量 1200t，最大起重力矩为 36000kN·m，基本臂长 18.6m，全伸臂长 102m。

（1）T3 工况起重性能曲线如图 7-35 所示。

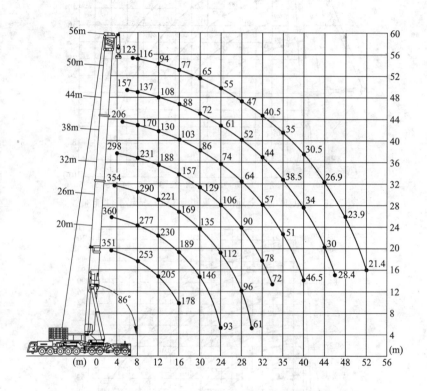

图 7-35　SAC12000 全地面起重机 T3 工况起重性能曲线

（2）T3Y 工况起重性能曲线如图 7-36 所示。

（3）T7 工况起重性能曲线如图 7-37 所示。

（4）T7Y 工况起重性能曲线如图 7-38 所示。

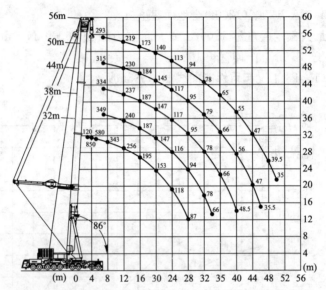

图 7-36　SAC12000 全地面起重机 T3Y 工况起重性能曲线

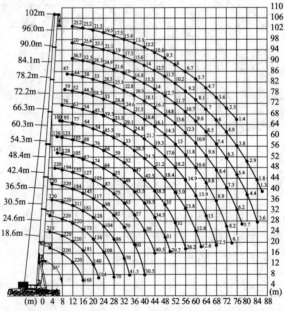

图 7-37　SAC12000 全地面起重机 T7 工况起重性能曲线

348

3. 起重性能

（1）主臂起重性能表（支腿全伸）见表 7-34。

主臂起重性能表（支腿全伸）（kg）　　　　　　　　　表 **7-34**

幅度（m）	支腿全伸 6.15m，360°回转（m）							
	10	12.19	15.24	18.29	21.34	24.38	27.43	31.50
3.05	35000	22997	22100					
3.66	31610	22997	22100	21050				
4.58	25400	21954	20000	19000	18432			
6.10	18200	16670	16000	15800	14764	14145	10400	
7.63	13630	12764	12156	13050	12288	11716	9400	8600
9.15		10121	9131	10407	10383	9906	8250	7900
10.68			7109	8525	8597	8478	7100	7050
12.20			5661	6882	6977	7049	6300	6200
13.73				5549	5620	5668	5590	5520
15.25				4480	4610	4653	4660	4660
16.78					3777	3848	3860	3870
18.30					3097	3201	3220	3240
19.83						2644	2700	2720
21.35						2180	2260	2280
22.88							1860	1920
24.40							1530	1600
25.93								1300
27.45								1050
28.98								820

（2）主臂起重性能表（支腿半伸）见表 7-35。

主臂起重性能表（支腿半伸）（kg）　　　　　　　　　表 **7-35**

幅度（m）	支腿半伸 4.27m，360°回转（m）							
	10	12.19	15.24	18.29	21.34	24.38	27.43	31.50
3.05	35000	22997	22100					
3.66	30050	22997	22100	21050				

幅度(m)	支腿半伸 4.27m，360°回转(m)							
	10	12.19	15.24	18.29	21.34	24.38	27.43	31.50
4.58	22000	19000	18200	17500	18432			
6.10	13600	13650	13700	13900	14100	14145	10400	
7.63	8799	9215	9597	9853	10038	10179	8900	8600
9.15		6460	6807	7040	7207	7335	7300	7100
10.68			5014	5232	5388	5506	5597	5693
12.20			3766	3972	4120	4232	4319	4408
13.73				3044	3186	3293	3376	3462
15.25				2332	2469	2573	2653	2736
16.78					1902	2003	2081	2161
18.30					1440	1541	1616	1694
19.83						1158	1232	1308
21.35						837	909	984
22.88							634	707
最小仰角						0°	22°	35°

（3）主臂起重性能表（支腿全缩）见表 7-36。

主臂起重性能表（支腿全缩）（kg）　　　　表 7-36

幅度(m)	支腿全缩 2.39m，360°回转(m)							
	10	12.19	15.24	18.29	21.34	24.38	27.43	31.50
3.05	23600	22700	22100					
3.66	15484	16025	16520	16853				
4.58	10286	10748	11170	11454	11659			
6.10	5933	6329	6690	6932	7106	7239	7341	
7.63	3648	4007	4339	4555	4713	4833	4925	5021
9.15		2576	2884	3090	3238	3350	3435	3524
10.68			1900	2097	2237	2344	2425	2509
12.20			1190	1379	1514	1617	1695	1776
13.73				836	967	1067	1143	1221
15.25					539	636	710	786
最小仰角				23°	36°	44°	49°	55°

（4）主臂起重性能表（吊重行驶）见表 7-37。

主臂起重性能表（吊重行驶）（kg）　　　　表 7-37

幅度（m）	吊重行驶　正前方（m）			
	10	12.19	15.24	18.29
3.05	12315	12202		
3.66	10591	10546		
4.58	8596	8664	8800	
6.10	6214	6441	6577	6600
7.63	4581	4876	5058	5080
9.15		3607	3910	3987
10.68			2689	2883
12.20			1824	2011
13.73				1362
15.25				860

（5）主臂起重性能表（轮胎 360°回转）见表 7-38。

主臂起重性能表（轮胎 360°回转）（kg）　　　　表 7-38

幅度（m）	轮胎 360°回转（m）			
	10	12.19	15.24	18.29
3.05	10909	10932	10433	
3.66	8907	9092	8907	
4.58	6917	7053	7303	6305
6.10	3962	4255	4472	4472
7.63	2188	2525	2833	2953
9.15		1402	1693	1888
10.68			914	1101
12.20				530

（6）主臂＋副臂起重性能表（支腿全伸）见表 7-39。

主臂＋副臂起重性能表（支腿全伸）（kg）　　　**表7-39**

角度	31.5＋7.9m 副臂安装角			角度	31.5＋13.7m 副臂安装角		
	0°	15°	30°		0°	15°	30°
78	3500	2150	1650	78	2250	1250	900
77	3300	2100	1600	77	2150	1200	900
75	3100	2000	1550	75	1950	1150	850
73	2800	1900	1500	73	1750	1100	800
71	2600	1800	1400	71	1600	1050	750
68	2300	1650	1250	68	1450	1000	700
66	2100	1550	1150	66	1350	950	660
63	1800	1350	1000	63	1150	850	600
61	1500	1200	850	61	1050	750	550
58	1100	950	650	58	650	600	500
56	700	650	500	56	500		
最小仰角	32°	31°	35°	最小仰角	34°	37°	39°

（二）SANY-SRC550（55t）越野轮胎起重机

1. 主要特点

（1）最高行驶速度40km/h，最大爬坡度75％；4km/h内可吊重20t带载行走，有效提高转场效率。

（2）前后桥驱动，动力性能好；采用全液压动力转向系统，具有前轮转向、后轮转向、四轮转向、蟹行四种模式，具有原地转向能力，整车转弯半径小，机动性能好，轮胎寿命长。

（3）大直径越野轮胎，离地间距大，越野性能强，整车具备高通过性，适宜非公路行走。

（4）超长吊臂，主臂全伸长34.5m；基本臂力矩达1810kN·m，全伸主臂力矩1110kN·m，起吊能力强劲有力。

2. 起升高度曲线（图7-40）

SRC550越野轮胎起重机起升高度曲线

356

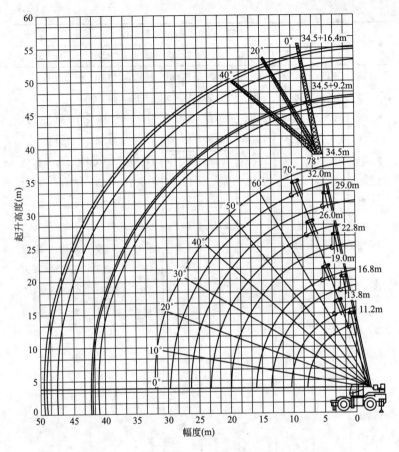

图 7-40 SRC550 越野轮胎起重机起升高度曲线

3. 起重性能

(1) 主臂起重性能表（支腿全伸 100％）见表 7-40。

主臂起重性能表（支腿全伸）　　　　　　表 7-40

幅度(m)	支腿全伸 7.2m，360°回转(m)								
	11.25	13.73	16.78	19.00	22.88	25.93	28.98	32.03	34.50
3.05	55000	39090	37060						
3.66	45480	39090	37060	29150					

幅度(m)	支腿全伸7.2m，360°回转(m)								
	11.25	13.73	16.78	19.00	22.88	25.93	28.98	32.03	34.50
4.58	39150	37890	36850	28050	17050	16850	14310		
6.10	30240	30050	29550	23350	17050	16850	14310		
7.63	22300	24150	23800	19350	16850	15500	13780	12350	11100
9.15		17240	15980	16050	15190	13250	11790	11150	10160
10.68			11720	12030	13140	11570	10240	10120	9250
12.20			8970	9200	10160	10100	9180	8750	8550
13.73				7220	8120	8440	8150	7950	7900
15.25				5770	6420	6750	7160	7320	7000
16.78					5320	5590	5900	6110	6310
18.30					4400	4900	4960	5160	5240
19.83						3910	4200	4390	4480
21.35						3290	3570	3760	3840
22.88							3030	3220	3310
24.40							2580	2760	2860
25.93								2370	2470
27.45								2030	2120
28.98									1820
30.50									1560
钢丝绳倍率	10	8	8	6	6	6	4	3	3

（2）主臂起重性能表（支腿半伸50％）见表7-41。

主臂起重性能表（支腿半伸） 表7-41

幅度(m)	支腿全伸5m，360°回转(m)								
	11.25	13.73	16.78	19.00	22.88	25.93	28.98	32.03	34.50
3.05	49650	39090	37060						
3.66	45050	39090	37060	29150					

幅度(m)	支腿全伸5m，360°回转(m)								
	11.25	13.73	16.78	19.00	22.88	25.93	28.98	32.03	34.50
4.58	33790	37890	36850	28050	17050	16850	14310		
6.10	18800	19390	19660	19880	17050	16850	14310		
7.63	12390	12780	12920	12840	13390	14570	13780	12350	11100
9.15		9190	9100	9020	9550	10130	10760	11150	10160
10.68			6710	6630	7140	7640	7730	8040	8090
12.20			5060	4990	5490	5930	6050	6320	6390
13.73				3790	4280	4690	4820	5070	5140
15.25				2880	3360	3740	3890	4120	4200
16.78					2640	2990	3150	3370	3450
18.30					2060	2390	2560	2760	2850
19.83					1580	1900	2070	2270	2360
21.35						1480	1660	1850	1940
22.88							1310	1490	1590
24.40							1010	1190	1290
25.93								920	1020
27.45								690	790
28.98									590
钢丝绳倍率	10	8	8	6	6	6	4	3	3
最小仰角	—	—	—	—	—	—	—	17°	24°

（3）主臂起重性能表（支腿全缩）见表7-42。

主臂起重性能表（支腿全缩）（kg）　　　　表7-42

幅度(m)	支腿全缩3.1m，360°回转(m)								
	11.25	13.73	16.78	19.00	22.88	25.93	28.98	32.03	34.5
3.05	33550	31800	28300						
3.66	26160	24370	24040	20590					

幅度(m)	支腿全缩 3.1m,360°回转(m)								
	11.25	13.73	16.78	19.00	22.88	25.93	28.98	32.03	34.50
4.58	17920	17700	15290	16910	16700	14550	12650		
6.10	10670	10590	9700	10330	10480	9800	9080		
7.63	7050	6950	6320	6710	6970	7560	7600	8250	8230
9.15		4760	4300	4540	4870	5370	5450	5970	5990
10.68			2960	3100	3480	3910	4030	4450	4500
12.20			1990	2070	2480	2870	3010	3370	3430
13.73				1300	1640	2080	2240	2560	2440
15.25				690	1150	1480	1650	1930	2010
16.78					640	990	1170	1420	1510
18.30							790	1010	1110
19.83								660	770
钢丝绳倍率	8	8	6	4	4	4	4	3	3
最小仰角	—	—	—	19°	31°	37°	42°	46°	49°

(4) 主臂起重性能表(轮胎静止吊重)见表7-43。

主臂起重性能表(轮胎静止吊重)(kg) 表 7-43

幅度(m)	轮胎静止吊载,正前方(m)					轮胎静止吊载,360°回转(m)				
	11.25	13.73	16.78	19.00	22.88	11.25	13.73	16.78	19.00	22.88
3.05	20600	19500	13500			20600	18000	13500		
3.66	19800	18760	13500			17960	17700	12000		
4.58	17500	16500	13500	9550	7950	12290	12000	7800	9550	
6.10	14200	13500	11850	9550	7950	7230	7050	5200	7250	7550
7.30	9600	9500	9300	8600	7950	4430	4250	3600	4750	4750
9.15		6700	6600	7000	6900		2500	2400	3150	3030
10.68			4850	5450	5010			1200	2050	1810
12.20			3600	4260	4000				1270	920

幅度(m)	轮胎静止吊载，正前方(m)					轮胎静止吊载，360°回转(m)				
	11.25	13.73	16.78	19.00	22.88	11.25	13.73	16.78	19.00	22.88
13.73				3250	3050				650	530
15.25				2400	2350					
16.78					1500					
18.30					1100					
钢丝绳倍率	6	6	6	6	6	6	6	6	6	6
最小仰角	—	—	—	—	—	—	—	15°	33°	41°

（5）主臂起重性能表（轮胎行驶吊重）见表7-44。

主臂起重性能表（轮胎行驶吊重）(kg) 表 7-44

幅度(m)	轮胎静止吊载，正前方(m)				
	11.25	13.73	16.78	19.00	22.88
3.05	19720	17070	13920		
3.66	19720	17070	13920		
4.58	17220	17070	13920	9060	7400
6.10	13750	13600	12780	8930	7400
7.63	9200	9050	8650	8300	7400
9.15		6450	6320	6630	6660
10.68			4650	4910	5050
12.20			3450	3470	3650
13.73				2370	2500
15.25				1550	1850
16.78					1550
18.30					1050
钢丝绳倍率	6	6	6	6	6

（6）副臂起重性能表（支腿全伸100％）见表7-45。

361

副臂起重性能表（支腿全伸）(kg)　　　表 7-45

角度(°)	支腿全伸 7.2m，360°回转					
	34.5＋9.2 副臂安装角			34.5＋16.4 副臂安装角		
	0°	20°	40°	0°	20°	40°
78	3900	2500	1800	2600	1500	900
77	3500	2300	1700	2500	1400	900
75	3200	2200	1600	2400	1300	850
73	2900	2000	1500	2100	1200	750
71	2700	1800	1400	1900	1100	750
68	2400	1700	1250	1600	1000	700
66	2200	1500	1150	1400	950	680
63	1900	1400	1000	1200	850	650
61	1600	1200	850	1000	750	500
58	1200	950	650	700	600	
56	750	650	500	550		
最小仰角	51°			53°		

第八章 安全技术操作知识

第一节 起重安全操作知识

一、起重特性表使用说明

（1）起重特性表中的额定起重量数值，是表示起重机在平整的坚固地面上，各相应工况下所允许的最大起重能力。

（2）起重特性表中的额定起重量包括吊钩重量和其他取物装置的重量。

（3）起重特性表中的工作幅度是指吊钩中心至起重机回转中心的水平距离，当起吊载荷时，是包括吊臂变形在内的实际值，工作幅度单位为米。

（4）在操作起重机上车前，必须将起重机支腿按起重特性表的规定伸出，支撑好起重机而且支腿必须被销住。

（5）起重机作业前，必须将所有轮胎支离地面。

（6）起吊作业前，必须根据水平仪将起重机调平，在作业期间也要不定时检查，确保起重机处于水平状态。

（7）主臂起重量数值是在未安装副臂的情况下的计算值，若主臂作业时副臂也安装在主臂头部，则表中的主臂起重量不仅要扣除吊钩和吊具的重量，还要额外扣除一个固定值，按厂家说明书提供的数值确定。如中联牌 90t 吊车，要扣除 2400kg。

（8）在任何作业情况下都必须遵循起重性能表中的要求伸出相应臂节的百分比。

（9）力矩限制器是一种确保起重机作业安全的必备装置，但不能因此而免除关注操作安全的责任。

（10）严禁带载伸缩。

二、道路交通规则

（1）起重机在道路上行驶，应依据国家和地方的公路交通规则，行驶过程中上车操纵室不准载人，在起重机驶上公路之前，应使起重机处于适合的状况以符合当地交通规则的要求，必须保证整车重量、轴载及整车尺寸均在车辆许可的范围内。

（2）对于轴荷，必须区分开技术设计规定的最大许可值和按交通规则规定的最大许可值，在 EEC 规则的国家里，在公路及高速公路上行驶时，轴载不超过 12t。

（3）当起重机在公路上行驶时，吊钩不能挡住驾驶员的视线。

（4）起重机操作者应当在行驶到作业地点之前掌握所有必要的工作数据，在开始操作起重机之前，特别注意以下内容：

1)工作场地的自然状况；2)现场位置，需要行驶的里程；3)行驶路线；4)行车空间高度和侧面间隙；5)空中架设的电线（电线电压值）；6)作业的空间要求；7)周围建筑物对车辆移动的限制；8)重物的总质量和外形尺寸大小；9)所需的提升高度和幅度；10)使用地点地质情况或地表的承受载荷能力。

（5）起重机操作都可以根据以上情况来确定适合的起重机工作设备：

1)吊钩；2)吊具；3)配重；4)副臂；5)支脚板下的支撑板。

（6）如起重机操作者准备不足，未能掌握全部所必需的信息就进行作业，意外事故可能随时发生。

三、安全技术条件

（1）对起重机操作及指挥人员最重要的要求是正确控制、操作、调整和指挥起重机作业，提前知悉自己在工作中可能带来的各种危险，避免安全事故发生。起重机的大部分意外事故都是由于操作不当引起的。下面列出一些比较常见的不适当操作：

1)回转太快；2)吊起重物时快速制动；3)被吊物体未离开地面就横向拉拽；4)钢丝绳松脱；5)超载；6)与桥梁、高压电线碰撞；7)多台起重机同时起吊同一个物体时操作不当。

364

（2）起重机约 20％的意外事故是由于保养不当造成的：

1）缺少润滑油、润滑脂或防冻液；2）钢丝绳断裂、零部件磨损；3）限位开关或力矩限制器失效；4）制动器或变速箱故障；5）液压系统失灵（例如软管破裂）；6）螺栓松动。

四、操作及指挥人员应具备的条件

1．起重机操作人员

（1）持有上岗证的司机。

（2）在具备资格人员的监督下学习满半年以上的学徒工等受训人员。

（3）身体健康，反应敏捷。

（4）视力（包括矫正视力）0.7 以上，无色盲。

（5）听力满足工作需要。

（6）对载荷的评估和监视的能力。

（7）操作人员必须熟悉起重机的使用说明书，了解其工作原理、结构性能和安全装置的功能及其调整方法，掌握其操作要领及维修保养技术。

（8）操作人员的指挥人员应熟悉安全规程、安全信号、图形符号。

（9）在视力、听力和反应能力方面能胜任该项工作；具有安全操作起重机的体力，具有判断距离、高度和净空的能力。

（10）熟悉灭火设备并经过使用培训；熟知在各种紧急情况下的逃生手段。满足上述条件并经授权的人员，才可以操作起重机。

1）操作人员操作前，应对制动器、吊钩、钢丝绳及安全装置进行检查，发现不正常现象应及时排除。

2）操作人员操作时必须集中注意力，不得与其他人员闲谈。一般情况下司机只对指挥人员的信号作出反应，但是对于停止信号，不管是谁发出的，在任何时候均应服从，不符合操作规程的指令，操作人员应拒绝执行；有人往起重机上攀登时，必须停车。

3）操作人员在身体不适或精神不佳时，不应操纵起重机，严禁司机酒后操纵起重机。

2. 起重工

（1）起重工负责载荷在吊具上的挂上和摘下，并根据工作计划对吊具及组件进行正确的使用。起重工有责任指导起重机安全运行。

（2）起重工应具备下列要求：

1）持有起重机操作资格证。

2）在视力、听力和反应能力方面能胜任该项工作。

3）具备搬动吊具和组件的体力。

4）具有估计载荷质量、平衡载荷及判断距离、高度和净空的能力。

5）经过吊装技术的培训。

6）具有根据载荷的情况选择合适的吊具和组件的能力。

7）经过起重作业信号的培训，并能熟练地应用信号。

8）能安全地使用听觉设备，并能给出准确、清晰的口头指令。

9）具有控制、指挥起重机和载荷安全移动的能力。

10）经授权可以担负该项工作。

3. 信号员

（1）信号员有将信号从起重工传递给操作员的责任，信号员可以代替起重工指挥移动起重机和载荷，但在任何时候只能由一个人承担。

（2）信号员应具备下列要求：

1）在视力、听力和反应能力方面能胜任该项工作。

2）具有判断距离、高度和净空的能力。

3）经过起重作业信号技术的培训并能熟练地应用信号。

4）能安全地使用听觉设备，并能给出准确、清晰的口头指令。

5）具有指挥起重机和载荷安全移动的能力。

6）经授权可以担负该项工作。

五、工作场地的选择

（1）为了在开始时就避免意外事故，正确地选择作业场地是极其重要的，作业场地的选择应该遵循以下原则：

1) 起重机的作业，能在必要的作业半径范围内开展（工作幅度、配重、回转半径）。

2) 作业场地的地面能够支承起重机和预料的各种重物。

（2）斜坡及沟渠

不能使起重机太靠近斜坡或沟渠，并且必须根据土壤的类别，保持一定的安全距离，安全距离可按以下确定：

1) 在松软或回填土上的安全距离应不小于 2 倍沟深。

2) 在非松软的天然土上的安全距离不小于 1 倍沟深。

如果不能保持安全距离，该斜坡或沟渠须填平压实，否则，会有坍塌翻车的危险。

六、支腿对地面压力

（1）当起重机打好支腿进行起吊时，支腿对地面的压力将增加，在特定情况下，一个支腿可能要承受起重机本身自重和起吊重物的绝大部分重量，并传递到地面，无论如何，地面必须能够承受足够的压力，如果支脚板的面积不够，可在支脚板下另外增加垫板，所需的支腿支撑面积可按下式计算：

支腿支撑面积＝支腿承受的压力/地面承载能力

（2）起重机虽然由多个支腿同时支撑，但也只能按全部重量加在一个支腿上来计算，但前后支腿的最大压力可在起重机说明书中查得（表 8-1）。

地面承载能力可参照表　　　　　表 8-1

	地面类型	负载能力（kg/cm²）
A	非人工填埋土壤	0～1
B	自然土壤，明显未被破坏过	
	(1) 淤泥、泥炭、沼泽地	0
	(2) 非黏性、足够坚硬的土： 优质适中的砂子 一层砂砾	1.5 2.0

地面类型		负载能力（kg/cm²）
B	(3) 黏性土： 肥沃的 松软的 紧密的 半固体的 坚硬的	0 0.4 1.0 2.0 4.0
	(4) 有细小裂缝的坚固岩石，未被风化，且在有利的位置： 在紧密压实的地层 坚固的或柱状地层结构	15 30
C	人造的坚实地面	
	(1) 柏油路	5～15
	(2) 混凝土 混凝土 B I 类 混凝土 B II 类	50～250 350～550

（3）如果对操作地点的地面承载能力有任何疑问，必须调查地面情况，甚至用专业设备探测。

（4）垫在支脚板下的垫板，必须是坚固的材料，比如有足够强度和尺寸的厚木板，为使垫板表面压力分布均匀，请尽量将支脚板置于垫板的中间位置。

七、加强防护高频射线造成的危险

（1）如果工作现场附近设有发射器，则会存在强电磁场，所以在任何情况下，当起重机在发射器附近工作时，请向高频专家请教，或联系当地经销商和起重机生产厂家。

（2）电磁场将对人体和设备、物料产生直接或间接危害，如辐射对人体器官产生不良影响，形成电火花或电弧。

（3）为加强防护高频射线造成的危险，操作人员须遵守下述规定：

1）整个起重机需要接地，用肉眼或简单的检测仪检查，确保梯子、驾驶室和钢丝绳都完全接地。

2）起重机上或大块金属板上的所有工作人员必须穿戴特制的绝缘手套和绝缘服，以防止被烧伤。

3）如果感到温度升高，不必惊慌，这是由于工具、起重机零部件受高频射线影响造成的。

4）高频射线对物体温度的影响与物体的体积有关，如起重机的遮盖物的温度会更高些。

5）起重机移动时，注意不要碰到其他起重机的载荷物体，这时容易产生电弧，会损坏钢丝绳，一旦发生这种情况，请马上检查钢丝绳。

6）起重机的吊钩和吊具之间必须装有绝缘体，且绝缘体不能与钢丝绳接触。

7）当起重机提起或放下不带绝缘体的载荷后，不要触摸起重机。

8）工作时绝不可赤裸上身或穿短裤背心。

9）如有可能，请尽量水平方向移动载荷物，以减少被吊物体的高频射线吸入量。

10）在进行必要的人工操作时，务必先将被吊物体接地或绝缘，可在所用工具与手套之间放置橡胶布。

11）可用适当的检测仪器测试所用工具的温度，如果在距离工具 1～2cm 的范围内测得 500V 电压，则该工具不得用手触摸。

12）为防止事故发生，在高空工作时请系好安全带。

13）易燃物需摆放在距离由大块金属板引起的电火花易发处至少 6m 远的地方，尽量不要在这种环境下添加燃油，万一需要添加，也只能用可靠的橡胶管。

14）一旦出现事故或特殊现象，请及时向本地安全主管部门报告。

八、起重机操作安全注意事项

（1）操作起重机之前，必须确保起重机处于安全的操作条件之下，全部安全装置（如力矩限制器、钢丝绳防过卷/过放装置、制动器等)都能正常工作。

(2) 把力矩限制器设置到起重机当前准备的工况，必须按照起重特性表中所给定的吊重能力进行起吊作业，绝不允许超载，起重所用的吊具、载荷容器以及绑绳等必须满足工作要求，起重特性表中给定的额定起重量包含了吊钩和吊具装置的重量，应该把这些重量视为起重量的一部分。

(3) 起重机作业所需的配重取决于两个方面，一是待提升物体的重量，一是起重作业所要求的工作幅度，在选择配重时要严格按照相应起重特性表中规定的值来决定。

(4) 如果没有按照起重特性表来安装配重，起重机有倾翻的可能。

(5) 必须按照起重特性表中规定的倍率作业，否则钢丝绳可能被拉断，损坏卷扬减速机和发动机。

(6) 特别注意事项：

1) 工作时，起重臂下严禁站人。

2) 起重作业时，转台上不得站人。

3) 回转半径内注意安全。

4) 严禁在不使用支腿的情况下进行作业。

5) 起重作业时，整机倾斜度不允许大于 $0.6°$。

6) 不准在有人的上空吊运重物。

7) 不准在重物上有人时起吊重物。

8) 严禁超载作业，不准斜拉斜吊物品，不准抽吊交错挤压物品。

9) 严禁起吊埋在地下或冻结在地上的物品。

10) 严禁带载行车。

11) 严禁带活动配重行车。

12) 严禁带载伸缩。

13) 在任何吊重情况下，起升卷扬筒上的钢丝绳不得少于 3 圈。

14) 不得在有载荷的情况下调整起升机构制动器。

370

15）重物在空中停留时，司机不得离开操纵室。

16）作业场地附近有架空高压线时，如果没有切断电源，或未对危险区域进行遮盖和隔离，则必须留出足够的安全距离。

九、起重机与架空线路边线的最小安全距离

（1）起重机严禁越过无防护设施的外电架空线路作业。在外电架空线路附近吊装时，起重机的任何部位或被吊物边缘在最大偏斜时与架空线路边线的最小安全距离应符合表 8-2 的规定。

起重机与架空线路边线的最小安全距离　　　表 8-2

安全距离(m) ＼ 电压(kV)	＜1	10	35	110	220	330	500
沿垂直方向	1.5	3.0	4.0	5.0	6.0	7.0	8.5
沿水平方向	1.5	2.0	3.5	4.0	6.0	7.0	8.5

（2）尽管考虑了所有可能因素，预先计算出了最小距离，但如果电线出现了放电现象，请按下述步骤执行：①保持镇定；②操作者不要离开驾驶室；③警示周围其他人员不要接触和靠近起重机；④把吊臂从危险区域移开。

（3）操作应平稳、缓和，严禁猛拉、猛推操纵手柄及急剧的转换操作。

（4）操作时应经常注意对起重机进行检查，发现异常，应查明原因，及时排除。

（5）当实际载荷达到额定载荷的 90% 时，力矩限制器发生蜂鸣报警，应引起高度注意。

十、吊装作业十不吊

（1）超载或被吊物重量不清不吊。

（2）无指挥或指挥信号不清不吊。

（3）捆绑不平衡或吊挂不牢不吊。

（4）吊物上站人或有活动物件不吊。

（5）重物边缘锋利无防护措施不吊。

（6）起重臂下面有人停留或行走不吊。

（7）埋在地下或重量不清的物件不吊。

（8）看不清被吊物或指挥信号时不吊。

（9）拖拉斜拽或容器内物品过满不吊。

（10）六级强风或大雨等恶劣天气不吊。

第二节　起重吊运指挥信号

一、起重信号适用范围

（1）起重吊运指挥信号适用于以下类型的起重机械：

桥式起重机（包括冶金起重机）、门式起重机、装卸桥、缆索起重机、塔式起重机、门座起重机、汽车起重机、轮胎起重机、铁路起重机、履带起重机、浮式起重机、桅杆起重机、船用起重机等。

（2）起重吊运指挥信号不适用于矿井提升设备、载人电梯设备。

二、名词术语

（1）通用手势信号——指各种类型的起重机在起重吊运中普遍适用的指挥手势。

（2）专用手势信号——指具有特殊的起升、变幅、回转机构的起重机独自使用的指挥手势。

（3）吊钩（包括吊环、电磁吸盘、抓斗等）——指空钩以及负有载荷的吊钩。

（4）起重机"前进"或"后退"——"前进"指起重机向指挥人员开来；"后退"指起重机离开指挥人员。

（5）前、后、左、右在指挥语言中，均以司机所在位置为基准。

（6）音响符号：

1）"—"表示大于一秒钟的长声符号。

2）"●"表示小于一秒钟的短声符号。

3)"○"表示停顿的符号。

三、指挥人员使用的信号

（一）手势信号

1. 通用手势信号

（1）"预备"（注意）

手臂伸直，置于头上方，五指自然伸开，手心朝前保持不动（图8-1）

（2）"要主钩"

单手自然握拳，置于头上，轻触头顶（图8-2）。

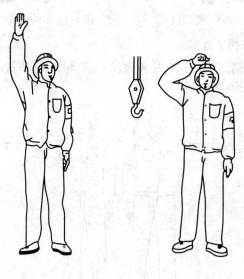

图8-1　预备　　　　　图8-2　要主钩

（3）"要副钩"

一只手握拳，小臂向上不动，另一只手伸出，手心轻触前只手的肘关节（图8-3）。

（4）"吊钩上升"

小臂向侧上方伸直，五指自然伸开，高于肩部，以腕部为轴转动（图8-4）。

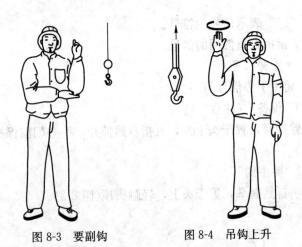

图 8-3　要副钩　　　　　　　图 8-4　吊钩上升

（5）"吊钩下降"

手臂向侧前下方，与身体夹角约为 30°，五指自然伸开，以腕部为轴转动（图 8-5）。

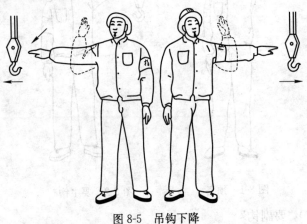

图 8-5　吊钩下降

（6）"吊钩水平移动"

小臂向侧上方伸直，五指并拢手心朝外，朝负载应运行的方向，向下挥动到与肩相平的位置（图 8-6）。

（7）"吊钩微微上升"

小臂伸向侧前上方，手心朝上高于肩部，以腕部为轴，重复向上摆动手掌（图 8-7）。

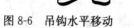

图 8-6　吊钩水平移动　　　　图 8-7　吊钩微微上升

（8）"吊钩微微下降"

手臂伸向侧前下方，与身体夹角约为 30°，手心朝下，以腕部为轴，重复向下摆动手掌（图 8-8）。

（9）"吊钩水平微微移动"

小臂向侧上方自然伸出，五指并拢手心朝外，朝负载运行的方向，重复作缓慢的水平运动（图 8-9）。

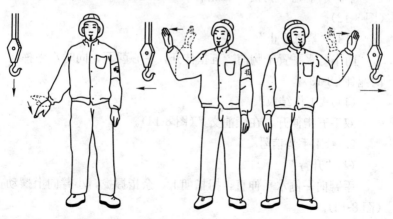

图 8-8　吊钩微微下降　　　　图 8-9　吊钩水平微微移动

（10）"微动范围"

双小臂曲起，伸向一侧，五指伸直，手心相对，其间距与负载所要移动的距离接近（图 8-10）。

（11）"指示降落方位"

五指伸直，指出负载应降落的位置（图 8-11）。

 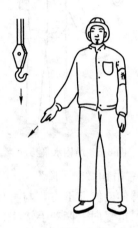

图 8-10　微动范围　　　　图 8-11　指示降落方位

（12）"停止"

小臂水平置于胸前，五指伸开，手心朝下，水平挥向一侧（图 8-12）。

（13）"紧急停止"

两小臂水平置于胸前，五指伸开，手心朝下，同时水平挥向两侧（图 8-13）。

（14）"工作结束"

双手五指伸开，在额前交叉（图 8-14）。

2. 专用手势信号

（1）"升臂"

手臂向一侧水平伸直，拇指朝上，余指握拢，小臂向上摆动（图 8-15）。

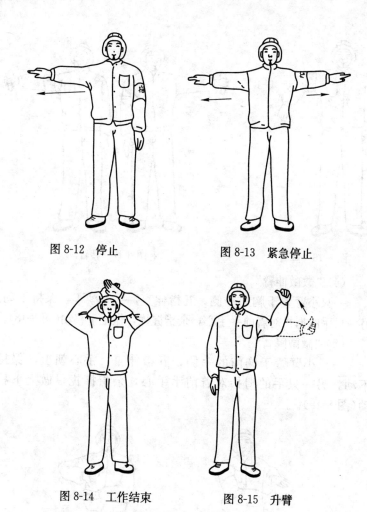

图 8-12　停止　　　　　　　　图 8-13　紧急停止

图 8-14　工作结束　　　　　　图 8-15　升臂

（2）"降臂"

手臂向一侧水平伸直，拇指朝下，余指握拢，小臂向下摆动（图 8-16）。

（3）"转臂"

手臂水平伸直，指向应转臂的方向，拇指伸出，余指握拢，以腕部为轴转动（图 8-17）。

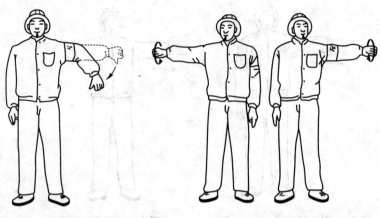

图 8-16　降臂　　　　　　　　图 8-17　转臂

（4）"微微伸臂"

一只小臂置于胸前一侧，五指伸直，手心朝下，保持不动。另一只手的拇指对着前手手心，余指握拢，做上下移动（图 8-18）。

（5）"微微降臂"

一只小臂置于胸前的一侧，五指伸直，手心朝上，保持不动，另一只手的拇指对着前手手心，余指握拢，做上下移动（图 8-19）。

图 8-18　微微伸臂

图 8-19　微微降臂

(6)"微微转臂"

一只小臂向前平伸，手心自然朝向内侧。另一只手的拇指指向前只手的手心，余指握拢做转动（图8-20）。

(7)"伸臂"

两手分别握拳，拳心朝上，拇指分别指出两侧，作相斥运动（图8-21）。

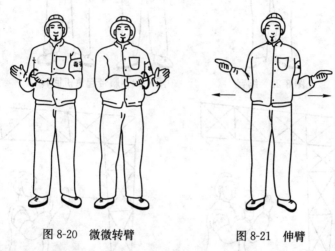

图8-20　微微转臂　　　　　　　图8-21　伸臂

(8)"缩臂"

两手分别握拳，拳心朝下，拇指对指，做相向运动（图8-22）。

(9)"履带起重机回转"

一只小臂水平前伸，五指自然伸出不动。另一只小臂在胸前作水平重复摆动（图8-23）。

(10)"起重机前进"

双手臂先后平伸，然后小臂曲起，五指并拢，手心对着自己，作前后运动（图8-24）。

(11)"起重机后退"

双小臂向上曲起，五指并拢，手心朝向起重机，作前后运动（图8-25）。

图 8-22 缩臂

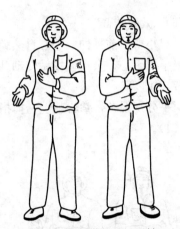

图 8-23 履带起重机回转

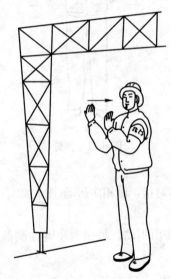

图 8-24 起重机前进

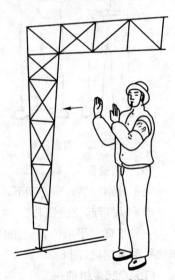

图 8-25 起重机后退

(12)"抓取"（吸取）

两小臂分别置于侧前方，手心相对，由两侧向中间摆动(图 8-26)。

(13)"释放"

两小臂分别置于侧前方，手心朝外，两臂分别向两侧摆动
(图 8-27)。

图 8-26　抓取

图 8-27　释放

（14）"翻转"

一小臂向前曲起，手心朝上。另一小臂向前伸出，手心朝下，双手同时进行翻转（图 8-28）。

3. 船用起重机（或双机吊运）专用手势信号

（1）"微速起钩"

两小臂水平伸向侧前方，五指伸开，手心朝上，以腕部为轴，向上摆动。当要求双机以不同的速度起升时，指挥起升速度快的一方，手要高于另一只手（图 8-29）。

图 8-28　翻转

图 8-29　微速起钩

（2）"慢速起钩"

两小臂水平伸向前侧方，五指伸开，手心朝上，小臂以肘部为轴向上摆动。当要求双机以不同速度起升时，指挥起升速度快的一方，手要高于另一只手（图8-30）。

（3）"全速起钩"

两臂下垂，五指伸开，手心朝上，全臂向上挥动（图8-31）

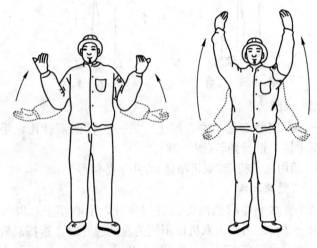

图8-30　慢速起钩　　　　　　图8-31　全速起钩

（4）"微速落钩"

两小臂水平伸向侧前方，五指伸开，手心朝下，手以腕部为轴向下摆动。当要求双机以不同的速度降落时，指挥降落速度快的一方，手要低于另一只手（图8-32）。

（5）"慢速落钩"

两小臂水平伸向前侧方，五指伸开，手心朝下，小臂以肘部为轴向下摆动。当要求双机以不同的速度降落时，指挥降落速度快的一方，手要低于另一只手（图8-33）。

（6）"全速落钩"

两臂伸向侧上方，五指伸出，手心朝下，全臂向下挥动（图8-34）。

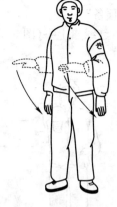

图 8-32　微速落钩　　　图 8-33　慢速落钩

（7）"一方停止，一方起钩"

指挥停止的手臂作"停止"手势；指挥起钩的手臂则作相应速度的起钩手势（图 8-35）。

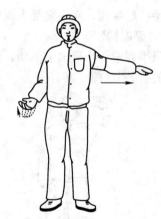

图 8-34　全速落钩　　　图 8-35　一方停止，一方起钩

（8）"一方停止，一方落钩"

指挥停止的手臂作"停止"手势，指挥落钩的手臂作相应速度的落钩手势（图 8-36）。

（1）"预备"

举手持红绿旗上举（图 8-37）。

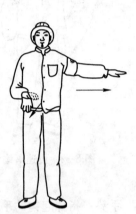

图 8-36　一方停止、一方落钩　　　图 8-37　预备

（2）"要主钩"

单手持红绿旗，旗头轻触头顶（图 8-38）。

（3）"要副钩"

一只手握拳，小臂向上不动，另一只手拢红绿旗，旗头轻触前只手的肘关节（图 8-39）。

图 8-38　要主钩　　　图 8-39　要副钩

（4）"吊钩上升"

绿旗上举，红旗自然放下（图8-40）。

（5）"吊钩下降"

绿旗拢起下指，红旗自然放下（图8-41）。

图8-40 吊钩上升　　　图8-41 吊钩下降

（6）"吊钩微微上升"

绿旗上举，红旗拢起横在绿旗上，互相垂直（图8-42）。

（7）"吊钩微微下降"

绿旗拢起下指，红旗横在绿旗下，互相垂直（图8-43）。

图8-42 吊钩微微上升　　　图8-43 吊钩微微下降

（8）"升臂"

红旗上举，绿旗自然放下（图 8-44）。

（9）"降臂"

红旗拢起下指，绿旗自然放下（图 8-45）。

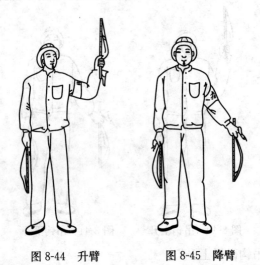

图 8-44 升臂　　　　　图 8-45 降臂

（10）"转臂"

红旗拢起，水平指向应转臂的方向（图 8-46）。

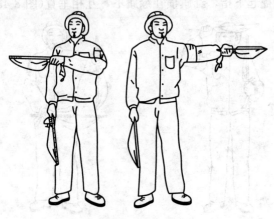

图 8-46 转臂

(11)"微微升臂"

红旗上举，绿旗拢起横在红旗上，互相垂直(图 8-47)。

(12)"微微降臂"

红旗拢起下指，绿旗横在红旗下，互相垂直(图 8-48)。

图 8-47　微微升臂　　图 8-48　微微降臂

(13)"微微转臂"

红旗拢起，横在腹前，指向应转臂的方向；绿旗拢起，竖在红旗前，互相垂直(图 8-49)。

图 8-49　微微转臂

（14）"伸臂"

两旗分别拢起，横在两侧，旗头外指（图8-50）。

（15）"缩臂"

两旗分别拢起，横在胸前，旗头对指（图8-51）。

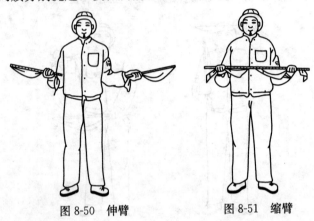

图 8-50　伸臂　　　　　　　　　图 8-51　缩臂

（16）"微动范围"

两手分别拢旗，伸向一侧，其间距与负载所要移动的距离接近（图8-52）。

（17）"指示降落方位"

单手拢绿旗，指向负载应降落的位置，旗头进行转动（图8-53）。

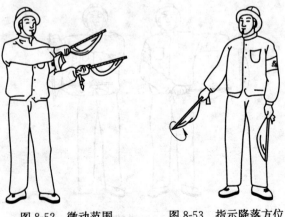

图 8-52　微动范围　　　　　　图 8-53　指示降落方位

(18)"履带起重机回转"

一只手拢旗，水平指向侧前方，另只手持旗，水平重复挥动（图 8-54）。

图 8-54　履带起重机回转

(19)"起重机前进"

两旗分别拢起，向前上方伸出，旗头由前上方向后摆动(图 8-55)。

(20)"起重机后退"

两旗分别拢起，向前伸出，旗头由前方向下摆动(图 8-56)。

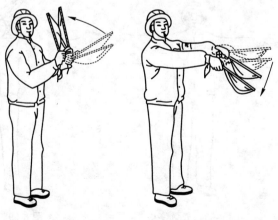

图 8-55　起重机前进　　　图 8-56　起重机后退

（21）"停止"

单旗左右摆动，另一面旗自然放下（图8-57）。

图8-57 停止

（22）"紧急停止"

双手分别持旗，同时左右摆动（图8-58）。

（23）"工作结束"

两旗拢起，在额前交叉（图8-59）。

图8-58 紧急停止　　　　　图8-59 工作结束

（三）音响信号

（1）"预备、停止"

一长声，——

（2）"上升"

二短声，●●

（3）"下降"

三短声，●●●

（4）"微动"

断续短声●○●○●○●

（5）"紧急停止"

急促的长声—— —— ——

（四）起重吊运指挥语言

1. 开始、停止工作语言（表 8-3）

开始、停止工作语言 表 8-3

起重机的状态	指挥语言
开始工作	开始
停止和紧急停止	停
工作结束	结束

2. 吊钩移动语言（表 8-4）

吊钩移动语言 表 8-4

吊钩的移动	指挥语言
正常上升	上升
微微上升	上升一点
正常下降	下降
微微下降	下降一点
正常向前	向前
微微向前	向前一点
正常向后	向后

吊钩的移动	指挥语言
微微向后	向后一点
正常向右	向右
微微向右	向右一点
正常向左	向左
微微向左	向左一点

3. 转台回转语言（表8-5）

转台回转语言　　　　　　　　　　　　　　表8-5

转台的回转	指挥语言
正常左转	右转
微微右转	右转一点
正常左转	左转
微微左转	左转一点

4. 臂架移动语言（表8-6）

臂架移动语言　　　　　　　　　　　　　　表8-6

臂架的移动	指挥语言
正常伸长	伸长
微微伸长	伸长一点
正常缩回	缩回
微微缩回	缩回一点
正常升臂	升臂
微微升臂	升一点臂
正常降臂	降臂
微微降臂	降一点臂

四、司机使用的音响信号

1."明白"——服从指挥

一声短●

2."重复"——请求重新发出信号

二短声●●

3."注意"

长声——

五、信号的配合应用

1. 指挥人员使用音响信号与手势或旗语信号的配合

（1）在发出"上升"音响时，可分别与"吊钩上升"、升臂、"伸臂"、"抓取"手势或旗语相配合。

（2）在发出"下降"音响时，可分别与"吊钩下降"、降臂、"缩臂"、"释放"手势或旗语相配合。

（3）在发出"微动"音响时，可分别与"吊钩微微上升"、"吊钩微微下降"、"吊钩水平微微移动"、"微微升臂"、"微微降臂"手势或旗语相配合。

（4）在发出"紧急停止"音响时，可与"紧急停止"手势或旗语相配合。

（5）在发出音响信号时，均可与上述未规定的手势或旗语相配合。

2. 指挥人员与司机之间的配合

（1）指挥人员发出"预备"信号时，要目视司机，司机接到信号在开始工作前，应回答"明白"信号。当指挥人员听到回答信号后，方可进行指挥。

（2）指挥人员在发出"要主钩"、"要副钩"、"微动范围"手势或旗语时，要目视司机，同时可发出"预备"音响信号，司机接到信号后，要准确操作。

（3）指挥人员在发出"工作结束"的手势或旗语时，要目视司机，同时可发出"停止"音响信号，司机接到信号后，应回答"明白"信号方可离开岗位。

（4）指挥人员对起重机械要求微微移动时，可根据需要，重复给出信号。司机应按信号要求，缓慢平稳操纵设备。除此之外，如无特殊需求（如船用起重机专用手势信号），其他指挥信号，指挥人员都应一次性给出。司机在接到下一信号前，必须按原指挥信号要求操纵设备。

六、对指挥人员和司机的基本要求

1. 对使用信号的基本规定

1）指挥人员使用手势信号均以本人的手心、手指或手臂表示吊钩、臂杆和机械位移的运动方向。

2）指挥人员使用旗语信号均以指挥旗的旗头表示吊钩、臂杆和机械位移的运动方向。

3）在同时指挥挥臂杆和吊钩时，指挥人员必须分别用左手指挥臂杆，右手指挥吊钩。

当持旗指挥时，一般左手持红旗指挥臂杆，右手持绿旗指挥吊钩。

4）当两台或两台以上起重机同时在距离较近的工作区域内工作时，指挥人员使用音响信号的音调应有明显区别，并要配合手势或旗语指挥，严禁单独使用相同音调的音响指挥。

5）当两台或两台以上起重机同时在距离较近的工作区域内工作时，司机发出的音响应有明显区别。

6）指挥人员用"起重吊运指挥语言"指挥时，应讲普通话。

2. 指挥人员的职责及其要求

1）指挥人员应根据本标准的信号要求与起重机司机进行联系。

2）指挥人员发出的指挥信号必须清晰、准确。

3）指挥人员应站在使司机能看清指挥信号的安全位置上。当跟随负载运行指挥时，应随时指挥负载避开人员和障碍物。

4）指挥人员不能同时看清司机和负载时，必须增设中间指挥人员以逐级传递信号，当发现错传信号时，应立即发出停止信号。

5）负载降落前，指挥人员必须确认降落区域安全时，方可发出降落信号。

6）当多人绑挂同一负载时，起吊前，应先做好呼唤应答，

394

确认绑挂无误后，方可由一人负责指挥。

7) 同时用两台起重机吊运同一负载时，指挥人员应双手分别指挥各台起重机，以确保同步吊运。

8) 在开始吊负载时，应先用"微动"信号指挥，待负载离开地面 100～200mm，稳妥后，再用正常速度指挥。必要时，在负载降落前，也应使用"微动"信号指挥。

9) 指挥人员应佩戴鲜明的标志，如标有"指挥"字样的臂章、特殊颜色的安全帽、工作服等。

10) 指挥人员所戴手套的手心和手背要易于辨别。

3. 起重机司机的职责及其要求

1) 司机必须听从指挥人员指挥，当指挥信号不明时，司机应发出"重复"信号询问，明确指挥意图后，方可开车。

2) 司机必须熟练掌握《起重吊运指挥信号》规定的通用手势信号和有关的各种指挥信号，并与指挥人员密切配合。

3) 当指挥人员所发信号违反《起重吊运指挥信号》的规定时，司机有权拒绝执行。

4) 司机在开车前必须鸣铃示警，必要时，在吊运中也要鸣铃，通知受负载威胁的地面人员撤离。

5) 在吊运过程中，司机对任何发出的"紧急停止"信号都应服从。

七、管理方面的有关规定

1) 对起重机司机和指挥人员，必须由有关部门进行《起重吊运指挥信号》的安全技术培训，经考试合格，取得合格证后方能操作或指挥。

2) 音响信号是手势信号或旗语的辅助信号，使用单位可根据工作需要确定是否采用。

3) 指挥旗颜色为红色和绿色。应采用不易褪色、不易产生褶皱的材料。其规格为：两幅应为 400mm×500mm，旗杆直径应为 25mm，旗杆长度应为 500mm。

4)《起重吊运指挥信号》所规定的指挥信号是各类起重机使

用的基本信号。如不能满足需要，使用单位可根据具体情况，适当增补，但增补的信号不得与《起重吊运指挥信号》有抵触。

第三节　风力等级判别

1. 蒲福风力等级（见表 8-7）

表 8-7

蒲福风力等级表

风力级数	名称	海面状况		海岸船只征象	陆地地面征象	相当于空旷平地上标准高度 10m 处的风速		
		海浪				海里/h	风速	
		一般(m)	最高(m)				(m/s)	(km/h)
0	静风	—	—	平静	平静，烟直上	小于 1	0~0.2	小于 1
1	软风	0.1	0.1	平常渔船略觉摇动	烟能表示风向，但风向标不能动	1~3	0.3~1.5	1~5
2	轻风	0.2	0.3	渔船张帆时，每小时可随风移行 2~3km	人面感觉有风，树叶微响，风向标能转动	4~6	1.6~3.3	6~11
3	微风	0.6	1.0	渔船渐觉颠簸，每小时可随风移行 5~6km	树叶及微枝摇动不息，旌旗展开	7~10	3.4~5.4	12~19
4	和风	1.0	1.5	渔船满帆时，可使船身倾向一侧	能吹起地面灰尘和纸张，树的小枝摇动	11~16	5.5~7.9	20~28
5	清劲风	2.0	2.5	渔船缩帆（即收去帆之一部）	有叶的小树摇摆，内陆的水面有小波	17~21	8.0~10.7	29~38
6	强风	3.0	4.0	渔船加倍缩帆，捕鱼须注意风险	大树枝摇动，电线呼呼有声，举伞困难	22~27	10.8~13.8	39~49
7	疾风	4.0	5.5	渔船停泊港中，在海里下锚	全树摇动，迎风步行感觉不便	28~33	13.9~17.1	50~61
8	大风	5.5	7.5	进港的渔船皆停留不出	微枝折毁，人行向前感觉阻力甚大	34~40	17.2~20.7	62~74

风力级数	名称	海面状况 海浪 一般(m)	海面状况 海浪 最高(m)	海岸船只征象	陆地地面征象	相当于空旷平地上标准高度10m处的风速 海里/h	相当于空旷平地上标准高度10m处的风速 风速(m/s)	相当于空旷平地上标准高度10m处的风速 风速(km/h)
9	烈风	7.0	10.0	汽船航行困难	建筑物有小损(烟囱顶部及平屋摇动)	41~47	20.8~24.4	75~88
10	狂风	9.0	12.5	汽船航行颇危险	陆上少见,见时可使树木拔起或使建筑物损坏严重	48~55	24.5~28.4	89~102
11	暴风	11.5	16.0	汽船遇之极危险	陆上很少见,有则必有广泛损坏	56~63	28.5~32.6	103~117
12	飓风	14.0	—	海浪滔天	陆上绝少见,摧毁力极大	64~71	32.7~36.9	118~133
13	—	—	—	—	—	72~80	37.0~41.4	134~149
14	—	—	—	—	—	81~89	41.5~46.1	150~166
15	—	—	—	—	—	90~99	46.2~50.9	167~183
16	—	—	—	—	—	100~108	51.0~56.0	184~201
17	—	—	—	—	—	109~118	56.1~61.2	202~220

注:本表所列风速是指平地上离地 10m 处的风速值。

2. 风力等级说明

风力等级简称风级,是风强度(风力)的一种表示方法。国际通用的风力等级是由英国人蒲福于 1805 年拟定的,故又称"蒲福风力等级"。它最初是根据风对炊烟、沙尘、地物、渔船、渔浪等的影响大小分为 0~12 级,共 13 个等级。后来,又在原分级的基础上,增加了相应的风速界限。自 1946 年以来,风力等级又作了扩充,增加到 18 个等级(0~17 级)。

3. 风力等级口诀

零级无风炊烟上，一级软风烟稍斜；

二级轻风树叶响，三级微风树枝晃；

四级和风灰尘起，五级清风水起波；

六级强风大树摇，七级疾风步难行；

八级大风树枝折，九级烈风烟囱毁；

十级狂风树根拔，十一级暴风陆罕见；

十二级飓风浪滔天。

4. 风速(米/秒)与风力的对应关系

为了便于记忆：其口诀是"从一直到九，乘2各级有"。意思是：从一级到九级风，各级分别乘2，就大致可得出该风的最大速度。譬如，一级风的最大速度是每秒2m，2级风是每秒4m，3级风是每秒6m，依此类推。

各级风之间还有过渡数字，比如，一级风是每秒1～2m，2级风是每秒2～4m，3级风是每秒4～6m，依此类推。